PEIDIAN ZIDONGHUA JIANSHE YU YINGYONG XINJISHU

配电自动化建设与应用新技术

李 群 主编

孙 健 李顺宗 副主编

中国电力出版社
CHINA ELECTRIC POWER PRESS

内 容 提 要

本书着重介绍配电自动化建设与应用新技术，主要包括配电自动化系统发展现状及趋势、配电自动化规划、配电自动化一二次设备选择、配电自动化主站建设、配电自动化通信设备选择、配电自动化建设新技术、配电自动化系统建设案例等内容。本书是对配电自动化系统发展、规划、设备选择、建设及应用等的经验总结，系统介绍了配电自动化终端、主站、通信等技术，并对配电自动化建设及应用中出现的配电设备一二次融合、基于人工智能的配网调控、主动配电网、配电物联网等新技术进行了详细阐述。

本书可供配电网及配电自动化领域规划和建设人员、运行维护人员及科研开发人员使用，也可作为大专院校相关专业的学习参考书。

图书在版编目（CIP）数据

配电自动化建设与应用新技术 / 李群主编 . —北京：中国电力出版社，2020.6（2023.10重印）
ISBN 978-7-5198-4306-9

Ⅰ . ①配… Ⅱ . ①李… Ⅲ . ①配电自动化 Ⅳ . ① TM76

中国版本图书馆 CIP 数据核字（2020）第 024510 号

出版发行：中国电力出版社
地　　址：北京市东城区北京站西街 19 号（邮政编码 100005）
网　　址：http://www.cepp.sgcc.com.cn
责任编辑：刘丽平
责任校对：黄　蓓　朱丽芳
装帧设计：赵姗姗　张俊霞
责任印制：石　雷

印　　刷：固安县铭成印刷有限公司
版　　次：2020 年 6 月第一版
印　　次：2023 年 10 月北京第二次印刷
开　　本：787 毫米 ×1092 毫米　16 开本
印　　张：12.5
字　　数：263 千字
印　　数：2001—2500 册
定　　价：58.00 元

配电自动化建设与应用新技术

编　委　会

前言

配电网直接面向用户，是保证广大电力用户供电质量、提高整个电网运行效率的关键环节。随着智能电网和能源互联网技术的迅速发展，建设智能配电网，加强电网与用户的双向互动，能够有效提升电网运行效率，降低电力投资，节约社会资源。

作为智能配电网技术基础的配电自动化，近年来得到了高度重视，推进配电自动化建设，是提高配电网供电可靠性、经济性、服务质量及运维水平的重要保障。随着人民生活水平不断提高，社会对电力的依赖程度越来越大，对供电品质的要求逐步提高，2015 年，国家能源局印发《配电网建设改造行动计划（2015—2020）》，十三五期间配电网及配电自动化迎来大规模建设浪潮。特别是近年来我国进行的大规模配电自动化建设和实践，取得了一定的应用成效，并积累形成了较多的技术和应用成果。

虽然，近年来关于配电自动化及其应用的论文和书籍较多，但是结合国内开展的配电自动化建设、实践及技术发展趋势，从系统的角度阐述配电自动化建设、应用以及新技术的专著还十分缺乏。因此，国网江苏省电力有限公司电力科学研究院在系统总结配电自动化成果的基础上，组织一线技术人员和专家编写了《配电自动化建设与应用新技术》一书。

本书共八章：第一章概述了配电网的地位、作用、特点及配电自动化系统功能和自动化、智能化的发展趋势；第二章介绍配电自动化规划的基本内容和要求；第三章介绍配电自动化的一次设备选择；第四章介绍配电自动化的终端设备选择；第五章阐述了配电自动化主站建设的内容；第六章介绍配电网的通信设备选择；第七章介绍配电自动化建设的新技术，包括“隔舱技术”理念应用于配网规划及 DMS 建设、应用层级技术实现馈线相间短路保护、新型的就地馈线自动化技术、配电网故障就地隔离技术、配电网接地故障定位和处理技术、配电一二次融合技术、基于人工智能的配电网调度控制技术、配电自动化安全防护技术、低压智能配电台区技术、主动配电网技术、配电物联网技术和配电通信网新技术；第八章介绍了配电自动化系统建设案例，包括配电自动化系统主站建设、配电网分布式快速保护、配电自动化通信系统建设、主动配电网建设、配电物联网建设等案例。

本书的编著工作得到了国网江苏省电力有限公司、江苏省电机工程学会以及江苏泰州市、江苏无锡市、江苏常州市、安徽马鞍山市、新疆和田市等供电公司和有关配电设备生产厂家（国电南瑞科技股份有限公司、北京四方继保自动化股份有限公司、全球能源互联网有限公司、国网信息通信产业集团有限公司、安徽广祺智能电器股份有限公司、南京捷泰电力设备有限公司、安徽合凯电气科技股份有限公司、江苏天鼎工程科技有限公司）的大力支持和帮助，在此一并致谢。

由于配电自动化建设及应用具有综合面广、实用性强、技术更新快等特点，限于时间和水平，本书不足之处在所难免，敬请广大读者批评指正。

编者

2020年1月　于南京

目录

第一章 概　　述

第一节 配电网的地位和作用

电力是一种先进的和使用方便的优质二次能源，它是国民经济发展的物质基础和现代社会生活的重要标志。电力系统由发电、输电、变电、配电、用电五个环节组成。配电网承担着传送和分配电能的任务，关系到电力客户的正常供电。

配电网的作用是：从电源或输电网获得电能，以多层次、多电压等级的形式，降至方便运行又适合用户需要的各种电压向用户供电，达到逐级分配或就地消费的目的。

配电网按电压等级来分类，可分为高压配电网、中压配电网和低压配电网。高压配电网电压等级为 110（66）kV、35kV，它将来自变电站的电能分配到众多的配电变压器，或直接供给中等容量的用户；中压配电网电压等级为 10（20）kV；低压配电网电压等级为 380/220V，其功能是以配电变压器为电源，将电能通过低压线路直接配送给用户。

近年来，随着我国新型城镇化建设的加快，分布式电源、微电网、智能用电、电动汽车等产业快速发展，配电网负荷也快速增长，配电网功能和形态发生显著变化。而当前，配电网仍存在结构薄弱、互供能力不强、可靠性不高、电能质量不达标等问题，无法满足新时期配电网发展及用电客户的需求。这不仅对供电安全性、可靠性、适应性的要求越来越高，也对配电网的规划设计、经济运行、设备选型、维护检修、自动化控制等也提出了更高要求。

第二节 配 电 网 的 特 点

与输变电系统相比，配电网具有以下特点：

一、配电网结构错综复杂

高压输变电网一般以厂站为集中拓扑单元，线路大多是“两点一线或 1～2 处支接”方式。220kV 及以上的省级电网，具有“网状结构，电气环网运行”的特点。

配电网以馈线为分布式拓扑单元，同时有开关站、环网柜等设备分布在馈线上。配电网一般为弱网状结构，开环运行，仅在负荷转移时会短时间闭环运行。配电网错综复杂，可以说，没有哪两条配电线路的接线方式和负荷分布是相同的。在实际运行中，配电网的操作频度和故障率远比输电网多，对于“双电源”或“自发电”的用户，其运行方式进行排列组合，更是千变万化。

由于配电网结构错综复杂、运行条件差，与运行于户内的变电设备相比，其运行和检修条件要恶劣得多，一旦遇有恶劣天气，事故呈现频发、并发和继发的特征。

二、配电网设备——变动频繁

随着城市建设的开展，配电网设备变化频繁，难以做到配电网监控系统中的设备台账资料与现场设备时时处处相符。

配电网不仅节点多，而且节点资料和电气参数采集严重缺乏，因此采用传统的潮流分析计算和系统优化方法，面临着数据缺乏、软件难以运用等诸多问题。

在设备性能要求上，以配电远方终端 DTU 为例，它除了要完成变电站内 RTU 的 SCADA 功能外，还需完成故障电流检测、继电保护动作、故障判断等功能，因而它比 RTU 的功能要求更高，实时性要求也更强。

三、配电网管理——“多线”交汇

配电网是供电企业和用户的纽带，建设配电自动化系统，将涉及调度、运维、营销、通信、信息等部门。配电网的数据采集、信息管理、汇总分析，因为不是“自给自足”的封闭系统，所以仅依靠一个配电管理部门难以办到，它必须与能源管理系统（EMS）、地理信息系统（GIS）、生产设备管理（FM）、负荷监控与管理（LCM）等进行信息交换与共享。同时，通信手段的多样化，又带来不同安全防护等级的特定要求，所以，配电网的信息管理和传输比输变电网要复杂得多，这也是配电管理系统（DMS）系统出现“易建难管”现象的根源之一。

第三节　配电自动化概述及功能

一、配电自动化系统的概念

配电自动化系统（DAS）是一种以实时方式监视、协调和操作配电设备的自动化系统，具有配电 SCADA、馈线自动化（FA）、电网分析应用及与相关应用系统互连等功能，主要由配电主站、配电终端、配电子站（可选）和通信通道等部分组成。

配电管理系统（DMS）是以一次网架和设备为基础，以配电自动化系统（DAS）为核心，综合利用现代电子技术、通信技术、计算机及网络技术，实现对配电网（含分布式电源、微网等）的监测与控制，并将配电网实时信息和与相关应用系统的信息（包括地理信息系统 GIS、生产管理系统 PMS、负荷监控与管理 LCM、远方抄表与计费自动化 AMR、供电服务指挥平台等）进行集成，构成完整的自动化管理系统，实现配电系统正常运行及事故情况下的监测、保护和控制及配电网的科学管理。它是集成实时的配电自动化系统与非实时的配电管理为一体的系统，而配电自动化系统（DAS）是 DMS 系统的重要组成部分，系统如图 1-1 所示。

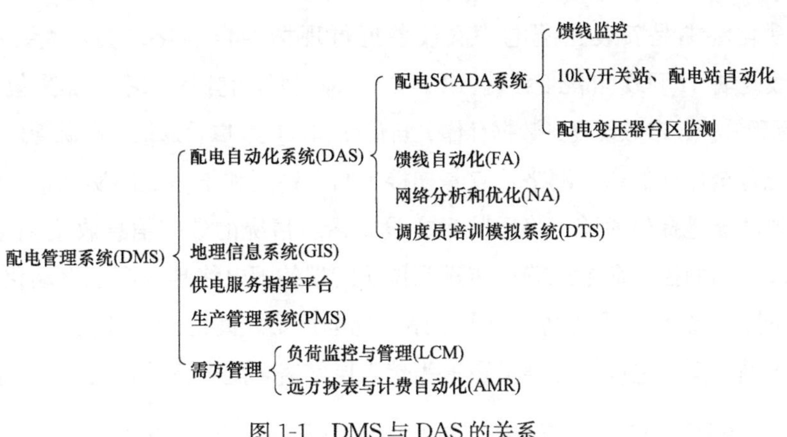

图 1-1 DMS 与 DAS 的关系

二、配电自动化系统的典型结构

配电自动化系统主要由配电自动化主站、配电自动化终端、配电子站（可选）及通信系统组成，典型结构见图 1-2。

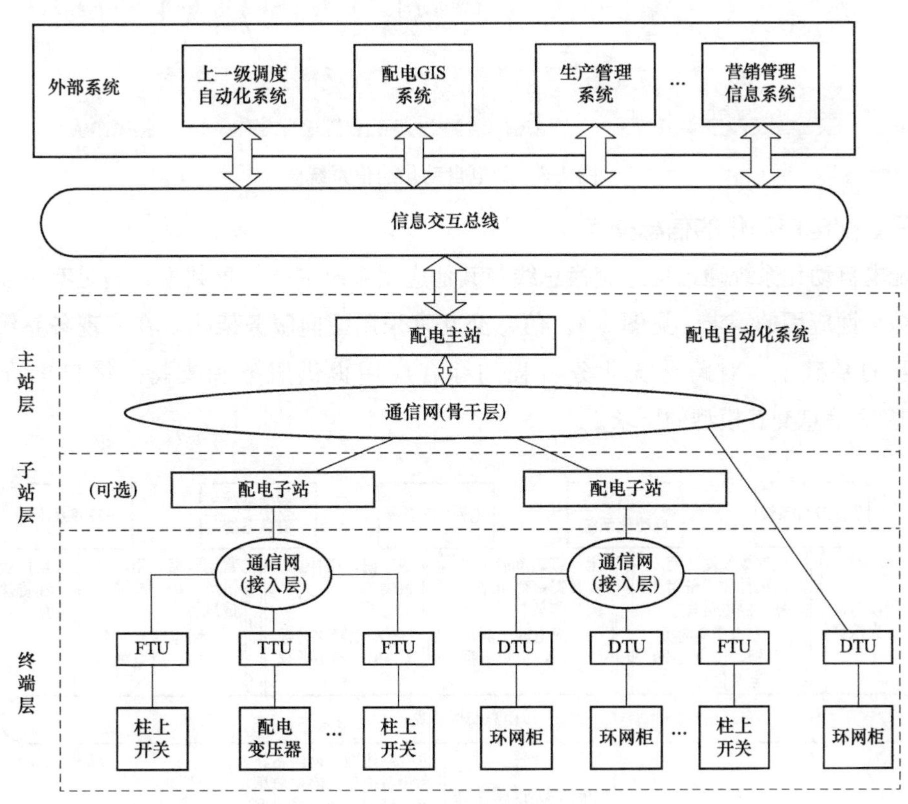

图 1-2 配电自动化系统典型结构图

配电自动化主站是数据处理/存储、人机联系和实现各种应用功能的核心，它和其他系统进行信息交互，实现更多的互动化应用。

配电子站是主站与终端的中间层设备，一般用于通信汇集，也可根据需要实现区域监控功能和馈线自动化功能（FA）。

配电自动化终端是安装在配电一次设备运行现场的自动化装置，主要有站所终端（DTU）、馈线终端（FTU）和配变终端（TTU）三种类型，它们均具备数据采集、事件记录、时间校对、远程维护、参数设置、数据存储、自诊断和自恢复以及通信、电源管理等功能。

通信系统是全局性的通信网络，它是连接主站、终端和子站之间实现信息传输的通信网络。其主要功能是提供通道，将反映远方设备运行情况的数据信息收集到主站或子站，并且将主站或子站的控制命令准确地传送到位属终端的配电终端。配电自动化通信系统可采用 EPON 网、无线专网或公网，配电主站与配电子站之间的通信通道为骨干通信网络，配电主站（子站）至配电终端的通信通道为接入层网络，配电自动化通信系统图见图 1-3。

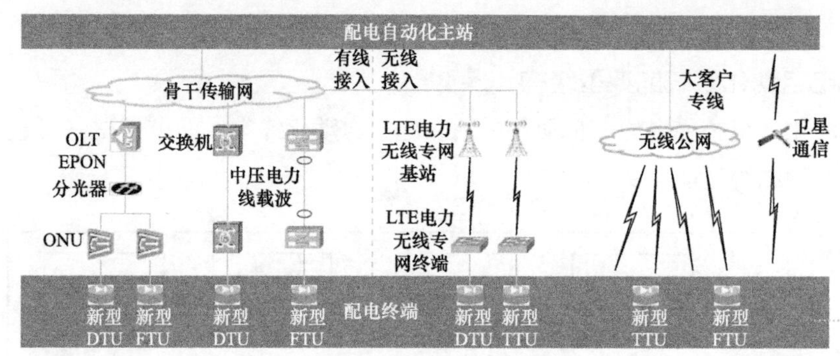

图 1-3　配电自动化通信系统图

三、配电自动化的信息交互

配电自动化系统通过信息交换总线与其他应用系统进行信息共享，满足有关功能的扩展和综合性应用的需求，见图 1-4。信息交互宜采用面向服务架构，在实现各系统之间信息交互的基础上，对跨系统业务流程的综合应用提供服务和支持。接口标准宜遵循 IEC61968 信息交互模型的要求。

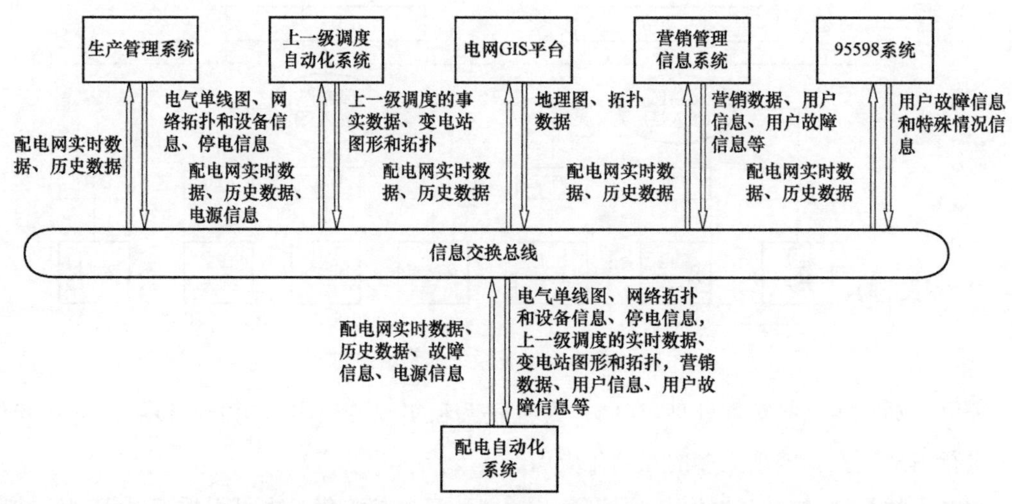

图 1-4　配电自动化系统与相关应用系统信息交互示意图

四、配电自动化系统的功能

配电自动化系统（DAS）具备配电数据采集与监控（SCADA）、馈线自动化（FA）、配电网分析应用等功能。

1. 配电 SCADA

配电 SCADA 系统也称为 DSCADA，是指通过人机交互，实现配电网的运行监视和远方控制，为配电网的生产指挥和调度提供服务。DSCADA 采集安装在各配电设备处的配电终端单元上报的实时数据，并使调度员能够在控制中心遥控现场设备，具有数据采集、数据处理、远方监控、报警处理、数据管理及报表生成等功能。DSCADA 包括馈线监控，开关站及配电站自动化、配变台区及低压配电网运行监控等内容。

2. 馈线自动化 FA

馈线自动化是利用自动化装置或系统，监视配电线路的运行状态，及时判断线路故障，隔离故障并恢复对非故障区域的供电，其类型见图 1-5 所示。

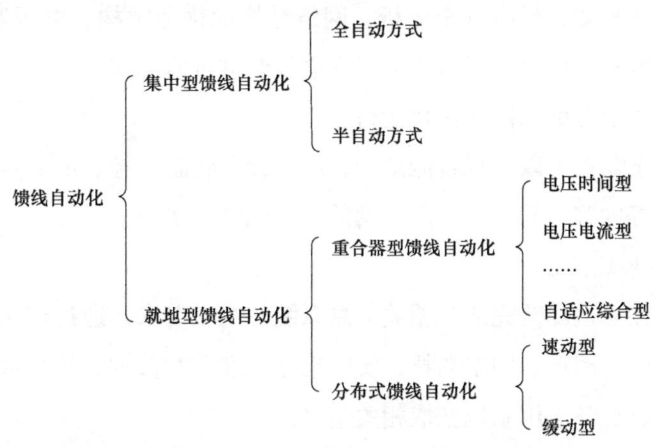

图 1-5 馈线自动化类型图

馈线自动化的典型模式包括集中型馈线自动化和就地型馈线自动化。

（1）集中型馈线自动化，是指馈线发生故障时，由配电主站根据配电终端上传的故障信息进行判别及处理，实现 FA 功能。根据其投入方式，集中型馈线自动化又分为全自动和半自动两种方式，其中全自动方式完全由系统实现 FA 功能，半自动方式由系统进行故障定位，并提出故障隔离及非故障区域恢复供电策略，由调度值班员进行具体校核判断和操作。

（2）就地型馈线自动化是指馈线发生故障时，配电终端不依赖配电主站，而是在就地检测、判别或处理。它包括重合器型馈线自动化和分布式馈线自动化。重合器型馈线自动化包括但不限于电压时间型、电压电流型、电压电流后加速型、电压电流时间型、自适应综合型等。分布式馈线自动化通过配电终端之间相互通信实现馈线的 FA 功能，并将处理过程及结果上报配电自动化主站。分布式馈线自动化包括速动型和缓动型两种形式。

1）速动型分布式馈线自动化适用于配电线路分段开关、联络开关为断路器的线路上，配电终端通过高速通信网络，与同一供电环路内相邻分布式配电终端实现信息交互，当配电线路上发生故障，在变电站出口断路器保护动作前，实现FA功能。

2）缓动型分布式馈线自动化应用于配电线路分段开关、联络开关为负荷开关或断路器的线路上。配电终端与同一供电环路内相邻配电终端实现信息交互，当配电线路上发生故障，在变电站出口断路器保护动作后，实现故障定位、故障隔离和非故障区域的恢复供电。

3. 配电网分析应用

配电网分析应用实现配电网运行、调度和管理等各项应用需求，提供友好的人机界面，支持通过信息交互总线实现与其他系统的信息交互。根据配电网运行和管理的需要，一般包括配电网运行监控和配电网运行状态监控。

配电网运行监控可以实现网络拓扑、潮流计算、短路电流计算、负荷模型的建立和校核、状态估计、负荷预测、供电安全分析、网络结构优化和重构、电压调整和无功优化、培训仿真等应用功能；供配电网运行人员对配电线路进行监测和控制，完成对配电网运行状态的有效分析，实现对配电网的优化运行。

配电网运行状态监控可以实现智能感知、配电设备状态管控、故障定位分析、自动化运维以及人机交互等内容，着力提高配电网的精益化管理水平。

4. 与相关应用系统互连

通过标准化的接口适配器完成与相关信息系统的互联需求。通过信息交互总线向相关应用系统提供配电网的图形、网络拓扑、实时数据、准实时数据、历史数据、配电网分析结果等信息，同时也从各应用系统获取相关信息。

第四节　配电自动化发展现状及趋势

一、配电自动化的发展阶段

配电自动化在国外经过近60多年的发展，其技术发展和管理理念都出现了根本性的变化，高级配电自动化成为新的发展方向。配电自动化的发展可以划分为以下四个阶段。

1. 故障隔离自动化阶段

20世纪50年代初期，英国、日本、美国等国家开始使用时限顺序送电装置自动隔离故障区间、恢复非故障区段的供电，从而减少故障停电范围，加快查找馈线故障地点。而在此以前，配电变电站以及线路开关设备的操作与控制均采用人工方式。70～80年代，开始应用电子及自动控制技术，开发出智能化自动重合器、自动分段器及故障指示器，实现故障点自动隔离及非故障线路的恢复供电，称为馈线自动化。这种自动化方式，没有远程实时监控功能，且仅限于局部馈线故障的自动处理。

2. 系统监控自动化阶段

20世纪80年代，随着计算机及通信技术的发展，形成了包括远程监控、故障自动隔离及恢复供电、电压调控、负荷管理等实时功能在内的配电自动化（DA）技术。1988年电气与电子工程师学会（IEEE）编辑出版了配电自动化教程，标志着配电自动化技术趋于成熟，已发展成为一项独立的电力自动化技术。这一阶段，称为系统监控自动化阶段。

3. 综合自动化阶段

20世纪90年代开始，地理信息系统（GIS）技术有了很大的发展，开始应用于配电网的管理，形成了离线的自动绘图及设备管理（AM/FM）系统、停电管理系统等，并逐步解决了管理的离线信息与实时监控信息的集成，进入了配电网监控与管理综合自动化阶段。

4. 高级自动化阶段

随着智能电网的兴起，配电自动化的功能与技术内容都随之出现革命性的变化，高级配电自动化（ADA）应运而生，成为DA发展的新方向。ADA的概念最早由美国电力科学研究院（EPRI）在其《智能电网体系》研究报告中提出，其功能与技术的特点主要是满足有源配电网运行监控与管理的需要，充分发挥分布式电源的作用，优化配电网的运行；提供丰富的配电网实时仿真分析和运行控制与管理辅助决策工具，具备包括配电网自愈控制、经济运行、电压无功优化在内的各种高级应用功能；支持在智能终端上完成的基于本地测量信息的就地控制应用和基于相关终端之间对等交换实时数据的分布式智能控制应用，为各种配电网自动化以及保护与控制应用提供统一的支撑平台，优化自动化系统的结构与性能；采用标准的信息交换模型与通信规约，支持自动化设备与系统的即插即用，解决"信息化孤岛"问题，实现软硬件资源的高度共享。

高级配电自动化是对传统配电自动化的继承与发展，与传统配电自动化相比，其主要特点如下：

（1）支持分布式电源的大量接入并将其与配电网进行有机地集成；

（2）实现柔性交流配电设备的协调控制；

（3）满足有源配电网的监控需要，例如故障定位方法要适应DER提供故障电流的情况；

（4）提供实时仿真分析与辅助决策工具，更有效地支持各种高级应用软件，如潮流计算、网络重构、电压无功优化等的应用；

（5）支持分布式智能控制技术；

（6）系统具有良好的开放性与可扩展性，采用标准的信息交换模型与通信规约，支持监控设备与应用软件的"即插即用"。

二、国内外配电自动化的发展现状

（一）国外配电自动化的发展

1. 亚洲

（1）日本。日本东京电力公司（TEPCO）的供电可靠性世界领先，用户年平均停电时间只有几分钟，而其 DA 系统发挥了重要的作用。TEPCO 中压配电网绝大部分电压等级为 6.6kV，少部分采用 22kV。6.6kV 中压配电网中性点不接地，配备零序电流保护作为单相接地保护。东京中压配电网的典型结构是每条线路有 6 个分段，3 个与其他电源的联络开关。

1988 年，TEPCO 开始一期配电网自动化系统的建设，到 2001 年覆盖了所有的 126 个营业所，通过安装在营业所的计算机系统可以对所有配电线路开关进行监控。

TEPCO 实施配电自动化后，在提高供电可靠性、提高线路和变电站容量利用率方面取得了明显的效果。TEPCO 在实施配电自动化以前，为简化操作，在线路故障时，非故障区段负荷全部转给一条相邻的健康线路。这样，健康线路就需要有转带 2 个线路区段负荷的备用容量，其正常运行时负载率只能设定为 75%。而实施配电自动化后，通过主站的遥控操作，2 个非故障区段的负荷由两条相邻的线路转带，则进一步减少了对线路备用容量的要求，正常运行时负载率提高到 85%以上。

TEPCO 一期配电自动化系统通信系统以 DLC 为主，通信速率很低，远程终端单元（RTU）只能向主站传送少量的数据，限制了更高级功能的实现。TEPCO 于 2005 年开始，在一期配电自动化系统的基础上，建设高级配电自动化系统。高级配电自动化系统使用光纤通信，安装功能丰富的高级 RTU（Advanced RTU）。高级 RTU 设计有以太网接口，采用 TCP/IP 协议与控制主站通信，能够实时传输大量的测量数据，及时上报异常事件信息。

高级配电自动化系统使用的线路开关内嵌电容分压器、相电流互感器与零序电流互感器。传（互）感器的精度达到 0.5%。零序电压通过三个相电压测量值计算获得。主要的功能特点是能够记录接地故障产生的零序电流与电压波形，进而实现接地故障定位，并检测电缆网络的绝缘闪络故障与架空线路的树枝碰线故障监测。此外，增加了谐波与电压闪变监测功能，以监视光伏发电接入引起的电能质量扰动。

日本电力公司配电自动化的覆盖面大，系统软件一致性高，维护成本低，配电自动化应用的程度高，供电可靠性世界领先，用户年平均停电时间只有几分钟。

（2）韩国。韩国从 1987 年开始配电自动化的研究，到 1993 年确定基本技术方案，1994 年在汉城供电局投入试运行，通信采用双绞线，涉及 125 个负荷开关。

2003 年后计划在除汉城外的 7 个大城市建立大型配电自动化系统。截至 2003 年，韩国各个地区均实现了配电自动化，18000 台分段开关、联络开关和环网柜等设备实现了配电自动化，占全部开关设备的 22.5%。

韩国配电自动化实施的特点是统一组织、统一实施；实施规模大，系统多以根据本国实际情况自主开发为主，简单实用、经济可靠。韩国对于配电自动化系统初期投资比较少，但坚持不断的投入，最终实现配电自动化全覆盖，已经成为目前世界上配电自动化系统覆盖面较大、发展较快的国家。

(3) 新加坡。新加坡在 20 世纪 80 年代中期投运大型配电网 SCADA 系统，在 20 世纪 90 年代加以发展和完善，其规模最初覆盖其 22kV 配电网 1330 个配电站，目前已将网络管理功能扩展到 6.6kV 配电网。根据新能源电网公司 2005 年的统计，共有 3500 座 22kV 变电站、1960 座 6.6kV 配电站安装终端设备，遥信量 210000、遥控量 45000、遥测量 26000，主站年度平均可用率 98.985%。

新加坡在配电自动化的基础上还将电压控制、停电管理、负荷管理、配电状态检修和状态监测等功能融入配电自动化系统中，取得了良好的效果。

2. 美洲

美国长岛地区 LILCO 公司 1994 年起对 120 条故障易发的配电线路进行自动化改造，是美国最早建设的 DA 系统。此后，卡罗兰纳的 ProgressEnergy 公司、南加州的 Edison 公司、底特律 Edison 公司、德州 Oncor 公司、Albama 电力公司等先后建设了 DA 系统。但总体来说，美国的 DA 应用面还相对有限，随着智能电网的兴起，许多供电企业开始或计划大面积应用 DA。

2004 年后，随着基于 Scada-mate 开关的 IntelliTEAMII 系统的安装，Oncor 公司开始大规模的建设，至今已安装配电变电站、柱上开关、电缆环网开关、线路补偿电容装置的 RTU4500 余套。Oncor 公司建设了 900MHz 无线网络，用于配电自动化系统与高级读表系统（AMS）通信。无线网络 AMS 路由器分别与安装在变电站内的配电自动化数据转发器与 AMS 数据转发器连接，通过光纤通道与配电自动化主站与 AMS 主站通信。配电自动化与抄表数据在无线网络里是混合传输的，而在变电站与控制中心之间由不同的通道传输。这样既减少了分支通信网的投资，又可以保证配电网监控数据传输的实时性。

Alabama 电力公司于 1991 年开始实施配电自动化，现已覆盖 645 个配电变电站（占 96.6%）、648 个柱上开关、190 个电缆环网开关、818 个线路补偿电容装置与 82 个应急电源。

2009 年底，Alabama 电力公司与美国能源部、美国电力科学研究院合作建设综合配电管理系统平台，通过获取高级读表系统、变电站自动化系统、配电自动化系统的数据来优化配电网系统性能，提高服务质量。系统包括 SCADA、AM/FM/GIS、停电管理、作业管理、用户投诉处理等诸多子系统，具有电压/无功控制、培训模拟、潮流分布分析、停电分析、停电预警、电力设备动态分析等高级应用功能。

3. 欧洲

欧洲发达国家的配电自动化也应用得比较好，基本实现了配电变电站出线断路器、线路分段开关的远程监控，做到了配电网故障及时检测、处理及修复，且配电 GIS 获得了广泛应用，配电调度、停电投诉处理、故障抢修流程的管理基本都实现了计算机化。奥地利 EVN 公司维也纳地区的中压电网基本实现了自动化，安装配电网终端 10000 多套；意大利 ENEL 公司全国有 80000 多个中压/低压开关站实现了远程遥控；法国 20kV 中压配电网全部实现了自动化；英国伦敦电网公司自 1998 年起，先后安装了 5000 个配电网终端，中部电网公司安装配电网终端 7000 个。此外，在德国、芬兰、葡萄牙、丹麦等国馈线自动化都有一定的应用面。

（1）法国。

法国配电公司（eRDF）运营约占法国国土面积 95%的配电网，中压电网电压等级是 20kV。设有 30 个配电调度中心（DSO），平均每个 DSO 大约负责 100 万客户的调度运行管理，调度范围是高/中压（H/M）变电站的变压器及以下的中低压电网，负责调度操作配电网上所有可以遥控操作的开关。eRDF 根据对供电可靠性的要求，将供电区域分为大城市核心区、大城市郊区与中小城市以及农村地区，不同区域的网架结构不同，配电自动化的方案也有差异。大城市核心区要求用户年均停电时间小于 15min，采用双环网四分段结构，分段开关全部实现遥控，负荷点安装故障指示器，以方便查找故障。大城市郊区与中小城市要求用户年均停电时间小于 30min，采用四分段单环网结构，分段开关全部实现遥控，用户通过环网柜接入，环网柜安装故障指示器。农村地区要求用户年均停电时间小于 345min，采用单环网四分段结构，只有中间的联络开关实现遥控。

法国配电公司（eRDF）配电自动化通信通道主要是采用电话通道，在一定程度上限制了配电自动化功能的扩展。

（2）英国。

英国国家电力与燃气监管机构（OFGEM）对供电可靠性进行严格监管，制定了完善的奖惩措施。为提高用户满意度，满足供电可靠性监管的要求，伦敦供电公司实施了配电自动化工程，取得了良好的应用效果。

为提高供电可靠性，减少故障停电时间，伦敦地区（LPN）自 1998 年起建设中压配电网远程控制系统，2002 年完成一期工程。为减少投资，LPN 仅在对供电可靠性指标影响比较大的郊区辐射性线路上实施了自动化。系统覆盖伦敦郊区的所有 861 条中压辐射性线路，在配电站安装 RTU5300 多套，惠及约 180 万用户。

为减少工作量，一期工程选择了不与主 SCADA 系统连接的独立控制主站。有近 5000 个配电站 RTU 采用专用移动无线电台与控制主站通信，剩余的采用电话拨号（PSTN）或公共移动通信方式（GSM）。配电站 RTU 读取故障指示器动作结果，上传至控制主站。控制主站根据故障指示器动作结果，确定出故障区段并进行远程故障隔离与恢复供电操作。由于控制主站不与主 SCADA 系统通信，不能获取变电站出线开关保护动作信息，无法自行启动故障处理过程。配电站 RTU 在检测到配电站低压侧失压时，上传故障指示器动作结果，启动控制主站的故障处理程序。

截至 2002 年底，在配电自动化覆盖区域中的 210 个中压电网故障中，有 110 个在 3min 内得到了恢复供电。故障自动恢复率从最初 25%上升到 75%，平均达到 50%，LPN

的每百个用户的平均停电次数（CI）减少了 8.9%，用户平均停电时间（CML）减少了 33.2%。

（3）德国。

德国柏林配电网是由瑞典 Vattenfall 公司的 VE 配电公司负责运营，2009 年建成 DA 系统，据统计用户年均停电时间已由 2008 年的 72min 降至 2010 年的 14min。

柏林 DA 系统一个主要的特点是采用 Motorola 公司提供的 TETRA 集群无线通信系统共建设了 20 个基站，覆盖范围 3～5km，每个基站能接入 1600～2000 个监控站点。无线电台的天线很轻，对于大部分户内配电室，可直接粘附在配电室的门上；部分箱变采用安装在其顶部的天线。一部分站点是通过金属通信电缆接入的，采用有线 ADSL 通信方式。另一个特点是不间断电源采用超级电容储能，装有 48 只超级电容，可在系统停电时维持给终端供电 90min 并可进行两次开关操作。

（二）国内配电自动化的发展

我国在 20 世纪 90 年代后期开展了配电自动化建设与应用的尝试，先后有 100 多座大小城市不同程度地开展了配电自动化，为今后的发展积累了宝贵的经验。比较有典型意义的项目主要有：1996 年，在上海浦东金藤工业区建成基于全电缆线路的馈线自动化系统。这是国内第一套投入实际运行的案例。1999 年，在江苏镇江试点以架空和电缆混合线路为主的 DAS，并以此为主要应用实践起草了我国第一个配电自动化功能规范。2002～2003 年，世界银行贷款的配电网项目——杭州、宁波配电自动化工程及南京城区配电网调度自动化系统，是当时投资规模最大的配电自动化项目。2003 年，青岛配电自动化工程通过国家电力公司验收，并在青岛召开了实用化验收现场会。

2009 年，国家电网公司开始全面建设智能电网，提出了“在考虑现有网架基础和利用现有设备资源基础上，建设满足配电网实时监控与信息交互、支持分布式电源和电动汽车充电站接入与控制，具备与主网和用户良好互动的开放式 DAS，适应坚强智能电网建设与发展”的配电自动化总体要求，并积极开展试点工程建设。南方电网公司提出以配电自动化和配用电智能化应用为突破口，研究制订相关方案，全面推进智能电网建设。2009 年在深圳、广州两个重点城市进行了配电自动化试点，以集中式配电自动化为主，建成并陆续投运，在建设成果上取得了显著成效。2009 年国家电网公司提出了三段式发展目标，技术路线主要采用集中式模式建设。

（1）第一阶段：2009～2011 年，技术准备阶段。主要目标是初步形成配电自动化技术标准体系，规范配电自动化技术开发、设计、建设和运行；形成针对各种不同需求的配电自动化典型模式系列，完善配电自动化检验和测试方法等。通过在北京城区、杭州、厦门、银川、上海、成都、宁波等 30 余个供电公司进行试点工程建设，取得了显著成果，初步形成了一套满足推广需求的配电自动化技术标准体系。

（2）第二阶段：2011～2015 年，示范完善阶段。主要目标是基本实现 DAS 主要功能实用化，运行稳定，发挥作用：基于 IEC 61968 标准实现 DAS 与其他信息和管理系统的接口规范化和应用的实用化；确保配电自动化技术具备大面积推广条件。

（3）第三阶段：2016～2020 年，配电自动化新的设计路线的探索和系统研究，并逐步推广阶段，也是国家能源局配电网建设改造“十三五”行动计划的具体实施实践阶段。主要目标是重点开展配电自动化和智能配电各项相关技术的完善工作，积极推进实用化，并在国家电网公司系统全面推广应用。

三、配电自动化的发展趋势

智能配电网的发展目标是建成高效、灵活、合理的配电网架结构，提升配电网灵活重构、潮流优化能力和可再生能源接纳能力，提升配电网在紧急状况时对主网的支撑能力。未来的配电网将更加智能，具备可控性、灵活性、自愈性、经济性等内涵和特征，能够满足不同用户对电能质量供应的要求。这些都必须依赖于配电自动化技术的进步。

适应于智能配电网技术发展要求，配电自动化系统的发展趋势展望如下：

1. 配电终端功能日益丰富

带录波功能的新型配电自动化终端以及暂态录波型故障指示器等新型终端将得到大批量应用，利于实现配电网接地故障判断和处理分析；同时新型配电自动化终端还可以实现电能计量和线损计算，进一步丰富配电终端的功能；信息化技术的发展，使得可以基于 IEC61850 实现配电终端的自描述与自动识别，从而使得配电终端能够方便快捷接入配电主站。

2. 馈线自动化模式多种多样

虽然馈线自动化集中智能模式目前仍是国内配电自动化的主流，但智能分布式馈线自动化模式已在上海、天津、江苏等发达地区开始应用，并将逐步影响到其他地区。同时就地馈线自动化技术，如电压时间型、电压电流型、电压电流后加速型、电压电流时间型、自适应综合型等技术将在不同的应用场景得到应用，进一步丰富馈线自动化的实现模式。

3. 信息安全防护功能得到加强

遵循《电力监控系统安全防护总体方案》（国能安全〔2015〕36 号）及《配电监控系统安全防护方案》（发改委 2014 年 14 号令）的要求，参照“安全分区、网络专用、横向隔离、纵向认证”的原则，针对 10kV 以下中低压配电网自动化系统子站数量众多、遥控命令间隔较长等特点，采用单向认证与双向认证并存的方式进行纵向边界安全防护；对普通子站终端的通信可采用单向认证加密，实现对主站的身份鉴别与报文完整性保护；对重要子站终端的通信可采用双向认证加密，实现主站和子站终端间的双向身份鉴别，确保报文机密性和完整性。

4. 主站运行监控与运行状态管控功能分离

基于IEC61968系列标准将多个与配电有关的实时、准实时系统和非实时的应用系统集成起来以及IEC61850和IEC61968的融合实现配电信息交互，将是配电信息集成的主要发展方向。

此外配电自动化系统构建横跨一/三区一体化系统，做精一区、做强三区，充分支撑运检业务，实现生产控制区“好用易用，业务做精，功能做全”，管理信息区“监测全景化，告警智能化，信息定制化，应用移动化”，各类实用化功能得到不断丰富，满足配网运行监控与运行状态管控双重业务需求，支撑配电网调度运行监控、运维检修和抢修指挥等业务，并为配电网规划建设提供数据支持。

5. 主站高级应用功能逐步得到拓展

建设更加灵活与主动的配电网将是未来配电网自动化的发展方向，配电网必须要实现越来越多的分布式电源，包括光伏发电、风电和小型燃气轮机等，以及先进的电池系统等多种不同类型的发电和储能装置安全、无缝地接入配电系统，并做到“即插即用”式投、退控制和管理。

随着配电自动化技术的不断进步，大量的采集数据将得到充分的利用，配电主站中状态估计、潮流计算、无功电压分层分区控制、分布式能源接入与控制等高级应用功能将逐步得到应用，配电网的智能化分析水平将得到大幅度提升。

6. 物联网技术逐步渗透

配电自动化以及物联网技术逐步在低压配电网得到应用，低压配电物联网“云、管、边、端”技术路线将得到有效实施：即云侧采用配电物联网平台（云化主站）；管即配电物联网云、端、边的数据传输通道，满足配电物联网业务灵活、高效、可靠、多样的通信接入需求；边即边缘计算终端，是配电物联网边层中的数据汇聚、边缘计算、应用集成的中心；端即感知层终端，是配电物联网架构中的感知主体，是构建配电物联网海量数据的基础。

借助于物联网技术在低压配电网实现硬件平台化、软件App化设计理念，通过边缘计算对配电台区全景信息进行就地化分析处理与智能决策，提升低压配电网运行监测、故障预警及研判、负荷预测、线损及可靠性分析等精益化管控能力；打造低压配电网综合管控、拓扑分析、故障研判、风险预警、分布式电源即插即用接入、电动汽车充电管理等低压配电物联网示范工程。

电力物联网将电力用户及其设备，电网企业及其设备，发电企业及其设备，供应商及其设备，以及人和物连接起来，产生共享数据，为用户、电网、发电、供应商和政府社会服务；以电网为枢纽，发挥平台和共享作用，为全行业和更多市场主体发展创造更大机遇，提供价值服务。

配电自动化系统建设与电力物联网是最为融洽的应用，配电物联网“云、管、边、端”技术路线通过配电自动化系统平台的云、管、边、端的数据传输通道，满足配电网业务灵活、高效、可靠、多样的自动化运行需求；同时根据配电物联网中的数据汇聚、计算和应用，为供电企业和电力用户架构了最为可靠、坚实的基础平台，配电自动化系统建设是构建配电泛在电力物联网海量数据的可靠基础和基本保证。

第二章 配电自动化规划

配电自动化系统主要由主站、配电终端和通信网络组成，通过采集中低压配电网设备运行实时、准实时数据，贯通高压配电网和低压配电网的电气连接拓扑，融合配电网相关系统业务信息，支撑配电网的调度运行、故障抢修、生产指挥、设备检修、规划设计等业务的精益化管理。

配电自动化建设应以一次网架和设备为基础，运用计算机、信息与通信等技术，实现对配电网的实时监视与运行控制，为配电管理系统提供实时数据支撑。通过快速故障处理，提高供电可靠性；通过优化运行方式，改善供电质量、提升电网运营效率和效益。

第一节 配电自动化规划基本要求

配电自动化规划设计应遵循经济实用、标准设计、差异区分、资源共享、同步建设的原则，并满足安全防护要求。

(1) 经济实用原则。配电自动化规划设计应根据不同类型供电区域的供电可靠性需求，采取差异化技术策略，避免因配电自动化建设造成电网频繁改造，注重系统功能实用性，结合配电网发展有序投资，充分体现配电自动化建设应用的投资效益。

(2) 标准设计原则。配电自动化规划设计应遵循配电自动化技术标准体系，配电网一、二次设备应依据接口标准设计，配电自动化系统设计的图形、模型、流程等应遵循国标、行标、企标等技术标准。

(3) 差异区分原则。根据城市规模、可靠性需求、配电网目标网架等情况，合理选择不同类型供电区域的故障处理模式、主站建设规模、配电终端配置方式、通信建设模式、数据采集节点及配电终端数量。

供电区域划分主要依据行政级别或规划水平年的负荷密度，也应参考经济发达程度、用户重要程度、用电水平、GDP 等因素确定，如表 2-1 所示。

表 2-1　　供电区域划分表

供电区域		A_+	A	B	C	D	E
行政级别	直辖市	市中心区 或 $\sigma \geqslant 30$	市区 或 $15 \leqslant \sigma < 30$	市区 或 $6 \leqslant \sigma < 15$	城镇 或 $1 \leqslant \sigma < 6$	农村 或 $0.1 \leqslant \sigma < 1$	—
	省会城市、计划单列市	$\sigma \geqslant 30$	市中心区 或 $15 \leqslant \sigma < 30$	市区 或 $6 \leqslant \sigma < 15$	城镇 或 $1 \leqslant \sigma < 6$	农村 或 $0.1 \leqslant \sigma < 1$	—
	地级市（自治州、盟）	—	$\sigma \geqslant 15$	市中心区 或 $6 \leqslant \sigma < 15$	市区、城镇 或 $1 \leqslant \sigma < 6$	农村 或 $0.1 \leqslant \sigma < 1$	农牧区
	县（县级市、旗）	—	—	$\sigma \geqslant 6$	城镇 或 $1 \leqslant \sigma < 6$	农村 或 $0.1 \leqslant \sigma < 1$	农牧区

注 1. σ 为供电区域的负荷密度（MW/km^2）。
2. 供电区域面积一般不小于 $5km^2$。
3. 计算负荷密度时，应扣除 110（66）kV 专线负荷，以及高山、戈壁、荒漠、水域、森林等无效供电面积。

（4）资源共享原则。配电自动化规划设计应遵循数据源端唯一、信息全局共享的原则，利用现有的调度自动化系统、设备（资产）运维精益管理系统、电网 GIS 平台、营销业务系统等相关系统，通过系统间的标准化信息交互，实现配电自动化系统网络接线图、电气拓扑模型和支持电网运行的静、动态数据共享。

（5）同步建设原则。配电网规划设计与建设改造应同步考虑配电自动化建设需求，配电终端、通信系统应与配电网实现同步规划、同步设计。对于新建电网，配电自动化规划区域内的一次设备选型应一步到位，避免因配电自动化实施带来的后续改造和更换。对于已建成电网，配电自动化规划区域内不适应配电自动化要求的，应在配电网一次网架设备规划中统筹考虑。

（6）安全防护要求。配电自动化系统建设应满足“安全分区、网络专用、横向隔离、纵向认证”总体要求，并对控制指令使用基于非对称密钥的单向认证加密技术进行安全防护。

第二节　配电自动化规划协调性要求

（1）配电自动化建设应与配电网一次网架、设备相适应，在一次网架、设备的基础上，根据供电可靠性需求合理配置配电自动化方案。

（2）配电网一次设备新建、改造时应同步考虑配电终端、通信等二次需求，配电自动化规划区域内的一次设备如柱上开关、环网柜、配电站等建设改造时应考虑自动化设备安装位置、供电电源、电操机构、测量控制回路、通信通道等，同时应考虑通风、散热、防潮、防凝露等要求。

（3）配电网建设、改造工程中涉及电缆沟道、管井建设改造及市政管道建设时应一并考虑光缆通信需求，同步建设或预留光缆敷设资源，并考虑敷设防护要求，排管敷设时应预留专用的管孔资源。

（4）对能够实现继电保护配合的分支线开关、长线路后段开关等，可配置为断路器型

开关，并配置具有继电保护功能的配电终端，快速切除故障。

(5) 在用户产权分界点可安装自动隔离用户内部故障的开关设备，视需要配置“二遥”或“三遥”终端。

(6) 配电自动化主站应与一次、二次系统同步规划与设计，考虑未来5～15年的发展需求，确定主站建设规模和功能。

(7) 电流互感器的配置应满足数据监测、继电保护和故障信息采集的需要。电压互感器的配置应满足数据监测和开关电动操作机构、配电终端及通信设备供电电源的需要，并满足停电时故障隔离遥控操作的不间断供电要求。户外环境温度对蓄电池使用寿命影响较大的地区，或停电后无需遥控操作的场合，可选用超级电容器等储能方式。

(8) 配电自动化系统与PMS、电网GIS平台、营销95598系统等其他信息系统之间应统筹规划，满足信息交互要求，为配电网全过程管理提供技术支撑。配电自动化系统可用于配电网可视化、供电区域划分、空间负荷预测、线路及配变容量裕度等计算分析，指导用电客户、分布式电源、电动汽车充换电设施等有序接入，为配电网规划设计提供技术支撑。

第三节 馈线自动化配置模式

1. 馈线自动化故障处理原则

(1) 应根据供电可靠性要求，合理选择故障处理模式，并合理配置主站与终端。

(2) A+、A类供电区域宜在无需或仅需少量人为干预的情况下，实现对线路故障段快速隔离和非故障段恢复供电。

(3) 故障处理应能适应各种电网结构，能够对永久故障、瞬时故障等各种故障类型进行处理。

(4) 故障处理策略应能适应配电网运行方式和负荷分布的变化。

(5) 配电自动化应与继电保护、备自投、自动重合闸等协调配合。

(6) 当自动化设备异常或故障时，应尽量减少事故扩大的影响。

2. 馈线自动化故障处理模式选择

(1) 故障处理模式包括馈线自动化方式与故障监测方式两类，其中馈线自动化可采用集中式、智能分布式、就地型重合器式三类方式。

(2) 集中式馈线自动化方式可采用全自动方式和半自动方式。

(3) 应根据配电自动化实施区域的供电可靠性需求、一次网架、配电设备等情况合理选择故障处理模式。A+类供电区域宜采用集中式（全自动方式）或智能分布式；A、B类供电区域可采用集中式、智能分布式或就地型重合器式；C、D类供电区域可根据实际需求采用就地型重合器式或故障监测方式，故障监测方式即以远传型故障指示器为主要实现方式，实现对线路的可观、可测，可快速定位故障区段，指导运行人员快速抢修；E类供电区域可采用故障监测方式。

第四节　配电终端建设原则

1. 总体要求

(1) 配电终端用于对环网单元、站所单元、柱上开关、配电变压器、线路等进行数据采集、监测或控制，具体要求如下：

1) 配电终端应采用模块化、可扩展、低功耗的产品，具有高可靠性和适应性；

2) 配电终端的通信规约支持 DL/T 634.5101《远动设备及系统　第 5101 部分：传输规约　基本远动任务配套标准》、DL/T 634.5104《远动设备及系统　第 5-104 部分：传输规约　采用标准传输协议集的 IEC 60870-5-101 网络访问》规约；

3) 配电终端的结构形式应满足现场安装的规范性和安全性要求；

4) 配电终端电源可采用系统供电和蓄电池（或其它储能方式）相结合的供电模式；

5) 配电终端应具有明显的装置运行、通信、遥信等状态指示。

(2) 配电终端应满足高可靠、易安装、免维护、低功耗的要求，并应提供标准通信接口。

(3) 配电终端应满足数据采集、控制操作和实时通信等功能要求。

(4) 应根据可靠性需求、网架结构和设备状况，合理选用配电终端类型。

对关键性节点，如主干线联络开关、必要的分段开关、进出线较多的开关站、环网单元和配电室，宜配置"三遥"终端；

对一般性节点，如分支开关、无联络的末端站室，宜配置"二遥"终端。配变终端宜与营销用电信息采集系统共用，通信信道宜独立建设。

2. 终端配置

(1) A+类供电区域可采用双电源供电和备自投，减少因故障修复或检修造成的用户停电，宜采用"三遥"终端快速隔离故障和恢复健全区域供电。

(2) A 类供电区域宜适当配置"三遥""二遥"终端。

(3) B 类供电区域宜以"二遥"终端为主，联络开关和特别重要的分段开关也可配置"三遥"终端。

(4) C 类供电区域宜采用"二遥"终端，D 类供电区域宜采用基本型"二遥"终端，C、D 类供电区域如确有必要经论证后可采用少量"三遥"终端。

(5) E 类供电区域可采用基本型"二遥"终端。

(6) 对于供电可靠性要求高于本供电区域的重要用户，宜对该用户所在线路采取以上相适应的终端配置原则，并对线路其它用户加装用户分界开关。

(7) 在具备保护延时级差配合条件的高故障率架空支线可配置断路器，并配备具有本地保护和重合闸功能的"二遥"终端，以实现故障支线的快速切除，同时不影响主干线其余负荷。

(8) 各类供电区域配电终端的配置方式见表 2-2。

表 2-2　　配电终端配置方式推荐表

供电区域	供电可靠目标	终端配置方式
A+	用户年平均停电时间不高于 5min (≥99.999%)	“三遥”
A	用户年平均停电时间不高于 52min (≥99.990%)	“三遥”或“二遥”
B	用户年平均停电时间不高于 3h (≥99.965%)	以“二遥”为主， 联络开关和特别重要的分段开关也可配置“三遥”
C	用户年平均停电时间不高于 9h (≥99.897%)	“二遥”
D	用户年平均停电时间不高于 15h (≥99.928%)	基本型“二遥”
E	不低于向社会承诺的指标	

第五节 通信网建设原则

配电通信网的建设和改造应充分利用现有通信资源，完善配电通信基础设施，避免重复建设。配电通信网规划设计应对业务需求、技术体制、运行维护及投资合理性进行充分论证。配电通信网应遵循数据采集可靠性、安全性、实时性的原则，在满足配电自动化业务需求的前提下，充分考虑综合业务应用需求和通信技术发展趋势，做到统筹兼顾、分步实施、适度超前。

配电通信网所采用的光缆应与配电网一次网架同步规划、同步建设，或预留相应位置和管道，满足配电自动化中长期建设和业务发展需求。

配电通信网建设可选用光纤专网、无线公网、无线专网、电力线载波等多种通信方式，规划设计过程中应结合配电自动化业务分类，综合考虑配电通信网实际业务需求、建设周期、投资成本、运行维护等因素，选择技术成熟、多厂商支持的通信技术和设备，保证通信网的安全性、可靠性、可扩展性。

对于配置有遥控功能的配电自动化区域应优先采用光纤专网通信方式，可以选用无源光网络等成熟通信技术。依赖通信实现故障自动隔离的馈线自动化区域采用光纤专网通信方式，满足实时响应需要；对于配置“两遥”或故障指示器的情形，可以采用其他有效的通信方式。

配电通信网通信设备应采用统一管理的方式，在设备网管的基础上充分利用通信管理系统（TMS）实现对配电通信网中各类设备的统一管理。配电通信设备电源应与配电终端电源一体化配置。

配电通信网应满足二次安全防护要求，采用可靠的安全隔离和认证措施。

1. 组网方式

(1) 有线组网宜采用光纤通信介质，以有源光网络或无源光网络方式组成网络。有源光网络优先采用工业以太网交换机，组网宜采用环形拓扑结构；无源光网络优先采用

EPON系统，组网宜采用星形和链形拓扑结构。

（2）无线组网可采用无线公网和无线专网方式。采用无线公网通信方式时，应采取专线APN或VPN访问控制、认证加密等安全措施；采用无线专网通信方式时，应采用国家无线电管理部门授权的无线频率进行组网，并采取双向鉴权认证、安全性激活等安全措施。

2. 通信方式

（1）配电自动化“三遥”终端宜采用光纤或无线专网通信方式，“二遥”终端宜采用无线通信方式。在具有“三遥”终端且选用光纤通信方式的中压线路中，光缆经过的“二遥”终端宜选用光纤通信方式；在光缆无法敷设的区段，可采用电力线载波、无线通信方式进行补充。电力线载波不宜独立进行组网。

（2）根据实施配电自动化区域的具体情况选择合适的通信方式。A+类供电区域以光纤通信方式为主；A、B、C类供电区域应根据配电终端的配置方式确定采用光纤、无线或载波通信方式；D、E类供电区域以无线通信方式为主。各类供电区域的通信方式选择具体见表2-3。

表2-3　　配电终端通信方式推荐表

供电区域	通信方式
A+	光纤通信为主
A、B、C	根据配电终端的配置方式确定采用光纤、无线或载波通信
D、E	无线通信为主

（3）当配电通信网采用EPON、GPON或光以太网络等技术组网时，应使用独立纤芯或独立波长；当采用无线公网、无线专网通信方式时，应接入安全区，并通过隔离装置与生产控制大区相连。

第六节　信　息　交　互

配电自动化系统通过信息交互总线方式，依据“源端数据唯一、全局信息共享”原则，实现配电自动化系统和其它应用系统的互联。互联的系统包括配电自动化系统、上一级调度自动化、生产管理系统、电网GIS平台、营销管理信息系统、95598等，通过多系统之间的信息共享和功能整合，实现停电管理应用、用户互动、分布电源接入与控制等功能。

配电自动化系统与调度自动化系统、PMS、电网GIS平台、营销业务系统等其他系统进行信息交互，遵循源端唯一、源端维护的原则，实现数据共享和应用集成。

（1）配电自动化信息交互模型应遵循标准化原则，即以IEC 61970/61968 CIM标准为核心，遵循调度自动化系统、PMS、电网GIS平台、营销业务系统等相关集成规范，采用面向服务架构（SOA），实现相关模型、图形和数据的发布与订阅。通过基于消息机制的

总线方式完成配电自动化系统与其它应用系统之间的信息交换和服务共享。

（2）配电自动化应采用标准化的信息交互方式，配电主站与调度控制系统应按照智能电网调度控制系统相关标准进行数据交互，配电主站与其他系统之间的信息交互应遵循相关技术标准。

（3）信息交换总线应支持基于消息的业务编排、信息交互拓扑可视化、信息流可视化等应用，满足各专业系统与总线之间的即插即用。遵循电气图形、拓扑模型和数据的来源及维护唯一性、设备编码统一性、描述一致性的原则。

（4）在满足电力二次系统安全防护规定的前提下，信息交互总线应具有通过正、反向物理隔离装置穿越生产控制大区和管理信息大区实现信息交互的能力。

（5）应根据主站规模和相关信息系统的接口数量，合理配置信息交换总线的相关软硬件。

配电主站可向相关应用系统提供配电网图形（配电网络图、电气接线图、电气单线图等）、网络拓扑、实时数据、准实时数据、历史数据、配电网分析结果等信息，也可从相关应用系统获取下列主要信息：

1）通过上一级调度自动化系统获取高压配电网（包括 35kV、110kV）的网络拓扑、变电站图形、相关设备参数、实时数据和历史数据等信息。

2）通过生产管理系统获取中压配电网（包括 10kV、20kV）的相关设备参数、配电网设备计划检修信息、计划停电信息、配电网图形（配电网络图、电气接线图、电气单线图等）、网络拓扑等。

3）通过电网 GIS 平台获取中压配电网（包括 10kV、20kV）的配电网络图、电气接线图、电气单线图、地理图、线路地理沿布图、网络拓扑等。

4）通过营销管理信息系统

获取低压配电网（380V/220V）的相关设备参数和低压公用变压器、配电变压器的设备参数、运行数据、用户信息等。

5）通过 95598 系统

获取用户呼叫信息、故障信息和特殊情况信息。

第三章　配电自动化的一次设备选择

第一节　一次设备类型及配置原则

一、一次设备类型

配电自动化涉及的一次设备主要包括柱上开关类设备、环网柜、低压综合配电箱、箱式变电站及无功补偿设备等。

1. 开关类设备

开关类设备包括 10kV、20kV 线路柱上断路器、自动重合器、负荷开关、分段器、分界开关等。

柱上断路器（见图 3-1）能够关合、承载、开断运行回路正常电流，也能在规定的时间内关合、承载及开断规定的过载（包括短路）电流，主要用于配电线路大分支或用户的投切、控制、保护。应选择技术成熟、工艺可靠的真空或 SF_6 断路器。

图 3-1　柱上断路器

自动重合器（见图 3-2）在开断故障电流的功能上与断路器相似，尤其是在弹簧机构和永磁机构充分发展之后，两者可以说基本相同。但重合器在保护和控制功能上比断路器自动化程度高，可自动进行多次开断和重合操作。

图 3-2　自动重合器

柱上负荷开关（见图 3-3）能关合、开断和承载线路正常电流，并关合和承载规定的异常电流。它可以单独使用，作为主机控制、线路倒换和支路切换；也可以与熔断器组合使用，作为变压器、高压电动机等设备的控制和保护装置。

图 3-3　柱上负荷开关

分段器（见图 3-4）是一种能够记忆通过电流的次数，并在达到整定的次数后，在无电压或无电流下自动分闸的开关设备，在开断能力上与负荷开关相同。

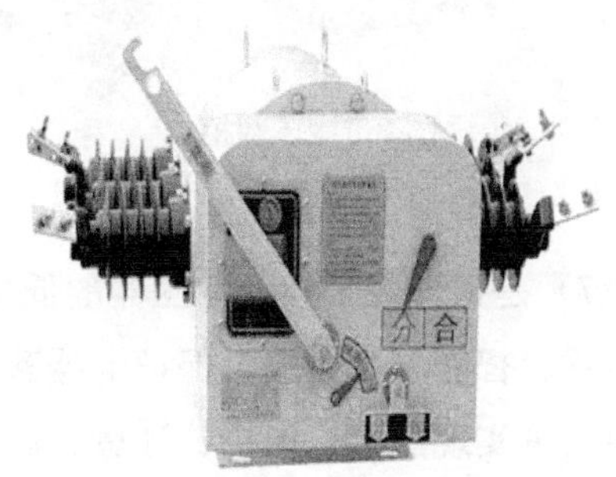

图 3-4　分段器

用户分界开关（见图 3-5）可分为用户分界负荷开关及用户分界断路器，其目的是为了解决用户侧故障影响配电网主干线而造成的事故扩大。用户分界开关主要安装在 10kV

配电线路用户进户线的责任分界点处或符合要求的分支线T接处，实现对分界点后用户故障的快速隔离。

图3-5　用户分界开关

2. 环网柜

环网柜（见图3-6）是一组高压开关设备装在钢板金属柜体内或做成拼装间隔式环网供电单元的电气设备，其核心部分采用断路器或负荷开关，具有结构简单、体积小、价格低、可提高供电参数和性能以及供电安全等优点。

图3-6　环网柜

3. 低压综合配电箱

低压综合配电箱（见图3-7）是指安装于柱上变压器的低压出线侧，由低压开关设备、计量和测量装置、无功补偿装置、智能配变终端、保护电器和辅助设备，通过电气和机械连接完整地组装在封闭箱体中，可实现配电、保护、计量、测控、无功补偿等功能的成套低压设备。

4. 箱式变电站

箱式变电站一般按照高、低压开关和变压器的结构进行分类，分为欧式、美式两种典型类型。

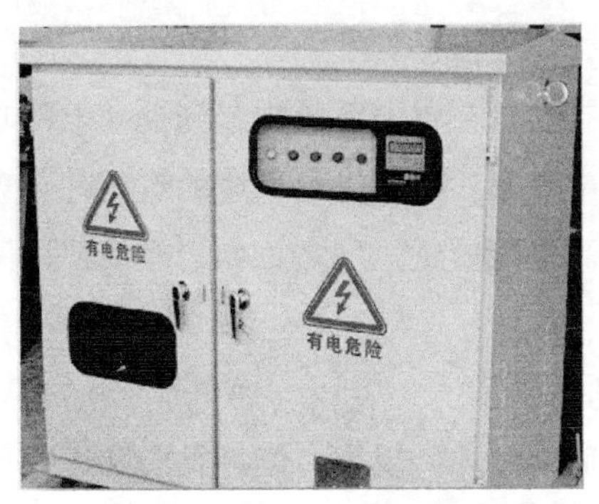

图 3-7　低压综合配电箱

欧式箱式变电站（见图 3-8）是一种将高、低压开关和变压器三个独立单元组合于一体的变配电成套装置，所有设备均安装在一个防潮、防锈、防尘、防鼠、防火、防盗、隔热、全封闭、可移动的金属或非金属箱体内，全封闭运行。比较常用的结构布置为目字形结构，但也可根据设计或需求的不同，采用品字形、带维护走廊型等结构。

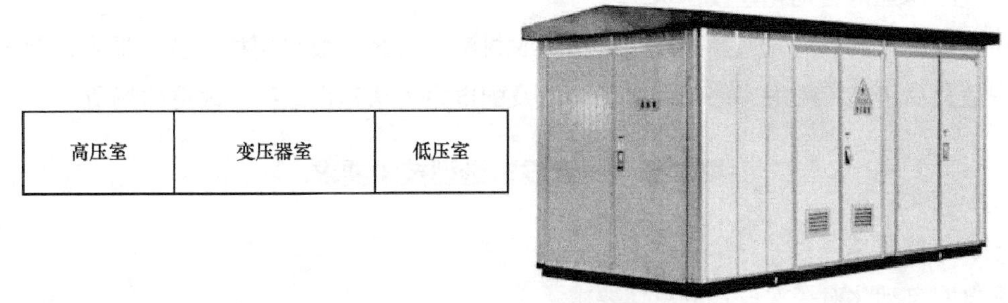

图 3-8　欧式箱式变电站结构图

美式箱式变电站（见图 3-9）将变压器器身、高压开关、熔断器等设备统一放置在变压器油箱里，并浸在油中。从布置上看，美式箱式变电站将低压室、高压室布置在变压器室的同一侧，呈品字形结构。

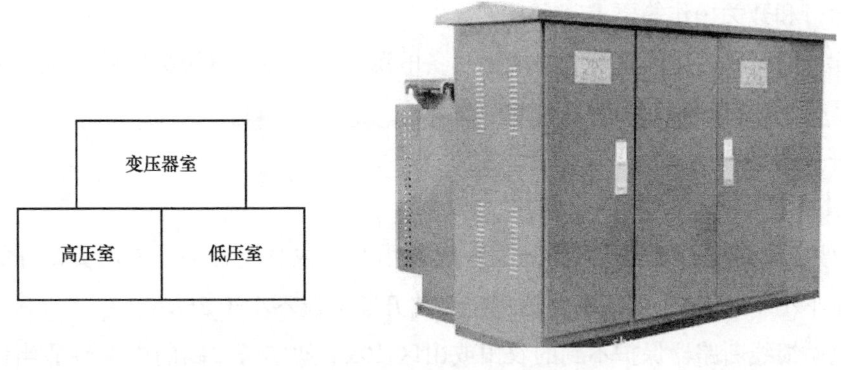

图 3-9　美式箱式变电站结构图

5. 无功补偿设备

无功功率补偿简称无功补偿，在供电系统中起到提高电网功率因数，降低供电变压器及输送线路的损耗，提高供电效率，改善供电环境的作用。合理选择补偿装置，可以最大限度地减少电网的损耗，提高电能质量。反之，如选择或使用不当，可能造成供电系统电压波动、谐波增大等情况。

二、一次设备配置原则

配电网设备选型和配置应根据地区规划、经济发展和运行环境等要求，因地制宜，适度超前，差异化选配。

配电网设备选型和配置应遵循设备全寿命周期管理的理念，符合标准规范，坚持安全可靠、经济实用的原则，采用技术成熟、少维护或免维护、节能环保的通用设备。

配电网设备选型和配置应利于改造实现目标网架，提高抵御自然、外力灾害的能力，便于应急电源接入并与环境相协调。

配电网设备选型和配置应适应智能配电网的发展要求，在配电自动化规划和实施区域内，同步考虑配电自动化建设需求。

市区配电台区应优先选择建设配电室，农村配电台区一般采用柱上变压器台。箱式变电站一般只用于施工用电、临时用电场合以及配电室无法建设或扩容改造的场所。

第二节　一次设备选型技术要求

一、总体要求

配电网自动化对一次设备的总体要求：

(1) 需要实现遥信功能的开关设备，应至少具备一组辅助触点；需要实现遥测功能的一次设备，应至少具备电流互感器；需要实现遥控功能的开关设备，应具备电动操作机构。

(2) 一次设备的建设与改造应考虑预留配电终端所需要的位置、空间、工作电源、端子及接口等。

(3) 需获取配电终端的供电电源时，应配置电压互感器或者电流互感器，容量应满足配电终端运行和开关操作等要求。

(4) 配电网站所内应配置配电终端用后备电源，保证在主电源失电的情况下能够维持配电终端运行一定时间和开关分、合闸一次。

二、开关类设备

1. 一般要求

10kV 架空线路柱上分段及联络开关一般选用 SF_6 或真空开关，采用负荷开关额定短时耐受电流不小于 25kA，采用断路器额定短路开断电流不小于 25kA。

在变电站馈线断路器保护不到的农田或山区 10kV 架空长线路的中末端适当位置选用断路器保护，额定短路开断电流不小于 25kA，宜加装配电终端以实现重合功能。

10kV 架空线路故障多发支线可安装自动隔离相间及接地故障的开关，对 10kV 用户应在产权分界处安装带有配电自动化终端的分界开关。

柱上开关应配置馈线终端（FTU），能够检测短路、接地故障，并具备故障录波和数据上传功能。

2. 柱上开关设备与配电自动化系统模式

电流模式：基于自动化开关设备相互配合，实现故障隔离。其优点是建设费用低，不需要建设通信通道和主站系统；其缺点是仅在故障时起作用，正常运行时不能起监控作用，不能优化运行方式。

电压模式：重合器与电压—时间型分段器配合。

电压电流型模式：重合器与电压—电流型开关配合。

基于馈线远方终端的馈线自动化系统：柱上开关设备配置远方终端，通过通信通道与配电自动化主站或子站相连，进行双向通信，可以实现遥测、遥信和遥控。

三、环网柜

1. 一般要求

环网柜的设计应保证设备运维、检修试验、带电状态的确定、连接电缆的故障定位等操作能够安全进行。

环网柜的设计应能在允许的基础误差和热胀冷缩的热效应下不影响设备所保证的性能，并满足与其他设备连接的要求，与结构相同的所有可移开部件和元件在机械和电气上应有互换性。

开关类型可根据需求选用，环网单元宜采用负荷开关，在线路适当位置可采用断路器，馈线单元可采用负荷开关、断路器或负荷开关—熔断器组合电器。变压器单元保护一般采用负荷开关—熔断器组合电器，出线单元接入变压器的总容量超过 800kVA 时宜配置断路器及继电保护。母联分段柜选用断路器，当无继电保护和自动装置要求时，也可选用三工位负荷开关。

安装在由 10kV 电缆单环网或单射线接入的用户产权分界点处的环网单元，宜具有自动隔离用户内部相间及接地故障的功能。

环网柜应配置带电显示器（带二次核相孔、按回路配置），应能满足验电、核相的要求。高压带电显示装置的显示器接线端子对地和端子之间应能承受 2000V/min 的工频耐压。传感器电压抽取端及引线对地应能承受 2000V/min 的工频耐压。感应式带电显示装置，其传感器要求与带电部位保持 125mm 以上空气净距。

2. 配电自动化要求

实施配电自动化的环网单元应具备手动和电动操作功能，操作电源可采用直流 48V、110V 或交流 110V、220V，进出线柜装设 2 只电流互感器，1 只零序电流互感器（必要时），设置二次小室。

环网柜应配置“三遥”站所终端（DTU），能够检测短路、接地故障，并具备故障录波和数据上传功能。

四、箱式变电站

1. 一般要求

箱式变电站内环网单元、变压器及低压设备导体应绝缘封闭，环网单元及箱式变电站的箱体设计有压力释放通道，能够防止故障引发内部电弧造成箱外人员伤害。

箱式变电站处在高潮湿场所时，宜加大元件的爬电比距，在箱内加装温、湿度自动控制器，采用全绝缘、全封闭、防凝露等技术。

箱式变电站外壳应具有良好通风散热性能，箱壳温升等级不宜超过 10K，宜采用底进顶出的通风结构。

2. 配电自动化要求

在需要实现自动化功能的箱式变压器应内置配电自动化单元柜，以实现并完成对开关设备的位置信号、电压、电流、有功功率、无功功率、功率因数、电能量等数据的采集与计算，同时具备各种通信功能，能够将采集的数据实时上传主站，从而实现箱式变电站远方测控的自动化功能。

五、低压综合配电箱

1. 一般要求

低压综合配电箱功能单元应由进线单元、馈线单元、计量单元、智能配变终端单元、无功补偿单元等部分或全部单元组成。各组成单元相对封闭，二次接线应灵活连接，可快速拆卸与安装。安装板可实现整体拆装更换，自由拆装。同类型同容量的低压综合配电箱中相同功能单元应具备互换性。

2. 配电自动化要求

应预留智能配变终端的安装位置，智能配变终端应满足国家电网有限公司最新技术标准的要求。

智能配变终端基本功能包括配电变压器监测、开关量采集、无功补偿控制、剩余电流动作保护器监测、低压开关位置信息采集、用电信息监测、三相不平衡治理、变压器状态监测、环境状态监测；扩展功能包括人机界面、电能质量综合治理、门禁安全管理、视频监控、声光报警、智能充电桩接入管理和分布式能源接入管理等。

六、无功补偿设备

1. 一般要求

一般采取配电变压器（含配电室变压器、箱式变电站、柱上变压器）配置低压电容器进行无功补偿，电容器容量应根据配电变压器容量和负荷性质，通过计算确定。一般按配电变压器容量的10%～30%配置电容器，采用负荷开关自动投切（晶闸管投切、接触器运行）方式。配电变压器低压无功补偿与运行数据采集应采用一体化装置。

在供电距离较远、功率因数较低的10kV架空线路上可适当安装10kV并联补偿电容器，宜采用分相自动投切方式。10kV架空线路补偿点以一处为宜，一般不超过两处，安装容量需依据局部电网配电变压器空载损耗和无功基荷两部分确定。

对于电网负荷波动不大、三相负荷基本平衡、仅以提高功率因数为目标的情况，为了降低设备成本，可选用功能单一、操作简便的简易型无功补偿控制器。其控制物理量可不做严格要求，可采用无功功率、无功电流或功率因数作为控制物理量，也可采用复合型控制物理量。投切方式可采用较简单的循环投切模式，这样既能达到较好的无功补偿效果，又能降低设备的生产制造成本，同时设备操作简单，便于维护。

对于电网负荷波动频繁、最大负荷与最小负荷间的差距较大，但三相负荷基本平衡的情况，宜选用性能较好的控制器。例如选用无功电流或无功功率作为控制物理量，且投入门限和切除门限应能够分别设定，以防止出现投切振荡，同时还应具有过压和欠流等保护功能。投切方式最好采用可进行程序控制的“编码＋循环”投切方式，以确保控制器能够快速准确地对无功功率的变化进行动态跟踪补偿。

当电网负荷波动频繁，最大负荷与最小负荷差距较大，同时三相负荷严重不平衡时，对控制器的选择就提出了更高的要求，应具有“分相＋平衡”复合投切功能，其控制物理量应为复合型（无功功率＋功率因数）。

2. 配电自动化要求

为了配合电网自动化的实施，在提高功率因数的同时，还要求能够实时监测电网的各项运行参数。在这种情况下，则需要选择具有综合测试功能的无功补偿控制器（配电综合测控仪）。该控制器除应具有复合型控制物理量、复合投切功能、较高的灵敏度和稳定度、较小的动作误差以及过压、欠流等保护功能外，还应具有电网参数实时在线测量、数据存储、数据显示、电报校时、停电数据保护、数据采集和数据远传等功能。同时，配套功能完善的支持性后台软件，以便对采集到的数据进行有效分析和直观的图形显示，并能输出各类相关报表。若数据传输采用GPRS无线通信方式，还可以完全节省通信网络建设投资和人工抄表工作，节约大量的财力和人力。

对于非线性负荷较多、电网谐波分量较大的情况，必须选用具有谐波测量和谐波超限保护功能的无功补偿控制器，并选配参数合理的抗谐波电抗器，构成抗谐波无功补偿控制装置，以便在谐波较严重的工况下仍能可靠运行，达到满意的补偿效果。

第四章 配电自动化终端设备的选择

第一节 配电自动化设备类型及配置原则

配电自动化终端设备主要包括配电自动化终端和配电线路故障指示器。

配电自动化终端简称配电终端，是安装在配电网的各种远方监测、控制单元的总称，可以完成数据采集、控制、通信等功能。

配电线路故障指示器是安装在配电线路上用于检测线路短路故障和单相接地故障并发出报警信息的装置。

配电终端和故障指示器是配电自动化系统的基础设备，其性能与可靠性对配电自动化系统的正常运行和发挥作用有着决定性的影响。

一、配电自动化设备类型

（一）配电终端类型

配电自动化系统的监控范围是中低压配电网，被监控的配电设备包括变电站中压线路出口断路器、开关站、配电所（室）、箱式变电站、环网柜、柱上开关、重合器、分接开关、配电变压器、无功补偿电容器等。实际工程中，变电站出口断路器的保护监控由变电站自动化系统中的间隔层单元完成，称为线路保护装置或保护测控装置，其余配电设备的监控则由配电终端完成。

根据监控对象的不同，配电终端可分为三大类：

(1) 站所终端（Distribution Terminal Unit，DTU）。站所终端指安装在配电网馈线回路的开关站、配电室、环网柜、箱式变电站等处的配电终端，按照功能分为“三遥”终端和“二遥”终端。

(2) 馈线终端（Feeder Terminal Unit，FTU）。馈线终端指安装在配电网馈线回路的柱上等处的配电终端，按照功能分为“三遥”终端和“二遥”终端。

(3) 配电变压器终端（Transformer Terminal Unit，TTU）。配电变压器终端又称为配变终端，可监视、测量配电变压器的各种运行参数。

以上，“二遥”指遥信、遥测，“三遥”指遥信、遥测、遥控。其中，“二遥”又可分

为基本型终端、标准型终端和动作型终端。基本型“二遥”终端是用于采集或接收由故障指示器发出的线路故障信息，并具备故障报警信息上传功能的配电终端。标准型“二遥”终端是用于配电线路遥测、遥信及故障信息的监测，实现本地报警，并具备报警信息上传功能的配电终端。动作型“二遥”终端是用于配电线路遥测、遥信及故障信息的监测，并能实现就地故障自动隔离与动作信息主动上传的配电终端。

（二）故障指示器类型

故障指示器按使用环境分为户外型和户内型；按使用场所分为架空线型、电缆（母排）型和面板型；按功能分为短路故障指示器，单相接地故障指示器，短路、单相接地故障指示器（又称二合一故障指示器）；按故障报警类别分为机械翻转型、闪烁发光型、数据传输型和复合型；按故障检测方式分为在线（线路不停电）检测型、离线（线路停电）检测型；按信息传输方式分为远传型和就地型；按技术原理分为外施信号型、暂态特征型和暂态录波型和稳态特征型。

下面对几种不同场所使用的故障指示器进行介绍。

（1）架空线型故障指示器。其传感器和显示（指示）部分集成于一个单元内，通过机械方式固定于架空线路（包括裸导线和绝缘导线）的某一相线路上。

（2）电缆（母排）型故障指示器。其传感器和显示（指示）部分集成于一个单元内，通过机械方式固定于某一相电缆线路（母排）上，通常安装在电缆分支箱、环网柜、开关柜等配电设备上。

（3）面板型故障指示器。其由传感器和显示单元组成，通常显示单元镶嵌于环网柜、开关柜的操作面板上。传感器和显示单元采用光纤或无线等方式进行通信，一次和二次部分之间应可靠绝缘。

典型的故障指示器介绍见表 4-1。

表 4-1　　典型的故障指示器介绍

适用线路类型	信息传输方式	单相接地故障检测方法	故障指示器类型	说明
架空线路	远传型	外施信号	架空外施信号型远传故障指示器	需安装专用的信号发生装置，连续产生电流特征信号序列，判断与故障回路负荷电流叠加后的特征
		暂态特征	架空暂态特征型远传故障指示器	线路对地通过接地点放电形成的暂态电流和暂态电压有特定关系
		暂态录波	架空暂态录波型远传故障指示器	根据接地故障时的零序电流暂态特征并结合线路拓扑综合研判
		稳态特征		应用范围较窄，且在外施信号、暂态特征和暂态录波型故障指示器中均已包含

续表

<table>
<tr><th>适用线路类型</th><th>信息传输方式</th><th>单相接地故障检测方法</th><th>故障指示器类型</th><th>说明</th></tr>
<tr><td rowspan="4">架空线路</td><td rowspan="4">就地型</td><td>外施信号</td><td>架空外施信号型就地故障指示器</td><td>需安装专用的信号发生装置，连续产生电流特征信号序列，判断与故障回路负荷电流叠加后的特征</td></tr>
<tr><td>暂态特征</td><td>架空暂态特征型就地故障指示器</td><td>线路对地通过接地点放电形成的暂态电流和暂态电压有特定关系</td></tr>
<tr><td>暂态录波</td><td></td><td>就地型无通信，目前暂无此类</td></tr>
<tr><td>稳态特征</td><td></td><td>应用范围较窄，且在外施信号、暂态特征和暂态录波型故障指示器中均已包含此方法</td></tr>
<tr><td rowspan="8">电缆线路</td><td rowspan="4">远传型</td><td>外施信号</td><td>电缆外施信号型远传故障指示器</td><td>需安装专用的信号发生装置，连续产生电流特征信号序列，判断与故障回路负荷电流叠加后特征</td></tr>
<tr><td>暂态特征</td><td></td><td>电缆型电场信号采集困难，目前暂无此类</td></tr>
<tr><td>暂态录波</td><td></td><td>电缆型电场信号采集困难，目前暂无此类</td></tr>
<tr><td>稳态特征</td><td>电缆稳态特征型远传故障指示器</td><td>检测线路的零序电流是否超过设定阈值</td></tr>
<tr><td rowspan="4">就地型</td><td>外施信号</td><td>电缆外施信号型就地故障指示器</td><td>需安装专用的信号发生装置，连续产生电流特征信号序列，判断与故障回路负荷电流叠加后特征</td></tr>
<tr><td>暂态特征</td><td></td><td>就地型无通信，且电缆型电场信号采集困难，目前暂无此类</td></tr>
<tr><td>暂态录波</td><td></td><td>就地型无通信，且电缆型电场信号采集困难，目前暂无此类</td></tr>
<tr><td>稳态特征</td><td>电缆稳态特征型就地故障指示器</td><td>检测线路的零序电流是否超过设定阈值</td></tr>
</table>

二、配电自动化设备配置原则

（一）总体要求

配电终端用于对环网单元、站所单元、柱上开关、配电变压器、线路等进行数据采集、检测或控制。配电终端应满足高可靠、易安装、免维护、低功耗的要求，并应提供标准通信接口。配电终端供电电源应满足数据采集、控制操作和实时通信等功能要求。

应根据可靠性要求、网架结构和设备状况，合理选用配电终端类型。对关键性节点，如主干线联络开关、必要的分段开关，进出线较多的开关站、环网单元和配电室，宜配置“三遥”终端；对一般性节点，如分支开关、无联络的末端站室，宜配置“二遥”终端。配变终端宜与营销用电信息采集系统共用，通信信道宜独立建设。

配电线路故障指示器均应具备配电线路相间短路故障检测和单相接地故障检测的能力，可实现配电网故障的准确检测和快速定位。配电线路故障指示器作为变电站接地选线装置的有效补充，可进一步提升配电线路单相接地故障的快速、准确检测及定位能力。

架空线路干线分段处、较长支线首端、电缆支线首端、中压用户进线处应安装线路故障指示器；环网室（箱）、配电室、箱式变电站及中压电缆分支箱应配置电缆故障指示器。安装配电线路故障指示器应尽量采用不停电作业方式，以避免线路停电。故障指示器寿命应不低于 8 年，所有产品投运前均应通过专业试验检测。

（二）终端配置原则

根据区域差异性将供电区域进行分类，并规定各类区域对供电可靠性的要求。将供电区域划分为 A＋、A、B、C、D 和 E 共 6 类，其供电可靠性的要求分别为 99.999％、99.99％、99.965％、99.897％、99.828％和达到对社会承诺。

各类供电区域所需配置的终端类型如下：

（1）A＋类供电区域可采用双电源供电和备自投以减少因故障修复或检修造成的用户停电，宜采用“三遥”终端快速隔离故障和恢复健全区域供电。

（2）A 类供电区域宜适当配置“三遥”“二遥”终端。

（3）B 类供电区域宜以“二遥”终端为主，联络开关和特别重要的分段开关也可配置“三遥”终端。

（4）C 类供电区域宜采用“二遥”终端，D 类供电区域宜采用基本型“二遥”终端，C、D 类供电区域如确有必要经论证后可采用少量“三遥”终端。

（5）E 类供电区域可采用基本型“二遥”终端。

（6）对于供电可靠性要求高于本供电区域的重要用户，宜对该用户所在线路采取以上相适应的终端配置原则，并对线路其它用户加装用户分界开关。

（7）在具备保护延时级差配合条件的高故障率架空支线可配置断路器，并配备具有本体保护和重合闸功能的“二遥”终端，以实现故障支线的快速切除，同时不影响主干线其余负荷。

各类供电区域配电终端的配置方式见表 4-2。

表 4-2　　　　配电终端配置方式推荐表

供电区域	供电可靠性目标	终端配置方式
A＋	用户年平均停电时间不高于 5min（≥99.999％）	“三遥”
A	用户年平均停电时间不高于 52min（≥99.990％）	“三遥”或“二遥”
B	用户年平均停电时间不高于 3h（≥99.965％）	以“二遥”为主， 联络开关和特别重要的分段开关也可配置“三遥”
C	用户年平均停电时间不高于 9h（≥99.897％）	“二遥”
D	用户年平均停电时间不高于 15h（≥99.828％）	基本型“二遥”
E	不低于向社会承诺的指标	

针对各类供电区域在满足 N-1 准则和不满足 N-1 准则两种情况，全部采用“三遥”、全部采用“二遥”以及采用“三遥”和“二遥”混合方式所需的配电自动化终端最少数量的计算公式，以及对于各种长度馈线，在典型单位长度故障率、典型故障查找时间和修复

时间条件下各类配电自动化终端的典型配置数量列表，可参考 Q/GWD 11184—2014《配电自动化规划设计技术导则》。在实际应用中，宜参照执行，避免过度超频配置。

（三）故障指示器配置原则

1. 架空线路故障指示器配置原则

C、D、E 类供电区域架空线路主要通过安装远传型故障指示器实现配电自动化覆盖。其它区域未实现配电自动化覆盖的线路可根据实际需求采用远传型故障指示器；已实现馈线自动化的架空线路原则上不宜重复安装远传型故障指示器，对于线路较长、支线较多的架空线路，可通过安装远传型故障指示器来进一步缩小故障查找区间，快速定位故障点。自动化开关之间、远传型故障指示器之间可加装就地型故障指示器，以进一步缩小故障定位区间。变电站同一母线（含同一母线的延伸开关站）馈出的架空线路原则上应选用同一技术原理的故障指示器。对于空载线路，应选用外施信号型或暂态特征型远传故障指示器。外施信号型故障指示器需要在变电站母线或线路首端安装与其信号类型相匹配的信号发生装置。暂态录波型远传故障指示器仅在同母线馈线主要为架空线路的情况下适用。

对于 A+、A 类供电区域的架空线路，可在大于 2km 的分段区间以及大分支线路处补充安装一套远传型故障指示器。对于 B 类供电区域的架空线路，可在架空线路主干线每 2km 安装一套远传型故障指示器；对于 C 类供电区域，架空线路主干线每 3～5km 安装一套远传型故障指示器；对于 D 类供电区域，架空线路主干线每 5～6km 安装一套远传型故障指示器；对于 E 类供电区域，每 6～8km 安装一套远传型故障指示器。对于地理环境恶劣、故障巡查困难、故障率较高的线路，可适当减小远传型故障指示器安装间隔。架空线路未装设馈线终端的干线分段开关处应安装远传型故障指示器。架空支线长度超过 2km 且挂接配电变压器超过 5 台或容量超过 1500kVA 时，在支线首端安装一套远传型故障指示器；其它情况可装设架空就地型故障指示器。第一个远传型故障指示器应靠近变电站安装。未安装远传型故障指示器的架空线路与电缆线路连接处应安装架空就地型故障指示器。

2. 电缆线路故障指示器配置原则

电缆线路未装设站所终端的环网室（箱）、配电室、箱式变电站等站所，宜装设远传故障指示器。对于处于地下等通信信号较弱的站所以及中压电缆分支箱，可安装就地型故障指示器。对于中性点经消弧线圈接地或不接地的配电线路，应采用外施信号型故障指示器；对于中性点经小电阻接地的配电线路，应采用稳态特征性故障指示器。带观察窗的环网室（箱）、配电室、箱式变电站及中压电缆分支箱采用不带显示面板的故障指示器。不带观察窗的环网室（箱）、配电室、箱式变电站采用带显示面板的故障指示器。

对于安装有站所终端的站所中未实现自动化监测的间隔柜，可补充安装电缆型故障指示器。对于环进环出间隔，只需在环出间隔安装故障指示器。

第二节　配电自动化设备选型及技术要求

一、馈线及站所终端

（一）配电终端的构成

本节配电终端仅指馈线及站所终端（FTU、DTU）。配电终端一般由中心测控单元、人机接口电路、通信终端、操作控制回路、电源回路组成，如图 4-1 所示。

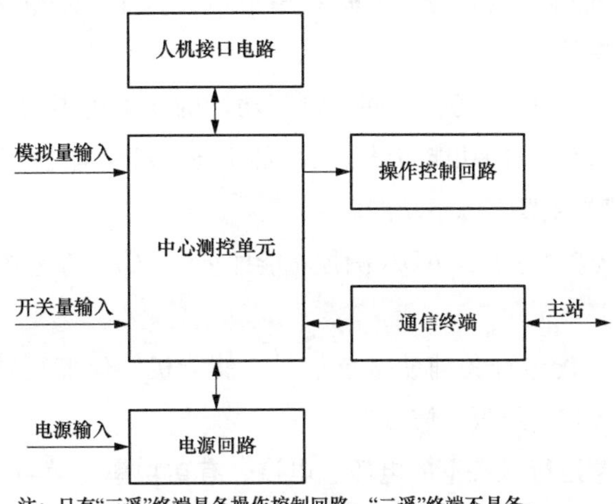

图 4-1　配电终端的基本构成

（1）中心测控单元。简称测控单元，是配电终端的核心部分。它完成的主要功能有：模拟量、开关量输入信号的采集，电压、电流、有功功率等运行参数的计算，故障检测与故障信号记录，控制量的输出，就地控制与分布式控制，远程通信等。测控单元能够灵活配置，满足不同的工程应用要求。一方面，配电终端应用数量很大，一个中等规模的配电自动化系统需要安装的终端有数千套；另一方面，不同的应用场合对配电终端的输入、输出路数以及功能都有不同的要求。如果针对不同的应用设计不同的测控单元，势必造成产品种类众多，开发工作量大，也给产品的安装调试、管理维护带来不便。目前，市场上主流的配电终端采用平台化、模块化设计，其输入量、输出量与通信接口的形式与数量根据实际需要配置；具备开放式应用程序接口（API），支持就地与分布式控制应用。

（2）人机接口电路。用于对配电终端进行配置与维护，包括输入故障检测定值、I/O 配置参数等，显示电压、电流、功率等测量数据以及反映装置运行状态的信息。为简化构成、提高可靠性，不少配电终端不配备显示单元与键盘。维护人员用便携式 PC 机通过维护通信口对其进行配置与维护。

（3）通信终端。又称通信适配器，与测控单元的以太网接口或 RS-232 串行接口连接，实现与配电自动化通信系统的连接。根据所连接的通信通道类型的不同，通信终端可分为光纤终端、无线终端、调制解调器（用于模拟通道、载波通道）等。

（4）操作控制回路。其中涉及的操作面板显示被控开关的当前位置状态，并提供人工操作开关的按钮。只有“三遥”终端具备操作控制回路，“二遥”终端不具备。

（5）电源回路。为配电终端提供各种工作电源。站所终端外部输入电源一般取自站所内的交流 220V 自用电源（用于开关操作），在自用电源中断时，可用站所内交流不间断电源（UPS）提供备用电源。站所终端的电源输入取自配电变压器低压侧输出。对于馈线终端来说，通常是电压互感器在提供电压测量取样信号的同时为馈线终端供电；馈线终端电源配备蓄电池，在线路停电时为自身电路提供不间断供电，同时提供开关操作电源。

（二）配电终端的主要功能

配电终端的监控对象与应用场合不同，对其功能的要求也不同。即使监控同样的设备，根据配电自动化系统完成的功能与设计要求的不同，对配电终端的功能要求也有所不同。归纳起来，配电终端主要有以下功能。

（1）DSCADA 测控功能。DSCADA 测控功能即传统 SCADA 系统终端的“三遥”（遥信、遥测、遥控）功能。

1）遥信主要是接入配电开关辅助接点信号、储能机构储能正常信号、装置控制的“软压板”（如当地/远方控制压板）信号等。

2）遥测是测量正常运行状态下的电压、电流、有功功率、无功功率、视在功率、功率因数、有功电量、无功电量、频率以及零序、负序电压与电流这些反映系统不平衡程度的电气量。此外，还要接入直流输入量，主要用于监视后备电源蓄电池的电压与供电电流等。

3）遥控包括配电开关合闸与跳闸输出，即需要预先选择的遥控输出。此外，还包括用于蓄电池活化空置等功能的开关量输出。一般来说，配电终端不要求具备模拟量输出，线路变压器调压控制、无功补偿电容投切等配电设备的调节功能通过开关量输出信号控制。

（2）短路故障检测功能。配电自动化系统的核心功能是馈线故障定位、隔离与自动恢复供电，这就要求配电终端能够采集并上报故障信息。短路故障包括相间短路故障与小电阻接地系统中的单相接地短路故障。单纯从线路故障区段定位的角度讲，配电自动化系统主站只需知道配电终端所监视的开关有无短路故障电流流过，不要求配电终端能精确测量故障电流等数据，因此配电终端只产生一个表示有故障电流流过的“软件开关量”上报即可。在采用闭环运行方式的配电环网中，配电终端应能测量并上报故障电流的方向。

通常，配电终端应能采集故障电流与电压、故障发生时刻、故障历时等信息，以更好地支持配电自动化系统的故障管理功能。实际应用中，配电终端可像故障录波器一样，记录下故障电压和电流的波形；为了简化装置的构成及减少数据传输量，也可以只记录几个关键的故障电压和电流幅值，如故障发生及故障切除前后的值。

（3）小电流接地故障检测功能。配电终端应能检测小电流接地系统的单相接地故障，

记录零序电流与电压信号，供配电自动化系统确定小电流接地故障点的位置。小电流接地系统发生单相接地故障时，由于故障电流微弱，检测比较困难。目前，可用的小电流接地故障检测方法有零序电流法、零序功率方向法、注入信号法和暂态法。

（4）保护功能。配电终端用于变电站线路出口断路器的监控，以及馈线分段开关、分路支线开关（包括环网柜用户出线开关）、开关站出线开关的监控，并且在所配开关能够遮断故障电流的情况下，应具有相间短路电流保护、零序电流保护、反时限电流保护、失压保护、自动重合闸等保护功能。

（5）负荷监测功能。站所终端和馈线终端应具有负荷监测功能，能够记录线路的主要运行参数。负荷监测功能主要有：

1）实时运行数据采集功能。用于负荷实时监视，采集的运行数据与DSCADA功能类似，但采集周期的要求要宽一些，比如每隔2min采集一次数据。

2）负荷记录功能。用于记录主要的反映负荷运行特征的参数，保存在掉电不丢失内存里，由主站根据需要召唤读取或人工定期（如每月一次）在当地利用手持终端读取。记录的运行参数主要有选定时刻（一般是整点时刻）的电压有效值、电流有效值、有功功率、无功功率、功率因数、有功电能、无功电能等运行参数，一段时间（1周或1个月）内电压、电流、有功功率、功率因数的最大值、最小值及其出现时间，供电中断时间与恢复时间等。负荷记录功能一方面在与主站的通信中断时，仍然可以获取被监视设备的运行数据；另一方面，也降低了对通信实时性的要求，使主站可在实时任务不多、相对空闲时读取负荷监视数据。

3）负荷统计功能。主要是电压合格率、供电可靠性的统计。

（6）电能质量监测功能。在配电自动化系统里实现电能质量监测功能，可节省建设专用监测系统的投资。而配电自动化系统要实现对电能质量的监测，其关键在于配电终端能够实时采集电能质量信息。过去受造价的限制，配电终端采用的微处理器处理能力有限，难以增加电能质量采集处理功能，而现在新设计的产品一般都采用了快速数字信号处理芯片（DSP），可以在保证基本测控功能的同时完成电能质量数据的实时采集处理与上传。

配电终端采集记录的电能质量数据主要是对用户影响最大的谐波、电压骤降数据，在个别场合要求记录电压闪变参数。对于按照基本应用要求设计的配电终端，一般能够在不改变硬件电路的情况下采集到32次谐波，可以满足绝大部分工程应用的要求。极个别的情况要求采集32次以上的谐波，需要设计专门的谐波采集终端。电压闪变的记录对软硬件都有较高的要求，必要时也要进行专门的设计。

电能质量检测一般作为配电终端的一个选配功能。实际工程应用中，可根据电能质量监测的需要来配置配电终端检测的电能质量参数。

（7）同步相量测量功能。随着智能配电网技术的发展，一些高级应用功能，如合环操作电流分析、基于故障电流相位比较的差动保护等，需要知道被监控节点的电压、电流的相位信息，这就要求配电终端具有同步相量测量功能。有些情况下，分段开关两侧都安装了电压互感器或传感器，配电终端要能够测量开关两侧电压相量差，为调度员判断是否适合进行合环操作提供依据。

（8）就地控制功能。实际工程应用中，要求配电终端能够不依赖于主站的指令而完成一些就地控制功能。实际应用的就地控制功能主要有：

1）柱上开关终端进行架空线路柱上开关的就地重合控制，完成就地控制型馈线自动化功能。

2）配电站所终端能够进行备用电源自投与线路故障的自动隔离。

3）保护功能。

（9）分布式控制功能。智能电网中故障自愈、电压无功控制、广域保护等功能的完成需要两个以上监控站点的数据，称为广域控制功能。由控制中心的配电自动化主站完成广域控制功能，处理速度难以满足实时性要求；而配电终端通过对等通信系统与其他配电终端交换数据，处理收集到的数据，并进行控制决策，可以显著提高响应速度。这种不依赖配电自动化主站的协同控制方式，称为分布式控制。分布式控制要求配电终端支持对等通信，并且具有足够的数据处理能力，以满足控制实时性的要求。

（10）通信功能。一般，配电终端对外通信需要配备以下两种类型的通信接口：

1）远程通信接口。即与配电自动化主站或配电子站通信的接口。新设计的配电终端一般都至少配备1个串行通信接口（RS-232）和1个网络通信（Ethernet）接口。远程通信接口支持多种通信规约。常用的串行通信规约有DL/T 634.5101—2002《远动设备及系统　第5101部分：传输规约　基本远动任务配套标准》（等同于IEC 60870-5-101）、DNP3.0等；网络通信规约一般采用DL/T 634.5104—2009《远动设备及系统　第5-104部分：传输规约　采用标准传输协议集的IEC 60870-5-101网络访问》（等同于IEC 60870-5-104）。发展趋势是采用IEC 61850标准，实现配电终端的即插即用。

2）当地通信接口。包括维护通信接口（RS-232、USB或Ethernet）、现场总线接口（CAN或LON）以及用于转发当地其他智能装置的数据接口（RS-232或RS-485）。

（11）Web浏览功能。即配电终端可以提供Web服务，用户端只需使用常用的网页浏览器即可实现实时数据显示、事件记录显示、历史数据下载、配置文件下载等功能。这种方式改变了传统配电终端数据发布的模式，用户端不需要安装专门的软件，扩展了数据获取途径，方便不同厂家设备间的数据交换。

Web服务对配电终端的软硬件有较高的要求，此外还要采取必要的网络安全措施。

（12）配置与维护功能。配电终端数量众多，且安装地点分散，设计时要考虑维护及管理的方便性。现代配电终端采用标准化、平台化设置，可通过控制方式字及定值配置功能，适应不同的运行方式，例如根据交流信号输入接线方式设定信号计算方法、整定故障检测定值等。配电自动化主站可通过通信系统下载配置方式字与定值，也可以使用便携

PC机，通过终端的维护通信口，在不影响装置与主站通信的情况下，就地在线检查、修改配置与整定值。此外，通过维护口还可以下载应用程序模块，增加新的功能。

（三）功能配置

将馈线及站所终端功能配置归纳于表4-3。其中，标“√”的为必备功能，标“*”为选配功能。

表4-3 不同类型配电终端功能配置

类型 功能	站所终端（DTU）			馈线终端（FTU）
	开关站终端	配电所终端	环网柜终端	柱上开关终端
DSCADA测控	√	√	√	√
短路故障检测	√	√	√	√
小电流接地故障检测	√	√	√	√
保护	*	*	*	*
负荷监测	*	*	*	*
电能质量监测	*	*	*	*
相量测量	*	*	*	*
就地控制	*	*	*	*
分布式控制	*	*	*	*
数据转发	*	*	*	*
Web浏览	*	*	*	*
配置与维护	√	√	√	√

二、配变终端

配变终端（TTU）在供配电系统中用于对配电变压器的信息采集和控制，它实时监测配电变压器的运行工况，并将采集的信息传送到主站或其他智能装置，提供配电系统运行控制及管理所需的数据。配变终端属于配电终端，传统的配变终端具备DSCADA测控、负荷监测等功能，而新型智能配变终端是打造“智能配电台区”、建设低压配电网智能化设备体系的关键，本节主要对新型智能配电终端进行介绍。

（一）智能配变终端的定位及发展需求

低压配电网设备点多面广量大，随着精益化管理要求的不断提高，管理业务功能需求越来越多，需收集及管理的运行数据量庞大。基于“云大物移智”（云计算、大数据、物联网、移动互联网、人工智能）技术，研究具备边缘计算功能和开放式的业务可扩展功能的新型智能配变终端，打造智能配电台区，可实现低压配电网运行数据分级分层管理，深化配电台区精益化运维及智能化管控。

智能配电台区需研究包括新型智能配变终端、低压智能开关、低压智能分路监测单元、低压故障指示器、低压智能换相开关、即插即用通信单元等低压智能设备装备体系。建设智能配电台区，可实现对低压配电网的运行监测、状态管控，提升低压配电网的装备智能化、运维精益化、服务主动化水平，提高低压用户供电可靠性和优质服务水平。

（二）低压配电网智能化设备体系

智能配电台区以新型智能配变终端为核心，分别在台区侧、低压线路侧、用户侧部署各类低压智能设备，实现对配电变压器、低压网架分支线、低压用户运行数据的采集，智能配变终端将高关注度的台区数据整理分析后，通过无线专网或光纤上送到配电自动化主站。低压配电网智能化设备体系分层图如图 4-2 所示。

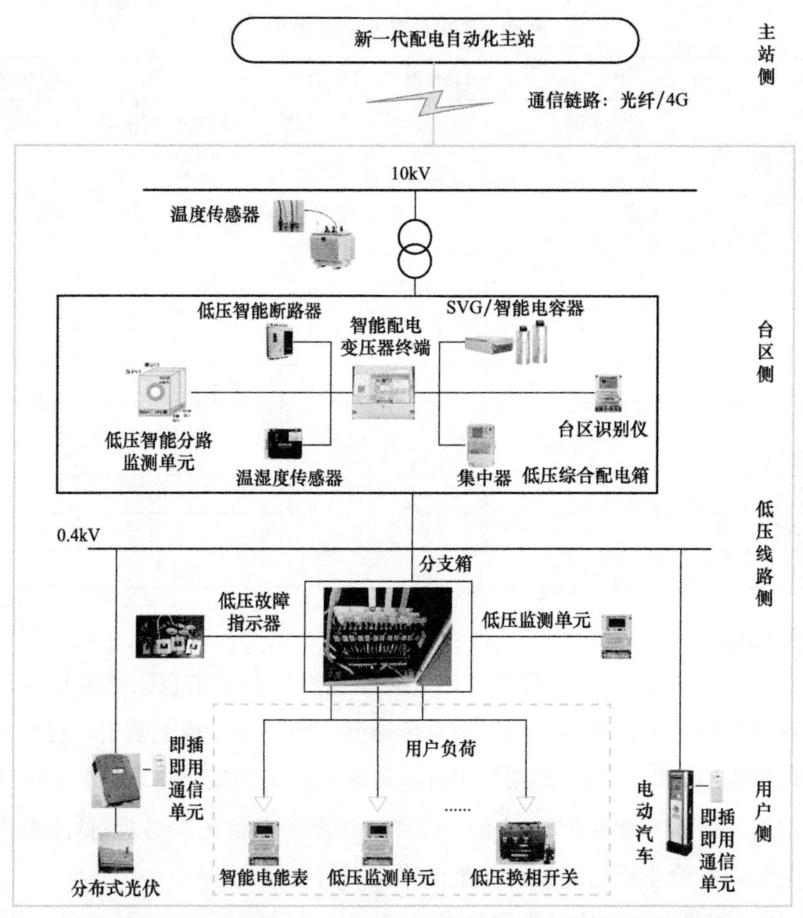

图 4-2　低压配电网智能化设备体系分层图

（1）台区侧设备主要包括配电变压器和低压综合配电箱。低压综合配电箱安装在配电变压器低压侧，包含智能配变终端、低压智能断路器（出线开关）、台区识别仪、三相不平衡补偿装置、智能电容器、静止无功补偿装置（SVG）、环境监测传感器等。变压器本体及桩头配置温度传感器，将信息上送到智能配变终端。

（2）低压线路侧设备主要包括低压故障指示器和低压监测单元，实现对低压配电网络的拓扑动态识别、故障定位及低压分路分段线损分析。

（3）末端用户侧设备主要包括低压智能换相开关、末端低压监测单元、分布式光伏和充电桩、专用即插即用通信单元、智能电能表等，实现对低压用户的运行数据实时采集、

停电事件主动上报、低压拓扑信息采集、自动换相负荷调节，实现对充电桩、分布式电源的运行管控。

（三）智能配变终端功能

（1）基本监测功能。

1）配电变压器监测。监测如下信息：三相电压、电流有效值及3～13次谐波分量；电压偏差、频率偏差；三相电压/电流不平衡率；电压合格率统计；分相及三相有功和无功功率、四象限累积电量；台区配电变压器负载率。

2）用电信息监测。实现配电台区的用电信息采集，包括用户停复电信息、负荷信息、用户侧电压数据等信息。

3）配电变压器状态及环境监测。具备对油浸式变压器的油温和瓦斯保护状态、有载调压/调容变压器的挡位状态、干式变压器的绕组温度、干式变压器的风机状态等信息监测；实现对户外配电箱、配电站和箱式变电站的温/湿度信息的监测。

4）剩余电流动作保护器监测。实现对剩余电流动作保护器分/合状态、剩余电流值、电压/电流和事件报警等信息监测；实现智能配变终端接点控制及转发主站指令对出线开关控制。

5）配电箱功耗监测。监测配电箱内一次和二次设备负载损耗情况。

6）就地指示。具有本地指示智能配变终端运行、通信、遥信状态等功能；具有异常事件显示功能，如自身故障、通信故障等。

7）预警及告警信息。记录上传预警信息功能，包括压降、过载近上限、三相不平衡、功率因数低、漏电流监测、线损偏高、通信信号弱等；记录上传告警信息功能，包括台区停电、开关跳闸、漏电流超限、三相严重不平衡、电压过高、负荷过载、充电桩限电等；具备智能配变终端故障及通信故障等状态记录上传功能。

8）数据统计。智能配变终端统计并主动上送采集的模拟量数据至配电自动化主站，且主动上送的模拟量数据可设置。记录数据至少包括变压器低压侧三相电压、三相电流；三相有功功率，三相正、反向无功功率，有功电量，正、反向无功电量；三相电压、电流总畸变率，三相电压、电流不平衡度；变压器有功功率损耗，无功功率损耗。

9）线损分析。结合配电变压器低压侧计量数据、用户侧计量数据，进行低压侧线损分析，快速定位线损点及窃电点。

（2）电能质量监测与管理。

1）电能质量监测。对电压/电流谐波、暂升、暂降、波动、闪变、不平衡度等电能质量问题进行监测与统计。

2）三相不平衡调节。控制智能换相开关或其他不平衡调节设备，实现三相不平衡治理。

3）无功补偿控制。通过就地控制，实现对智能电容器容量、投切状态、共补/分补电压等信息的监测；实时监测无功功率状况，实现对电容器的投切控制，实现共补/分补混合补偿，远程设置智能电容器控制参数。

(3) 台区需求侧管理。

1) 分布式电源接入管理。根据相关标准规范，针对公用柱上变压器低压专线接入及低压公共电网分户接入两种情况，对光伏并网接入箱与反孤岛装置进行监控。

2) 充电桩接入管理。对充电桩或储能装置充放电功率等信息进行监测；智能调控台区多元化负荷充放电状态，监测配电箱内一次和二次设备的负载损耗情况。

3) 重要负荷接入管理。监控重要负荷、用户设备运行状态；提供低压负荷接入开放容量及相别方案。

(4) 配电网运维管控。

1) 低压配电网络拓扑管理。自动生成户用变压器连接关系及低压配电网络拓扑，实现与 PMS 2.0 系统的精准校验。

2) 低压故障研判。采集低压线路关键节点的实时信息和告警信息，对故障区段、停电客户进行综合自动研判和快速、准确定位；利用故障综合研判结果，将故障区段和班组抢修范围进行匹配，将“被动抢修”转变为“主动抢修”。

3) 台区设备生命周期管理。建立及更新设备的基础信息，包括设备型号、设备代码、投运时间、设备属性等。

4) 台区负荷档案管理。建立台区负荷统计档案，便于负荷预测、台区增容、三相不平衡调节及低电压治理。

(5) 即插即用。实现自动接入主站及远程系统升级，智能配变终端接入主站系统后自动完成注册信息；智能配变终端自动识别接入的低压配电设备。

(6) 协同控制。智能配变终端的本地控制实现主站对低压智能断路器、电能质量治理装置、即插即用通信单元的协同控制功能；接收并执行主站系统下发的对时命令。

(7) 信息安全。智能配变终端安全接入及防护、信息安全及加密应满足国家电网公司对电力二次安全防护的要求。

(8) 电动汽车有序充电管理。通过即插即用通信单元，接入电动汽车充电桩的充电需求和运行信息，完成对电动汽车等多种负荷节点的协调控制和功率调节，实现对电动汽车有序充用电管理。

(9) 分布式光伏接入管理。协调调度分布式光伏发电装置，实现分布式光伏信息建模、数据存储、通信及日志存储、网络监控、协调控制等功能，提高低压配电系统的电压水平，实现最优化运行。

三、配电线路故障指示器

故障指示器（FI）按单相接地故障检测技术原理分为外施信号型、暂态特征型、暂态录波型和稳态特征型。下面对故障指示器技术原理及选型技术要求进行介绍。

(一) 故障指示器技术原理

1. 外施信号型

在变电站或线路上安装专用的单相接地故障检测外施信号发生装置（变电站每段母线只需安装 1 台）。发生单相接地故障时，根据零序电压和相电压变化，外施信号发生装置自动投入，连续产生不少于 4 组工频电流特征信号序列（见图 4-3），叠加到故障回路负荷电流上，故障指示器通过检测电流特征信号判别接地故障，并就地指示。

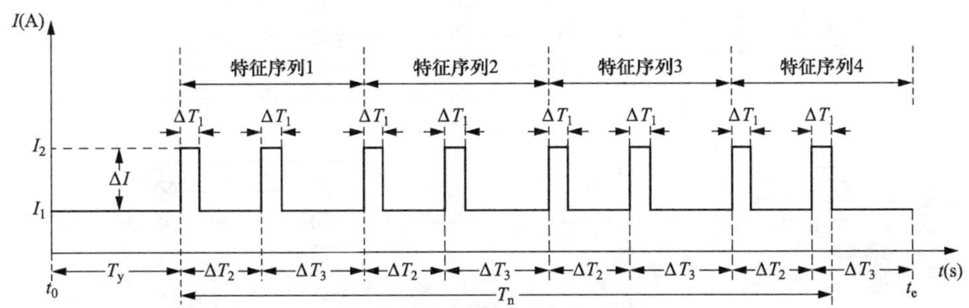

图 4-3　外施特征信号典型波形图

根据外施信号发生装置安装位置的不同，分为中电阻型和母线型。中电阻型外施信号发生装置安装在变电站的 10kV 母线中性点上，采用中电阻投切法产生一定的特征信号。母线型外施信号发生装置安装在变电站 10kV 母线或某条配电线路上，按外施信号的不同，主要有不对称电流法和工频特征信号法。

1）变电站中电阻投切法。单相接地故障时，安装在变电站内与消弧线圈并联的中电阻有规律地投入和退出（见图 4-4），使故障相产生具有一定特征的电流信号。若故障指示器检测到的电流信号与中电阻投切产生的电流信号特征相符，则发生告警。

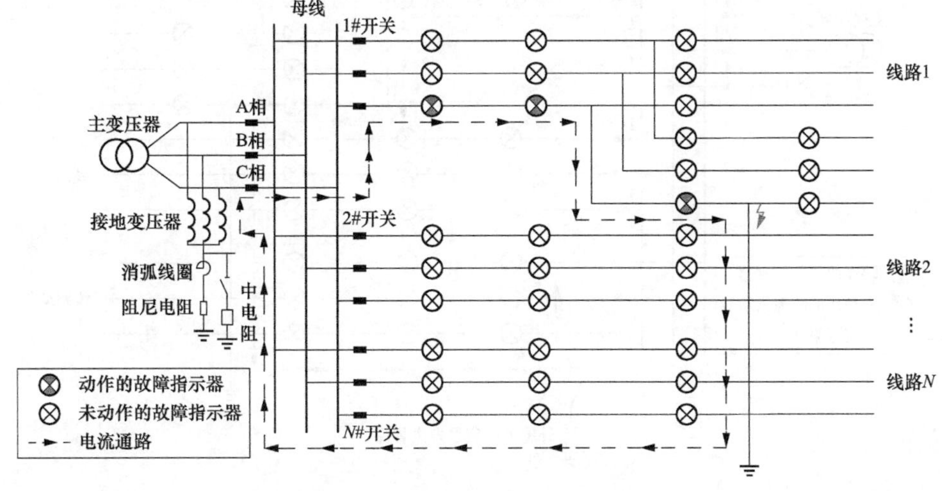

图 4-4　变电站中电阻投切示意图

2）不对称电流法。单相接地故障时，安装在线路上的外施信号发生装置在故障相上产生具有一定特征的半波脉冲电流信号（见图 4-5）。若故障指示器检测到的电流信号与外施信号发生装置产生的电流信号特征相符，且波形属于不对称的半波信号，则发出告警。

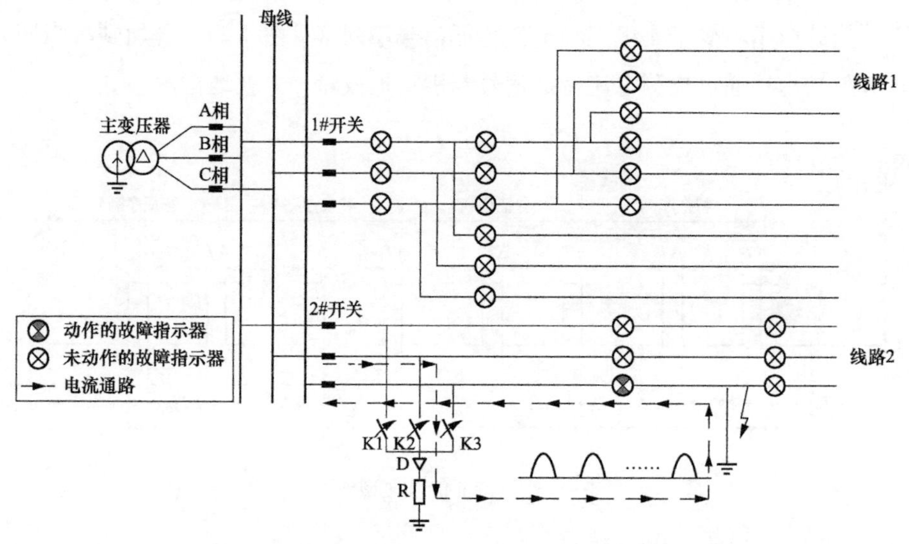

图 4-5　外施不对称电流信号发生装置投切示意图

3）工频特征信号法。单相接地故障时，安装在线路上的外施信号发生装置产生工频特征电流信号（见图 4-6），并在故障相与外施信号发生装置安装点的回路上流动。若故障指示器检测到该特征工频电流信号，则发出告警。

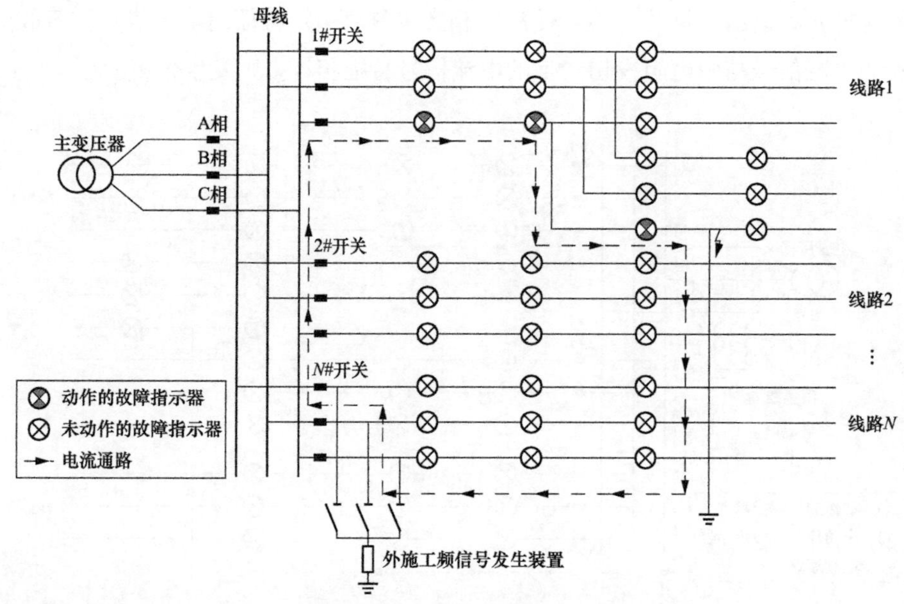

图 4-6　外施工频特征信号发生装置投切示意图

2. 暂态特征型

在发生单相接地故障的瞬间，线路对地分布电容的电荷通过接地点放电，形成一个明显的暂态电流和暂态电压，二者存在特定的相位关系（见图 4-7），以此判断线路是否发生了接地故障。

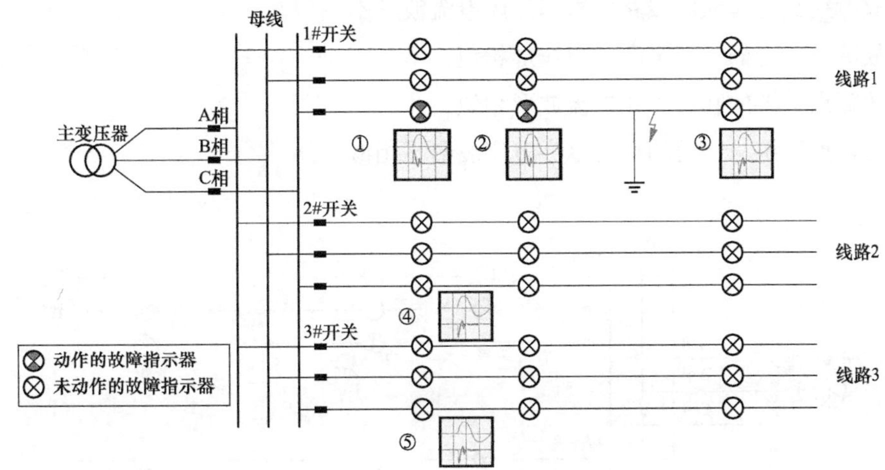

图 4-7　暂态特征法波形示意图

根据上述原理，图 4-7 线路 1 中，监测点①、②的电流、电压波形如果在工频的正半周接地瞬间的电容电流首半波为正脉冲，或者在工频的负半周接地瞬间的电容电流首半波为负脉冲，监测点①、②单相接地故障告警，则判断出线路 1 为故障线路，且接地故障区域在②与③之间。

3. 暂态录波型

变电站同一母线上，3 条以上出线安装有故障指示器。3 个相序采集单元通过无线对时同步采样。单相发生接地故障后，汇集单元接收 3 只采集单元发送的故障波形，并合成暂态零序电流波形，转化为波形文件后上传主站，如图 4-8 所示。

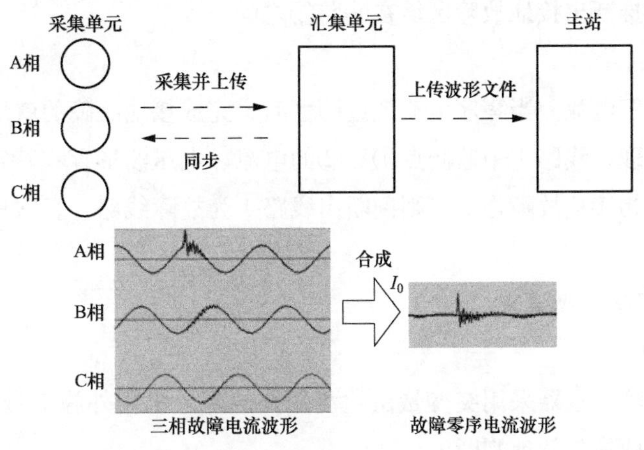

图 4-8　故障录波合成暂态零序电流原理

主站收集故障线路所属母线所有故障指示器的波形文件，根据零序电流的暂态特征并结合线路拓扑进行综合研判，判断出故障区段，再向故障回路上的故障指示器发送命令，进行故障就地指示，如图 4-9 所示。暂态录波检测方法如下：

1）非故障线路间暂态零序电流波形相似。

2）故障线路与非故障线路的暂态零序电流波形不相似。

3）故障点上游的暂态零序电流波形相似。

4）故障点下游的暂态零序电流波形相似。

5）故障点下游与上游的暂态零序电流波形不相似。

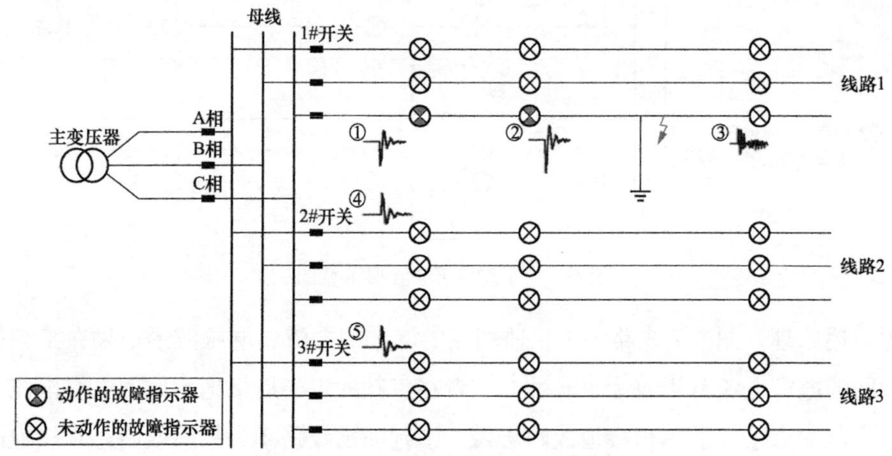

图 4-9　单相接地故障判断及定位原理

根据上述原理，线路 2 与线路 3 暂态零序电流波形相似，并且与线路 1 暂态零序电流波形不相似，则判断出线路 1 为故障线路；线路 1 监测点①和②的暂态零序电流波形相似，监测点③暂态零序电流波形与①、②不相似，因此判断出①、②为故障点上游，③为故障点下游，最终推断出接地故障区域在②与③之间。

4．稳态特征型。

检测线路的零序电流，当零序电流超过阈值时，完成接地故障的就地判断，如图 4-10 所示。根据上述原理，线路 1 中监测点①和②的电流、电压波形存在特定的相位关系，监测点①和②发出单相接地故障告警，则判断出线路 1 为故障线路，且接地故障区域在②与③之间。

（二）故障指示器选型要求

1．外施信号型

外施信号型故障指示器采用突变量法检测短路故障，采用外施信号法检测接地故障，实现线路短路和接地故障就地判断。

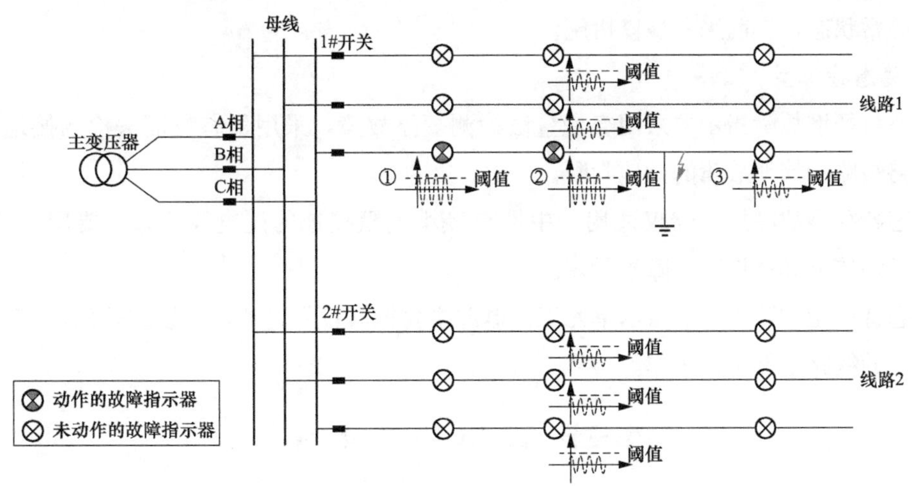

图 4-10　稳态特征法波形示意图

外施信号型故障指示器适用于架空线路和电缆线路，包括远传型和就地型故障指示器。外施信号型故障指示器不适用于检测瞬时性、间歇性单相接地故障，适用于接地电阻 800Ω 以下的单相接地故障识别。

外施信号型故障指示器指示单元的工作电源主要依靠自带电池，辅以线路感应取电，在负荷较低的线路上能正常工作。需与变电站母线（或安装于出线上）外施信号发生装置搭配使用，外施信号装置需停电安装。

2. 暂态特征型

暂态特征型故障指示器采用突变量法检测短路故障，采用暂态特征法检测接地故障，实现线路短路和接地故障的就地判断。

暂态特征型故障指示器仅适用于架空线路，包括远传型和就地型故障指示器，适用于接地电阻 800Ω 以下的单相接地故障识别。

暂态特征型故障指示器指示单元的工作电源主要依靠自带电池，辅以线路感应取电，在负荷较低的线路上能正常工作。

3. 暂态录波型

暂态录波型故障指示器采用突变量法检测短路故障，采用暂态录波法检测接地故障，实现线路短路的就地判断，远传故障波形至主站来综合判断接地故障。

暂态录波型故障指示器仅适用于架空线路，依赖通信远传波形，依赖配电主站实现接地故障的定位分析，不适用于接地电阻 1000Ω 以上的故障识别，可检测瞬时性、间歇性接地故障。

暂态录波型故障指示器指示单元要实现高速采样录波，功耗较大，依赖线路感应取电（线路负荷要大于 5A），在负荷较低的线路上无法正常工作。故障指示器将所录异常波形送至配电主站系统，通过波形分析与样本积累，可对线路运行状态进行综合评价，发现线路设备异常状态，提前采取检修措施。

4. 稳态特征型

稳态特征型故障指示器采用突变量法检测短路故障，采用稳态特征法检测接地故障，实现线路短路和接地故障的就地判断。

稳态特征型故障指示器仅适用于中性点经小电阻接地的配电线路，主要用于电缆线路，包括远传型和就地型故障指示器。

稳态特征型故障指示器指示单元工作电源主要依靠自带电池，辅以线路感应取电，在负荷较低的线路上能正常工作。

第三节 配电终端电源

在DAS运行中，配电终端电源及储能设备作为保障配电终端正常工作的重要设备，其可靠性水平直接关系到DAS的实用化水平。而由于配电终端呈海量分布，且运行环境较差，致配电终端的电源尤其是以蓄电池作后备电源容易受到高温、潮湿等环境因素的影响。

一、馈线及站所终端电源系统

（一）馈线终端（FTU）和站所终端（DTU）电源系统架构

FTU/DTU的工作电源通常取自线路TV的二次侧输出，特殊情况下使用附近的低压交流电（比如市电），供电电压为AC220V，屏柜内部安装电源模块，将AC220V转换成DC24/48V给终端供电，并配置无缝投切的后备电源。一般而言，电源回路由防雷回路、双路电源切换、整流回路、电源输出、充放电回路、后备电源等部分构成，如图4-11所示。

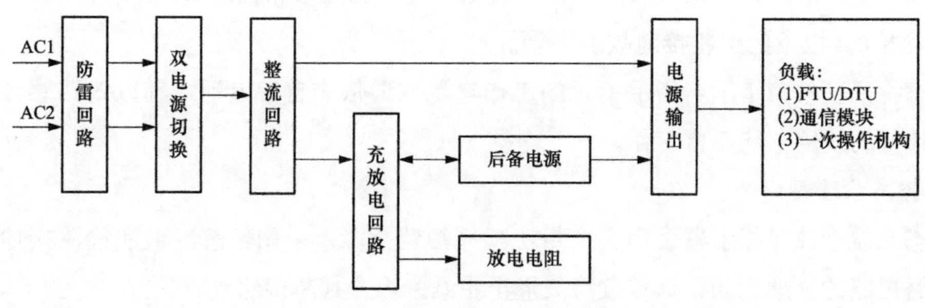

图4-11 电源回路构成示意图

（1）防雷回路。为防止雷电和内部过电压的影响，配电终端电源回路必须具备完善的防雷措施，通常在交流进线处安装电源滤波器和防雷模块。

（2）双电源切换。为提高FTU/DTU电源的可靠性，在能够提供双路交流电源的场合（如在柱上开关安装两侧TV、环网柜两条进线均配置TV、站所两段母线配置TV

等），需要对双路交流电源进行自动切换。正常工作时，一路电源作为主供电源供电，另一路作为备用电源；当主供电源失电时，自动切换到备用电源供电。

（3）整流回路。把交流输入转换成直流输出，给输出回路、充电回路供电。

（4）电源输出。将整流回路或蓄电池的直流输出给测控单元、通信终端以及开关操作机构供电，具有外部输出短路保护功能。

（5）充放电回路。用于蓄电池的充放电管理。充电回路接收整流回路输出，产生蓄电池充电电流。在蓄电池容量缺额比较大时，首先采用恒流充电；在电池电压达到额定电压后采用恒压充电方式；当充电完成后，转为浮充电方式。放电回路接有放电电阻，定期对蓄电池活化，恢复其容量。

（6）后备电源。在失去交流电源时提供直流电源输出，以保证 FTU/DTU、通信终端以及开关分合闸操作的不间断供电。后备电源可以采用超级电容、蓄电池等。箱式 FTU 结构与 DTU 结构相似，其电源系统也相似，目前现场主要采用阀控式密封铅酸蓄电池作为其后备电源。而罩式 FTU 后备电源采用超级电容内置形式。

（二）电源及储能设备配置原则

FTU/DTU 电源系统需要给装置本身、开关操作、通信设备以及其余柜内二次设备供电，并应具备无缝投切的后备电源的能力，因此必须要对供电电源系统提出满足配电网运行环境的基本要求。对 FTU/DTU 电源系统的要求见表 4-4。

表 4-4　对 FTU/DTU 电源系统的要求

环境适应性	−40～+70℃，10%～100%
供电方式	电压互感器（TV），外部交流电源，电流互感器（TA），电容电压，其他新型能源
供电电源	电气隔离，交/直流供电，电池活化，无缝切换，保护功能
配套电源	无线：稳态 24V/3W，暂态 24V/5W； 光纤：稳态 24V/10W，暂态 24V/15W
后备电源	“三遥”：4h，15min； “二遥”：30min，2min

（1）双交流供电方式。采用蓄电池或超级电容作为后备电源供电，正常情况下，由交流电源供电，支持 TV 取电。当交流电源中断，装置应在无扰动情况下切换到另一路交流电源或后备电源供电；当交流电源恢复供电时，装置应自动切回交流供电。

（2）对供电电源的状态进行监视和管理。具备后备电源低压告警、欠压切除等保护功能，并能将电源供电状况以遥信方式上送到主站系统。

（3）智能电源管理功能。应具备电池活化管理功能，能够自动、就地手动、远方遥控实现蓄电池的充放电，可设置放电时间间隔。

FTU/DTU 后备电源应能保证 FTU/DTU 运行一定时间，对后备电源的技术参数要求见表 4-5。

表 4-5　　FTU/DTU 对后备电源的技术参数要求

终端	维持时间
“三遥”终端	蓄电池：应保证完成“分—合—分”操作并维持 DTU 及通信模块至少运行 4h； 超级电容：应保证分闸操作并维持 DTU 及通信模块至少运行 15min
“二遥”终端	应保证维持 DTU 及通信模块至少运行 5min

二、配变终端电源系统

配变终端采用采供一体的供电方式，主供电源是三相四线制电源模块，在系统故障（三相四线供电时任断二相电）时，交流电源仍可供终端正常工作。输入电压是配电变压器低压出线的 220V 交流电，通过终端的电压接口接入终端，输出电压是直流 12V。在正常工作情况下，主电源给后备电源充电，并输出 12V 直流电供终端正常工作。当主电源出现异常情况时，主备切换电路以主备电源实时输出电压为依据，优先选择输出电压正常的电源模块给终端供电。配变终端电源系统如图 4-12 所示。

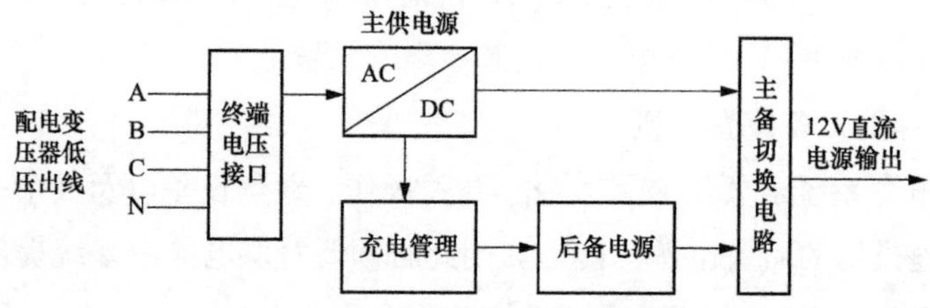

图 4-12　配变终端电源系统

配变终端宜采用超级电容作为后备电源，并集成于终端内部。当终端主电源故障时，超级电容能自动无缝投入，并应维持终端及终端通信模块正常工作至少 1min，并具有与主站通信 3 次完成上报数据的能力；失去工作电源时，终端应保证保存各项设置值和记录数据不少于 1 年；超级电容免维护时间不少于 8 年。

三、故障指示器电源系统

（一）采集单元工作电源

目前故障指示器的采集单元普遍采用电流互感器取电并辅以锂电池供电的模式。对于架空型故障指示器，若安装位置处于负荷电流较小的线路末端或夜间负荷较轻时，采用电流互感器取电方式难以维持装置正常工作所需功率。若故障指示器内置有锂电池，在正常取能不能维持装置正常工作时提供能量。采集单元电源系统如图 4-13 所示。

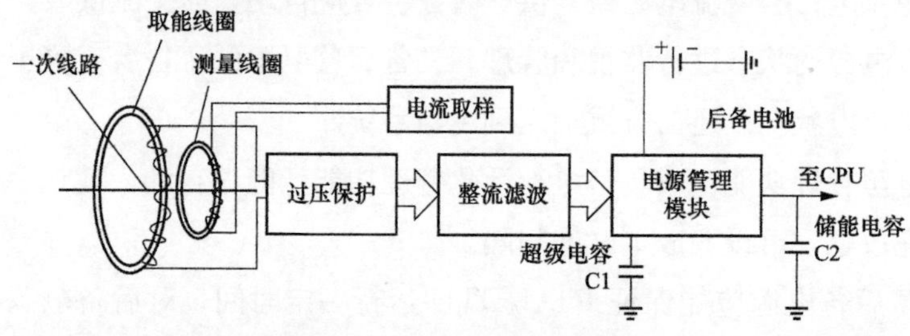

图 4-13　采集单元电源系统

（二）汇集单元工作电源

汇集单元在有太阳的情况下，采用太阳能电池板供电，同时通过充放电管理模块对电池进行充电；在晚上或者阴雨天气情况下，由后备电池供电。汇集单元电源系统如图 4-14 所示。

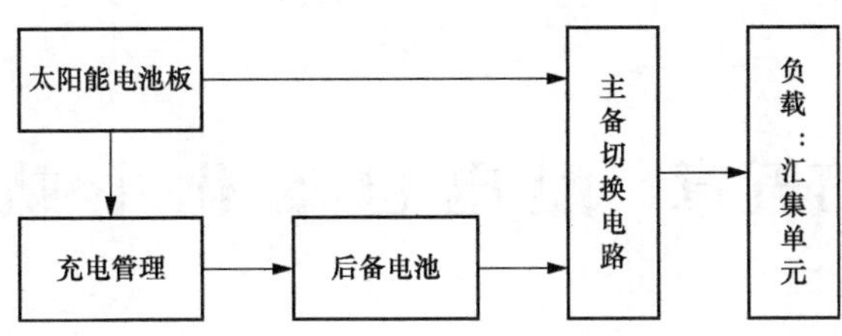

图 4-14　汇集单元电源系统

第五章　配电自动化主站

配电自动化主站简称配电主站，是配电自动化系统的核心部分，一般部署在地市公司，管辖地区配电网或地县配电网运行，完成供电监控和故障处理任务，主要实现配电网数据采集与监控等基本功能和电网拓扑分析应用等扩展功能，并具有与其他应用信息系统进行信息交互的功能，为配电网调度指挥和生产管理提供技术支撑。

第一节　配电主站系统架构

配电主站主要由计算机硬件、操作系统、支撑平台软件和配电网应用软件组成。其中，支撑平台包括系统数据总线和平台多项基本服务，配电网应用软件包括配电 SCADA 等基本功能以及电网分析应用、智能化应用等扩展功能，支持通过信息交互总线实现与其他相关系统的信息交互。配电主站系统架构如图 5-1 所示。

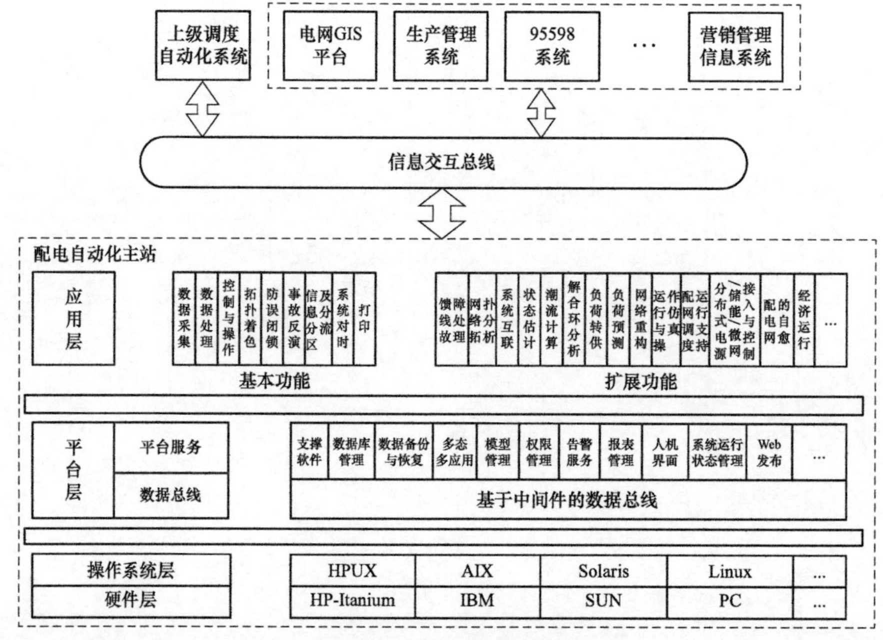

图 5-1　配电主站系统架构

第二节　配电主站系统硬件平台

配电主站硬件平台是实现配电网运行监控、状态管理等应用需求的主要载体。硬件结构采用结构化设计，可以根据地区配电网规模、应用需求以及未来规划，按照大、中、小型进行差异化配置。可伸缩、高可靠、组态灵活是主站平台的基本要求之一。

一、硬件结构

经典配电主站硬件从逻辑上由前置子系统、后台子系统、Web 子系统及工作站组成，设备类型分为服务器、工作站、网络设备和采集设备。服务器和工作站均按逻辑划分，物理上可任意合并和组合，具体硬件配置与系统规模、性能约束和功能要求有关。所有设备根据安全防护要求分布在不同的安全区中，生产控制大区（安全Ⅰ区）与管理信息大区（安全Ⅲ区）之间设置正向与反向专用物理隔离装置。网络部分除了系统主局域网外还包括专网数据采集网、公网数据采集网、Web 发布子系统局域网等，各局域网之间通过防火墙或物理隔离装置进行安全隔离。经典配电主站硬件网络结构示意图如图 5-2 所示。

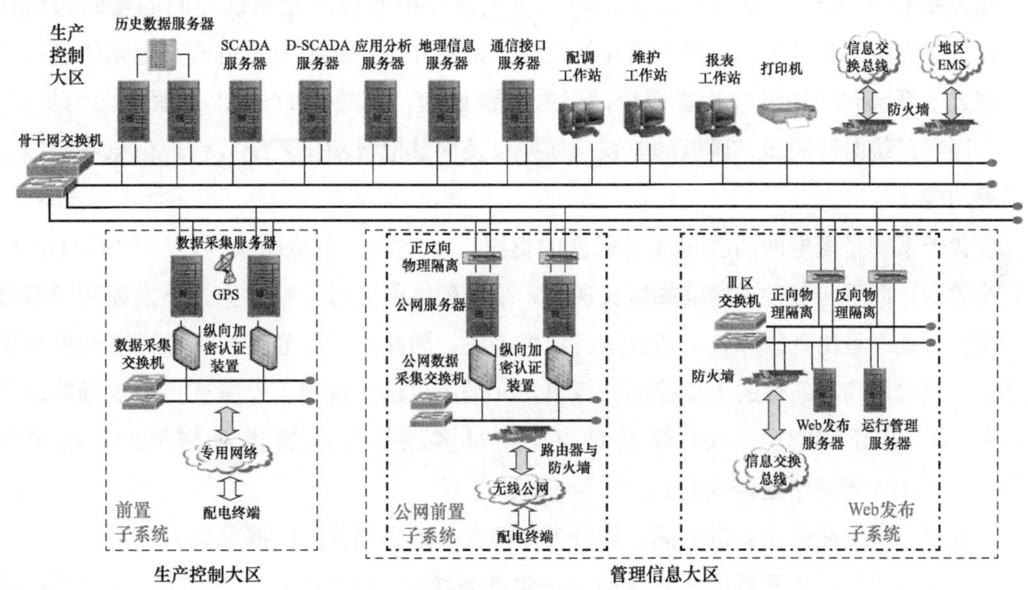

图 5-2　经典配电主站硬件网络结构示意图

系统主要功能部署、硬件节点分布配置如表 5-1 所示。

表 5-1　系统主要功能部署与节点分布配置表

安全区	硬件配置	功 能 说 明
生产控制大区	数据采集服务器	完成配电 SCADA 数据采集、系统时钟和对时的功能
	SCADA、DSCADA 服务器	完成电网 SCADA 及配电 SCADA 数据处理、操作与控制、全息历史/事故反演、多态多应用、模型管理、权限管理、告警服务、报表管理、系统运行管理、终端运行工况监视等功能

续表

安全区	硬件配置	功能说明
生产控制大区	应用分析服务器	完成馈线故障处理、电网分析应用、配电网实时调度管理、智能化应用等功能。在主站系统处理负载率符合指标的情况下，可以将配电网应用服务器与 SCADA 服务器合并
	历史数据库服务器	完成数据库管理、数据备份与恢复、数据记录等功能
	地理信息服务器	提供 GIS 图形数据服务
	通信接口服务器	完成与外部系统的信息交互功能
	工作站	包括配调工作站、维护工作站、报表工作站等
管理信息大区	公网数据采集服务器	完成公网配电通信终端（FTU、TTU 等）的实时数据采集
	Web 发布服务器	完成安全Ⅰ区配电 SCADA 数据信息的网上发布功能
	服务器	完成全息历史数据的处理和存储

二、前置子系统

前置子系统（Front End System，FES）由数据采集服务器、前置网络组成，是配电主站系统中实时数据输入、输出的中心，主要承担配电主站与所辖配电网各站点（配电站点、相关变电站、分布式电源）之间、与上下级调控中心自动化系统之间的实时通信任务，还包括完成与自身配电主站后台系统之间的通信任务，必要时也可与其他系统进行通信。前置子系统与现场终端装置通信，对数据预处理，以减轻 DSCADA 服务器的负担。此外，还有系统时钟同步、通道的监视与切换以及向其他自动化系统或管理信息系统转发数据等功能。

前置子系统是配电网调度与现场联系的枢纽，向上接入主站局域网，与 DSCADA 应用交换数据；向下与各种现场终端装置通信，采集配电网实时运行数据，下发控制调节命令。前置系统一旦出现故障，将造成运行数据丢失，因此运行可靠性要求极高。数据采集服务器一般选用高可靠性的工业控制计算机，并采用双机热备用工作方式；与现场终端之间支持 CDT、IEC60870-5-101 等点对点、点对多点等专线通道通信规约，也支持 IEC60870-5-104 等网络通信规约。

前置子系统按照通信通道不同，可分为专网数据采集和公网数据采集。

(1) 专网前置采集子系统。专网前置采集子系统是配电主站的“眼睛”，负责通过配电通信专网与配电终端进行通信，采集开关、配电变压器等一次设备的测量数据。配电主站接入终端的数量可以按需配置，比如配置 8，每组通常由 2 台 4 网卡前置服务器组成，2 块网卡与终端层通信，2 块网卡与运行监控子系统通信。

(2) 公网前置采集子系统。公网前置采集子系统与专网前置子系统作用相同，差别在于公网前置采集子系统通过社会公共通信网（通常是移动、联通等通信公司的通信网）实现与配电终端通信，因此按照安全防护要求，公网前置服务器与后台系统通过满足公网隔离的安全要求进行通信。

事实上，只要配置上满足信息安全要求，专网和公网都能支撑配电自动化对无线通信

的应用需求，对生产控制大区和管理信息大区均适用。

三、后台子系统

后台子系统与前置子系统配合，完成遥信和遥测量的处理、越限判断、计算、历史数据存储和打印等电网实时监控功能，实现馈线自动化及应用分析功能。同时，后台子系统向订阅的各个应用及人机界面推送实时数据，支持应用分析功能运行。

后台系统是配电主站系统中数据处理、承载应用、人机交互的中心，主要承担配电主站系统基础平台、基础功能、扩展功能应用，完成调度员、运维人员进行人机交互功能，完成与其他系统交互功能。后台服务器一般是选用高可靠性的工业控制计算机，并采用双机热备用工作方式。

后台子系统部署在安全Ⅰ区，是整个配电主站的核心主系统，面向配电网实时运行控制业务。后台子系统硬件通过主干网连接，逻辑上分为磁盘阵列、数据库服务器、DSCADA服务器、应用分析服务器等服务器，完成数据处理、采样及存储服务。工作站根据需要配置为配调工作站、运维工作站等客户端，支持具体运行监控专业应用。

第三节 配电主站功能要求

配电主站功能可分为基本功能与选配功能。基本功能是指系统建设时均应配置的功能，选配功能是指系统建设时可根据配电网实际和运行管理需要进行选用的功能。主站系统的基本功能和选配功能定义见表5-2。

表5-2　配电自动化主站功能列表

软件/功能	基本功能	选配功能	软件/功能	基本功能	选配功能
支撑软件	√		信息分流及分区	√	
数据库管理	√		系统时钟和对时	√	
数据备份与恢复	√		打印	√	
系统建模	√		馈线故障处理		√
多态多应用		√	网络拓扑分析		√
多态模型管理		√	状态估计		√
权限管理	√		潮流计算		√
告警服务	√		解合环分析		√
报表管理	√		负荷转供		√
人机界面	√		负荷预测		√
系统运行状态管理	√		网络重构		√
Web发布	√		配电网运行与操作仿真		√
数据采集	√		配电网调度运行支持应用		√
数据处理	√		系统互联		√
数据记录	√		分布式电源/储能/微网接入与控制		√
操作与控制	√		配电网的自愈		√
网络拓扑着色	√		经济运行		√
全息历史/事故反演	√				

第四节　配电主站建设模式与规模

配电主站作为配电自动化系统的核心部分，主要实现配电网数据采集与监控等基本功能和电网拓扑分析应用等扩展功能，同时与其他应用系统进行信息交互，支撑配电网调度指挥和生产管理。

一、分区建设与集中建设

根据配电网自动化主站的建设个数，可分为多个主站的分区建设以及一个主站的集中建设模式。

1. 分区建设模式

分区建设模式是在每一供电分区都建设一套主站来负责区内配电网的运行监控。这种建设模式的优点是系统规模小，建设及管理方便，有利于主站的运行管理部门和本区运行维护、营销部门之间的互相沟通、协调配合，能够及时处理配电网与自动化系统运行中出现的问题。不足之处是一个供电企业要建设多套系统，投资大，管理维护工作量大。

我国早期配电网自动化项目多采用分区建设模式，现在一些规模比较小的项目也采用这种建设模式。

2. 集中建设模式

集中建设模式只在地（市）级调度所内部部署一套主站来负责本企业所辖整个配电网的监控，在下属各个区的调度所（区调）内设置远程工作站，供值班人员及时了解本区配电网运行状况，获取调度管理信息。这种模式需要的管理人员少，节约投资，有利于实现信息共享。

本着集约化管理、减人增效的原则，目前建设的配电网自动化系统大多采用集中建设模式，统一管理，统一维护。

二、系统架构建设模式

1. 与 EMS 系统的集成方式

考虑到我国地级、县级供电企业都建设了面向本地区的电网调度自动化系统（EMS），从技术上讲，可将配电 RTU 接入 EMS，在调度自动化支撑平台基础上实现配电网自动化主站功能，即配调一体化。

配调一体化的模式可避免建设两套主站，有利于变电站出线开关与馈线上分段开关的协调控制，且可以减少总体投资，特别适合在县调或者一些规模比较小的地调中应用。

然而，当配电网规模比较大时，如果采用配调一体化模式，主站的规模与复杂性显著增加，这就给设计、建设和维护带来困难。事实上，配电网自动化系统与调度自动化系统的监控对象不同，在应用功能上有较大的差异，对安全性、可靠性、实时性的要求也不相同，共用一个主站平台会影响系统的整体性能，在平台技术的使用、系统的建设与管理维护上顾此失彼。此外，鉴于输变电系统的特点与重要性，供电企业调度自动化系统也应相

对独立，不受其他信息与操作的干扰。

因此，目前大型配电网的配电网自动化主站都独立于调度自动化系统单独建设，配电自动化系统与EMS系统之间通过通信接口或企业信息集成总线交换实时监控数据。这样既能保证配电自动化系统正常发挥作用，又能给EMS系统“减负”，更好地服务于输变电系统的调度控制。

2. 与PMS、GIS的集成方式

配电自动化系统需要与地理信息系统GIS、生产管理系统PMS集成，实现配电网拓扑与属性数据、配电网实时运行数据的共享。

GIS采集处理整个配电网络图形、线路及设备的地理参数，形成统一模型，实现配电设备的录入、编辑、删除、查询、统计、缺陷巡视管理，以及基于电网的追踪分析功能等。配电自动化系统与GIS一般采用松散耦合的集成方式，通过通信接口或企业信息集成总线交换数据，获取配电网的网络拓扑与属性信息。

配电自动化系统与PMS系统的集成方式有紧密集成与松散耦合两种。

(1) 紧密集成方式。紧密集成方式是将配电网自动化主站的基础SCADA功能与馈线自动化等高级应用功能集成到PMS中，形成配电管理系统，即DMS。

(2) 松散耦合方式。松散耦合方式将配电网自动化系统与PMS作为两个独立存在的自动化系统，两者通过通信接口或企业信息集成总线交换数据。

紧密集成方式下的配电网自动化系统与PMS应用功能基于同一个平台，能够很容易地实现信息共享，避免不必要的重复投资。但紧密集成的DMS结构复杂，处理数据量巨大，给主站的规划、设计、维护带来困难。此外，PMS主要完成一些离线管理功能，紧密集成方式不利于保证配电自动化系统实时运行监控功能的实时性与可靠性。

根据《电力监控系统安全防护规定》（国家发改委2014年第14号令），PMS应设置在生产管理大区（安全Ⅲ区），配电自动化系统设置在生产控制大区（安全Ⅰ区），二者之间通过物理隔离装置通信，不能简单地合并在一起。目前，国内建设的配电网自动化系统与PMS多采用松散耦合方式，通过基于IEC 61968的企业集成总线交换、共享数据。

三、配电主站建设规模

1. 配电主站规模划分

配电主站应根据配电网规模和应用需求进行差异化配置，依典型应用场合配电网设施设备的实时信息量测算方法确定主站规模。配电网实时信息量主要由配电终端信息采集量、EMS系统交互信息量和营销业务系统交互信息量等组成。

配电网实时信息量在10万点以下，宜建设小型主站；配电网实时信息量在10万～50万点，宜建设中型主站；配电网实时信息量在50万点以上，宜建设大型主站。

配电主站应按照地配、县配一体化模式建设。对于配电网实时信息量大于10万点的县公司，可在当地增加采集处理服务器；对于配电网实时信息量大于30万点的县公司，可单独建设主站。

2. 配电主站不同规模的硬件配置

配电主站可以根据需要划分其规模大小，便于选用。不同类型的配电主站，对硬件配置分为小、中、大三类，主站系统规模配置参考如表 5-3 所示。

表 5-3　配电主站规模硬件配置参考

<table>
<tr><th rowspan="2">主站类型</th><th colspan="2">生产控制大区配置</th><th colspan="2">管理信息大区配置</th></tr>
<tr><th>相同</th><th>区别</th><th>相同</th><th>区别</th></tr>
<tr><td>小型</td><td rowspan="3">2 台数据库服务器，2 台 SCADA 服务器，1 台接口服务器，1 台磁盘阵列；安全接入区相应专用软硬件及网络设备若干</td><td>由 SCADA 服务器兼前置服务器和应用服务器</td><td rowspan="3">2 台无线公网采集服务器，1 台接口服务器，二次安全防护装置及相关网络设备</td><td>1 台 Web 服务器</td></tr>
<tr><td>中型</td><td>2 台前置服务器，1 台应用服务器</td><td>1 台 Web 服务器</td></tr>
<tr><td>大型</td><td>2 台前置服务器，2 台应用服务器</td><td>2 台 Web 服务器，1 台磁盘阵列</td></tr>
</table>

3. 配电主站不同规模的功能配置

配电自动化主站要根据各地区配电网规模和应用需求合理配置。配电主站支撑平台应一次性建设，功能选择应依据系统容量要求配置具体功能。

（1）对主站系统实时信息接入量小于 10 万点的区域，推荐设计选用“基本功能”构建系统，实现完整的配电 SCADA 功能和馈线故障处理功能。

（2）对主站系统实时信息接入量在 10 万～50 万点的区域，推荐设计选用“基本功能＋扩展功能（配电应用部分）和信息交互功能”构建系统，通过信息交互总线实现配电自动化系统与相关应用系统的互连，实现基于配电网拓扑的部分扩展功能。

（3）对实时信息接入量大于 50 万点的区域，推荐设计选用“基本功能＋扩展功能（配电应用及智能化部分）和信息交互功能”构建系统，通过信息交互总线整合信息，实现部分智能化应用，为配电网的安全经济运行提供辅助决策。

第五节　新一代配电主站

随着智能配电网建设的不断深入，配电主站建设面临如下挑战：

（1）地市公司配电主站接入数据量由百万增加到千万级别，现有主站已不能满足配电自动化全覆盖的需求；

（2）《中华人民共和国网络安全法》对工控系统网络安全等提出更高防护要求；

（3）随着分布式发电、电动汽车、储能装置在配电网中的应用，亟需配电主站适应“云大物移”技术平台；

（4）配电主站需要和调度自动化系统（EMS）、生产管理系统（PMS）、电网地理信息系统（GIS）、供电服务指挥平台等进行贯通，实现图模优化全共享、业务流程全穿透、业

务功能全覆盖。

传统配电主站侧重生产控制大区（Ⅰ区）相关功能实现，对实时性和信息安全要求等级高；新一代配电主站技术框架主要拓展了管理信息大区（Ⅲ区）中配电自动化的应用，能够通过安全管控接收到更多非实时或非即时信息，加快实现配电自动化对配电网运维管控自动化进程，提高馈线信息采集和故障定位的覆盖率，有助于在传统配电主站基础上扩展应用功能，使其具有更多的灵活性。

针对上述要求，配电主站按照“做精Ⅰ区，做强Ⅲ区”模式，采用“$N+N$”[1] 或“$N+1$”[2] 建设模式，在主站管理信息大区扩展了配电网运行状态管控功能，实现了Ⅰ/Ⅲ区数据融合贯通和工作业务互动，由单一的Ⅰ区采集转变为多区、多源数据采集，由常规配电网调控专业应用提升为对配电全专业的支撑。配电主站以Ⅰ/Ⅲ区跨区采集、告警信息为基础，推进配电自动化向低压线路延伸，构建基于物联网的中低压配电网一体化监测管控体系，大幅提升“站—线—变—户”中低压配电网全链条智能化监测与管控水平。

一、新一代配电主站系统架构

新一代配电主站系统架构如图 5-3 所示，其应用软件包括位于生产控制大区的配电网运行监控以及位于管理信息大区的配电网运行状态管控两大类应用。具体分工如下：

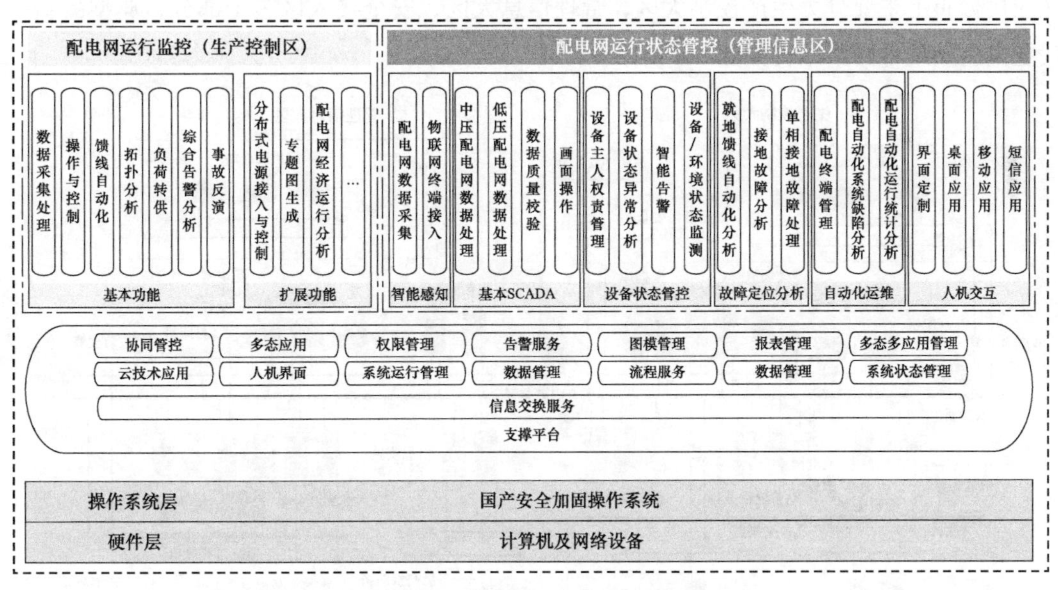

图 5-3　新一代配电主站系统架构

（1）“三遥”配电终端应接入生产控制大区，“二遥”配电终端以及其他配电采集装置根据各地市公司要求和具体情况接入管理信息大区或生产控制大区；

---

[1] $N+N$ 建设模式：生产控制大区和管理信息大区由地市公司分别建设。

[2] $N+1$ 建设模式：生产控制大区由地市公司分别建设，管理信息大区由省公司统一建设。

(2) 配电运行监控应用部署在生产控制大区，从管理信息大区调取所需实时数据、历史数据及分析结果；

(3) 配电运行状态管控应用部署在管理信息大区，接收从生产控制大区推送的实时数据及分析结果；

(4) 生产控制大区与管理信息大区基于统一支撑平台，通过协同管控机制实现权限、责任区、告警定义等的分区维护、统一管理，并保证管理信息大区不向生产控制大区发送权限修改、遥控等操作性指令；

(5) 外部系统通过信息交换总线与配电主站实现信息交互；

(6) 硬件采用物理计算机或虚拟化资源，操作系统采用国产加固安全操作系统。

二、新一代配电主站硬件平台

1. 硬件结构

新一代配电主站硬件结构的特征体现在标准化、网络化、开放式、安全性等方面，与传统主站相比的显著特征是扩充了Ⅲ区配置，将后台系统从Ⅰ区延伸到Ⅲ区，分别支撑Ⅰ区的运行监控业务和Ⅲ区的运行状态管控业务。因此，新一代配电主站硬件结构从逻辑上可分为采集与前置子系统、运行监控子系统和状态管控子系统。新一代配电主站硬件结构从应用分布上主要分为生产控制大区、管理信息大区、安全接入区三个部分。典型的新一代配电主站硬件网络结构如图 5-4 所示。

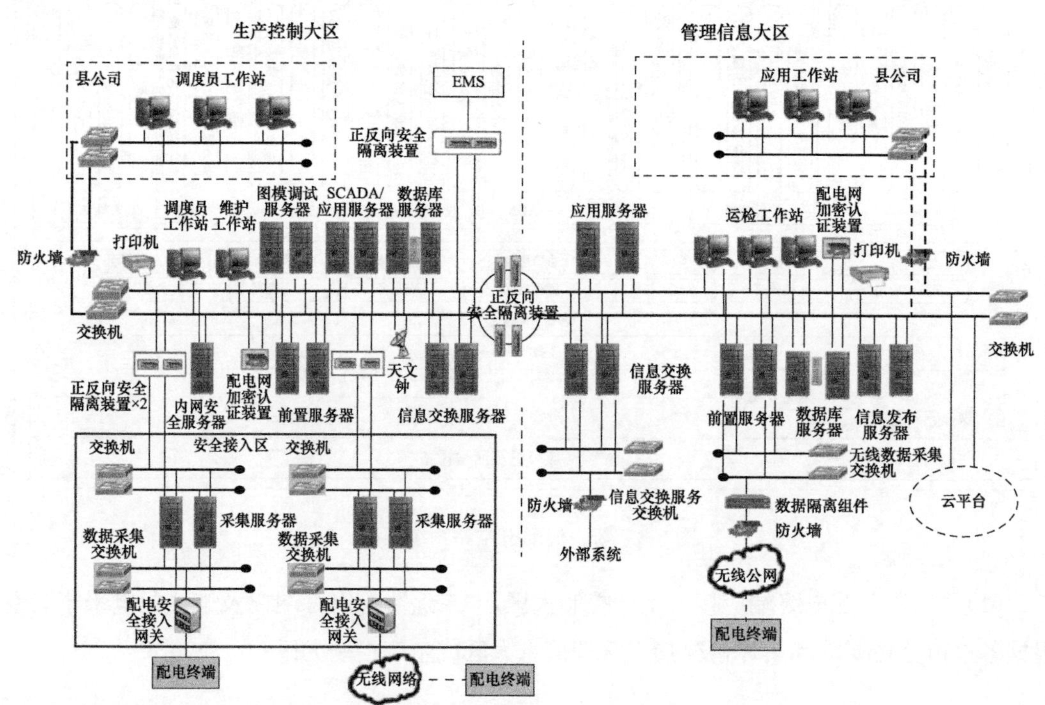

图 5-4 典型的新一代配电主站硬件网络结构

新一代配电主站硬件可支持异地部署，主要由服务器、工作站和磁盘阵列等硬件组

成。服务器一般包括SCADA服务器、数据库服务器、前置服务器、应用服务器等。工作站包括调度员工作站、远程维护工作站、报表工作站等。磁盘阵列用于存储历史数据。新一代配电主站主要功能部署、硬件节点分布配置见表5-4。

表5-4　　新一代配电主站主要功能部署与节点分布配置表

安全区	硬件配置	功能说明
生产控制大区	前置服务器	完成配电数据采集与监控数据采集、系统时钟和对时的功能
	数据库服务器	配电网模型存储
	SCADA/应用服务器	完成配电数据采集与监控数据处理、操作与控制、事故反演、多态多应用、图形模型管理、权限管理、告警服务、报表管理、系统运行管理、终端运行工况监视等功能
	图模调试服务器	完成配电终端调试接入，提供未来态到实时态的转换功能
	信息交换总线服务器	完成Ⅰ/Ⅱ生产控制大区数据与信息交互等功能
	内网安全监视服务器	完成内网系统安全状态的实时监视等功能
	工作站	包括配调工作站、维护工作站、安全监视工作站等
管理信息大区	前置服务器	完成配电数据采集与监控数据采集、系统时钟和对时的功能
	SCADA/应用服务器	完成配电数据采集与监控数据处理、操作与控制、事故反演、多态多应用、图形模型管理、权限管理、告警服务、报表管理、系统运行管理、终端运行工况监视等功能
	信息交换总线服务器	完成Ⅰ/Ⅱ生产控制大区数据与信息交互，配电自动化系统与其他应用系统间数据与信息交互功能
	数据库服务器	完成历史数据库缓存，为历史数据发布至云存储平台和本地应用提供支撑
	应用服务器	完成单相接地故障分析、配电网指标分析、配电网主动抢修支撑、配电网经济运行分析、停电分析、终端网管、配电自动化设备缺陷管理、模型中心、模型/图形管理、信息共享与发布等配电运行管理功能
	工作站	包括运检工作站、报表工作站、图形工作站等
安全接入区	专网通信采集服务器	完成光纤通信配电终端实时数据采集
	无线通信采集服务器	完成无线通信配电终端实时数据采集

2. 前置子系统

与经典配电主站相比，新一代配电主站的前置子系统将采集与前置服务器分离。采集服务器根据通信类型和配电终端的不同，分别接入安全Ⅰ区和Ⅲ区的前置服务器。“三遥”配电终端通过采集服务器部署在安全接入区，通过物理隔离与Ⅰ区前置服务器通信，实现数据接入后台；基于无线公网的“二遥”配电终端则通过隔离组件直接接入Ⅲ区前置服务器。

3. 后台子系统

新一代配电主站后台子系统在经典配电主站的基础上拓展了状态管控子系统。状态管控子系统部署在安全Ⅲ区，支撑配电运行趋势分析、数据质量管控、配电自动化缺陷管理等状态管控应用，并具备对外数据发布功能。硬件上包括公网数据采集前置服务器、信息发布服务器、运行管理应用服务器和数据库服务器等。Ⅰ区和Ⅲ区系统间协同管控、一体化运行。

三、新一代配电主站功能要求

新一代配电主站功能要求分为基本功能和扩展功能。基本功能是指系统建设时均应配置的功能，扩展功能是指系统建设时可根据配电网实际和运行管理需要进行选配的功能。新一代配电主站功能要求如表 5-5 所示。

表 5-5　　新一代配电主站功能要求列表

序号	功能	基本功能	扩展功能	生产控制大区	管理信息大区
1	支撑软件	√		√	√
2	数据管理	√		√	√
3	信息交换总线	√		√	√
4	协同管控	√		√	√
5	多态多应用管理	√		√	√
6	权限管理	√		√	√
7	告警服务	√		√	√
8	系统运行状态管理	√		√	√
9	流程服务	√		√	√
10	人机界面	√		√	√
11	云技术应用	√		√	√
12	报表管理	√		√	√
13	打印	√		√	√
14	内网系统安全监测	√		√	
15	配电数据采集与处理	√		√	√
16	操作与控制	√		√	
17	模型/图形管理	√		√	
18	综合告警分析	√		√	
19	馈线自动化	√		√	
20	拓扑分析应用	√		√	
21	事故反演	√		√	
22	配电接地故障分析	√			√
23	配电网运行趋势分析	√			√
24	数据质量管控	√			√
25	配电终端管理	√			√
26	配电自动化缺陷分析	√			√
27	设备（环境）状态监测	√			√
28	配电网供电能力分析评估	√			√
29	信息交互	√		√	√
30	信息共享与发布	√			√
31	分布式电源接入与控制		√	√	√
32	专题图生成		√	√	
33	状态估计		√	√	
34	潮流计算		√	√	
35	解合环分析		√	√	
36	负荷预测		√	√	
37	网络重构		√	√	
38	操作票		√	√	
39	自愈控制		√	√	
40	配电网经济运行		√	√	
41	配电网仿真与培训		√	√	

1. 平台服务功能

配电主站基础平台管理监视整个运行系统中的进程，分配管理系统资源，为用户提供一个良好的运行开发环境。平台服务是配电主站开发和运行的基础，采用面向服务的体系架构，为各类应用的开发、运行和管理提供通用的技术支撑，为整个系统的集成和高效可靠运行提供保障，为配电主站生产控制大区和管理信息大区横向集成、纵向贯通提供基础技术支撑。

(1) 支撑软件。支撑软件提供一个统一、标准、容错、高可用率的用户开发环境，主要包括关系数据库软件、实时数据库软件、进程管理、日志管理。

(2) 数据管理。数据管理具体要求包括数据维护工具、数据同步、多数据集、离线文件保存、带时标的实时数据处理、数据的备份和恢复机制。数据管理提供完善的交互式环境的数据库录入、维护、检索工具和良好的用户界面，可进行数据库删除、清零、拷贝、备份、恢复和扩容等操作。数据管理提供全网数据同步功能，任一元件参数在整个系统中只输入一次，全网数据保持一致，实时数据和备份数据保持一致。数据管理具有多数据集功能，可以建立多种数据集，用于各种场景，如培训、测试、计算等；提供离线文件保存，支持将在线数据库保存为离线的文件和将离线的文件转化为在线数据库的功能；支持带时标的实时数据处理，在全系统能够统一对时及规约支持的前提下，可以利用数据采集装置的时标而非主站时标来标识每个变化的遥测和遥信，更加准确地反映现场的实际变化；具备可恢复性，主站系统故障消失后，数据库能够迅速恢复到故障前的状态。

(3) 信息交换总线。信息交换总线遵循 IEC 61968 标准，通过服务封装，实现配电主站与各业务应用系统间的信息交互，具体要求包括：应支持基于主题的消息传输功能，包括请求/应答和发布/订阅两类信息交换模式；应具备通过正、反向物理隔离装置实现跨安全区的信息传输、交互等功能。

(4) 协同管控。包括支撑平台协同管控和应用协同管控。支撑平台协同管控具体要求包括：在生产控制大区统一管控下，实现分区权限管理、数据管理、告警定义、系统运行管理，应支持配电主站支撑平台跨区数据同步等；应用协同管控具体要求包括：应支持终端分区接入、维护，共享终端运行工况、配置参数、维护记录等信息，应支持馈线自动化在生产控制大区的应用，支持基于录波的接地故障定位在管理信息大区的应用，以及多重故障跨区协同处理和展示等。

(5) 多态多应用管理。多态多应用管理机制保证了配电网模型和应用功能对多场景的应用需求。具体要求包括：系统应具备实时态、研究态、未来态等应用场景，各态独立配置模型互不影响；多态之间可相互切换等。

(6) 权限管理。权限管理是一组权限控制的公共组件和服务，具有用户的角色识别和权限控制功能。权限管理能根据不同的工作职能和工作性质赋予人员不同的权限和权限有效期，具体要求包括层次权限管理、区域配置、权限绑定、权限配置。

（7）告警服务。告警服务应作为一种公共服务为各应用提供告警支持，具体要求包括告警动作、告警分流、告警定义、画面调用、告警信息存储、打印。

（8）系统运行状态管理。系统运行状态管理能够对配电主站各服务器、工作站、应用软件及网络的运行状态进行管理和控制，具体要求包括节点状态监视功能、软硬件功能管理功能、状态异常报警功能、提供在线/离线诊断测试工具、提供冗余管理、应用管理、网络管理等功能。

（9）流程服务。应支撑流程的新建、流转、回退、终止；应提供界面化工具，实现对流程状态信息的监控；应提供查询工具，实现对流转历史的分析、统计、查询等功能。

（10）人机界面。配电网监控功能应提供丰富、友好的人机界面，供配电网运行、运维人员对配电线路进行监视、控制和管理，具体要求包括：界面操作、图形显示、交互操作画面、数据设置、过滤、闭锁；应支持多屏显示、图形多窗口、无级缩放、漫游、拖拽、分层分级显示；应遵循 CIM/E、CIM/G，支持相关授权单位远程调阅；应支持 Web 浏览方式访问等。

（11）云技术应用。云技术应用具体要求包括：配电主站可支持云存储、虚拟化、云计算等技术应用；可应用公司云资源，优化配电主站；可采用云技术构建配电主站运行环境。

（12）报表管理。报表管理为各应用提供制作各种统计报表，具体要求包括：具备报表属性设置、报表参数设置、报表生成、报表发布、报表打印、报表修改、报表浏览等功能；数据来源应支持数据采集与运行监控数据、历史数据、用户设置数据及其他各种应用数据等。

（13）打印。应具备各种信息打印功能，包括定时和召唤打印各种实时和历史报表、批量打印报表、各类电网图形及统计信息打印等功能。

2. 配电运行监控功能

配电主站应配置的基本功能有：

（1）配电数据采集与处理。数据采集应实现系统运行的实时量测、过流保护、零序保护等二次设备数据、设备状态信息数据、控制数据等的采集和交换；数据处理应具备模拟量处理、状态量处理、非实测数据处理、数据质量码、平衡率计算、计算及统计等功能。

（2）操作与控制。操作和控制应能实现人工置数、标识牌操作、闭锁和解锁操作、远方控制与调节功能，应有相应的权限控制。

（3）综合告警分析。综合告警分析功能包括告警信息分类、告警智能推理、信息分区监管及分级通告和告警智能显示。实现告警信息在线综合处理、显示与推理，汇集和处理各类告警信息，对大量告警信息进行分类管理和综合/压缩，利用形象直观的方式提供全面综合的告警提示。

（4）馈线自动化。当配电网正常运行时，实现对馈线分段开关、联络开关的状态，馈

线电压、电流情况等电能质量的远方实时监视，并实现线路开关的远方分、合闸操作。当配电线路发生故障时，系统应根据从 EMS 和配电终端等获取的故障信息进行故障判断、定位与隔离以及对非故障区域恢复供电。馈线自动化的实现方式根据是否需要通信、采用的通信方式以及是否需要主站参与等条件，分为就地控制型、集中控制型和分布式控制型。

（5）拓扑分析应用。拓扑分析应用的具体要求包括网络拓扑分析、拓扑着色。网络拓扑分析根据电网连接关系和设备的运行状态进行动态分析，分析结果可以应用于配电监控、安全约束等；拓扑着色根据配电网开关的实时状态，确定系统中各种电气设备的带电状态，分析电源点和各点供电路径，并将结果在人机界面上用不同的颜色表示出来。

（6）负荷转供。负荷转供根据目标设备分析其影响负荷，并将受影响负荷安全转至新电源点，提出包括转供路径、转供容量在内的负荷转供操作方案。

（7）事故反演。事故反演是当系统检测到预定义的事故时，应能自动记录事故时刻前后一段时间的所有实时稳态信息，以便事后进行查看、分析和反演。

配电主站可配置的扩展功能有：

（1）分布式电源接入与控制。满足 10（20）kV 分布式电源/储能装置/微网接入带来的多电源、双向潮流分布的配电网监视、控制要求。包括对分布式电源公共连接点、并网点的模拟量、状态量及其他数据的采集，对采集数据进行分析计算、数据备份、越限告警、合理性检查和处理的功能，对受控条件的分布式电源的公共连接点、并网点处开关实现分合控制功能。

（2）专题图生成。专题图生成应用是以导入的全网模型为基础，应用拓扑分析技术进行局部抽取并做适当简化，生成相关电气图形。具体功能包括支持配电网 CIM 模型识别以及 SVG 图形生成和导出，应用拓扑分析技术支持多类图形的自动生成，支持自动布局增量变化，支持对自动生成的衍生电气图进行编辑和修改，可人工干预专题图生成的展示效果。

（3）状态估计。状态估计利用实时量测的冗余性，应用估计算法来检测与剔除坏数据，提高数据精度，保持数据的一致性，实现配电网不良量测数据的辨识，并通过负荷估计及其他相容性分析方法进行一定的数据修复和补充。对配电自动化尚未完全覆盖区域可综合利用负荷管理、用电信息采集等系统中的准实时数据，补全配电网数据；对实时数据采集较全、配电网全网状态可观测的区域，可通过对来自各源头的数据进行一致性校验，进行综合分析，辨识不良数据。

（4）潮流计算。潮流计算根据配电网络指定运行状态下的拓扑结构、变电站母线电压（即馈线出口电压）、负荷类设备的运行功率等数据，计算节点电压以及支路电流、功率分布，计算结果为其他应用功能做进一步分析做支撑。对于配电自动化覆盖区域，由于实时数据采集较全可进行精确潮流计算；对于自动化尚未覆盖或未完全覆盖区域，可利用用电信息采集、负荷管理系统的准实时数据，利用状态估计尽量补全数据，进行潮流估算。

(5) 负荷预测。配电网负荷预测主要针对 6～20kV 母线、区域配电网进行负荷预测，在对系统历史负荷数据、气象因素、节假日以及特殊事件等信息分析的基础上，挖掘配电网负荷变化规律，建立预测模型，选择适合策略预测未来系统的负荷变化。

(6) 解合环分析。与 EMS 进行信息交互，获取端口阻抗、潮流计算等计算结果，对指定方式下的解、合环操作进行计算分析，结合计算分析结果对该解、合环操作进行风险评估。

(7) 网络重构。配电网网络重构的目标是在满足安全约束的前提下，通过开关操作等方法改变配电线路的运行方式，消除支路过载和电压越限，平衡馈线负荷，降低线损。

(8) 配电网自愈控制综合应用配电网故障处理、安全运行分析、配电网状态估计和潮流计算等分析结果，循环诊断配电网当前所处运行状态，并进行控制策略决策，实现对配电网一、二次设备的自动控制，解除配电网故障，消除运行隐患，促使配电网转向更好的运行状态。

(9) 配电网经济运行分析。配电网经济运行分析主要是从经济、安全方面对配电网运行方式进行分析，具体功能包括对网架结构、运行方式的合理性分析，对配电设备利用率进行综合分析与评价，对配电网季节性运行方式进行优化分析和电压无功协调控制。

(10) 配电网仿真与培训。配电网运行与操作仿真能够在不影响系统正常运行的情况下，建立模拟环境，实现配电网调度的预操作仿真、运行方式倒换预演、事故反演以及故障恢复预演等功能。配电网培训功能可模拟的真实环境下的电网运行控制环境，学员可以在模拟环境中进行调度和值班工作，进行日常的监视、控制和操作，实现对配电网调度人员的培训。

3. 配电运行状态管控功能

(1) 配电数据采集与处理。具体功能要求与本节二、2. 的内容相同。

(2) 配电接地故障分析。当配电线路发生单相接地故障时，系统应根据配电终端暂态录波的信息进行接地故障判断和分析，对单相接地进行选线分析以及故障区段定位分析判断。单相接地故障处理能够对操作过程进行实时监视分析与决策，将故障定位分析结果向在线监测装置下发。对于永久性小电流接地故障，供电企业目前倾向于进行立即隔离，避免长期带接地点运行带来的过电压危害以及防止导线坠地造成的触电隐患。

(3) 配电网运行趋势分析。利用配电自动化数据，对配电网运行进行趋势分析，实现提前预警，具体内容包括配电变压器、线路重载、过载趋势的分析与预警，重要用户丢失电源或电源重载等的安全运行的预警，配电网运行方式调整时的供电安全分析与预警，综合环境监测数据进行设备异常趋势分析与告警。

(4) 数据管控。数据管控是对采集到的实时数据和历史数据的质量进行分析处理。实时数据质量管控包括设备电流、电压、有功功率、无功功率、电量合理性校验，母线量测不平衡检查，设备状态遥测、遥信一致性校核；历史数据质量管控包括历史数据完整性校验功能和历史数据补召及补全功能。

（5）配电终端管理。终端管理实现配电终端的综合监视与管理，具体功能包括配电终端参数远程调阅及设定，配电终端历史数据查询与处理，配电终端蓄电池远程管理，配电终端运行工况监视及统计分析以及终端通信通道流量统计及异常报警等功能。

（6）配电自动化缺陷分析。配电自动化缺陷分析的具体功能包括配电自动化缺陷分类及自动分析告警，与PMS2.0缺陷管理数据进行交互处理，以及针对已消除缺陷的自动校验功能。

（7）设备（环境）状态监测。设备（环境）状态监测为配电设备的综合评价及辅助决策提供数据支撑，具体功能包括配电站房、配电电缆、架空线路、配电开关、配电变压器等设备电气、环境、通道等状态的在线监测，配电网运行态势和设备状态感知以及配电设备状态评估及异常告警。

（8）配电网供电能力分析评估。利用配电自动化运行数据，结合已有配电网模型及参数，对配电网供电能力进行评估分析，包括：对配电网网架供电能力薄弱环节分析，对配电网负荷分布统计分析，对负荷区域分布、时段分布、区域负荷密度、负荷增长率等数据的分析计算，线路和设备重载、过载、季节性用电特性分析与预警，线路在线 $N-1$ 分析。

（9）信息发布与共享。信息共享与发布支持的数据类型包含配电网模型、系统各类接线图、配电网实时运行数据、配电网历史采样数据、故障处理等应用分析结果，电网分析等应用分析计算服务，系统各类报表等；系统发布与共享应进行严格的权限限制，保证数据的安全性；支持配电网实时运行状态、历史数据、统计分析结果、故障分析结果等信息Web发布功能。

第六章　配电自动化的通信设备选择

本章基于对配电自动化数据传输、带宽及采集间隔、传输距离、实时性、可靠性、信息安全等需求，阐述配电网通信方式及设备选型、综合对比以及通信网络安全等内容。

第一节　配电自动化的数据流向及通信需求分析

1. 数据传输

配电自动化系统主站与配电自动化终端通过通信网络进行数据传输，数据传输采用有线通信方式时，在变电站汇聚，再由变电站骨干通信传输网上传至地市配电自动化系统主站；采用无线通信方式时，数据直接在地市公司汇聚，再传输至配电自动化系统主站，数据流向如图 6-1 所示。

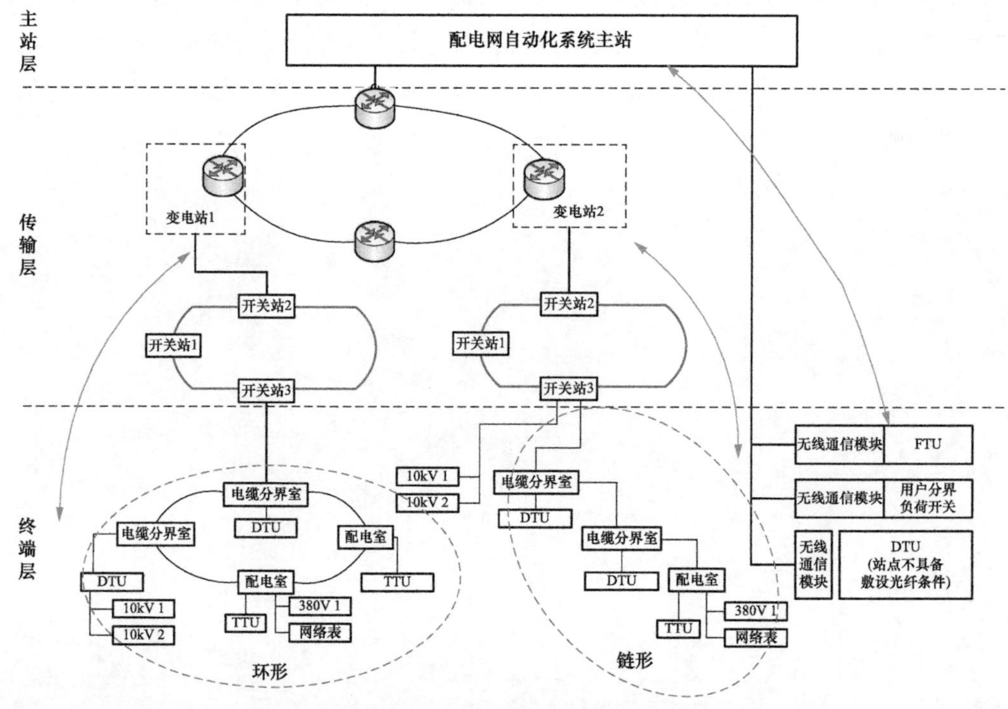

图 6-1　配电自动化系统数据流向图

配电自动化通信系统当前主要传输“三遥”业务，包括终端上传主站（上行方向）的遥测、遥信等信息采集类业务以及主站下发终端（下行方向）的常规总召、线路故障定位（定线、定段）隔离、恢复时的遥控命令，均为数据类业务，呈现出上行流量大、下行流量小的特点。配电自动化终端没有移动性需求。

2. 带宽及采集间隔

根据调研情况，配电自动化主站对终端的常规总召频率可根据需要设置为 1～60min/次，心跳数据帧 30s 一次；主站与终端对时间隔可设置，一般每小时一次。遥信、遥控方面，主站下发命令或终端设备因突发事件主动上传数据时，频率不固定。遥测方面，采用光纤通信方式时，配电终端一般设置为电压变化 1V、电流变化 10mA 往主站上送一次数据；采用无线通信方式时，配电终端一般设置为电压波动 1V、电流波动 50mA 往主站上送一次数据。

依据《配电自动化验收细则》规定，单个配电终端接入速率要求为光纤专网≥19.2kbit/s，其他方式≥2.4kbit/s（单个配电终端接入速率要求来源为：配电终端串口可选速率为 1200、2400、9600、19200kbit/s，2400kbit/s 为常用速率，考虑光纤带宽大，因此选择最大速率要求）。根据调研情况，配电自动化终端传输一包数据 255 字节需耗时 200ms，按实时传输计算（不考虑存储转发），为避免排队时延，带宽应高于 10.2kbit/s。

3. 传输距离

配电自动化终端至主站包含终端至变电站和变电站至主站的距离，其中，变电站至主站经过骨干网上传，终端至变电站的距离在采用有线方式的情况下，A+类区域为 3～5km，A、B 类区域为 5～10km，C 至 E 类区域为 10～20km，部分区域达到数十千米。

4. 实时性

不同配电业务的实时性需求如表 6-1 所示。

表 6-1　　配电自动化业务实时性指标

序号	类型	内容		指标	备注
1	遥测	遥测越限由终端传递到配电子站/主站	光纤通信方式	＜2s	
			载波通信方式	＜3s	
			无线通信方式	＜30s	
2	遥信	遥信变位由终端传递到配电子站/主站	光纤通信方式	＜2s	
			载波通信方式	＜30s	
			无线通信方式	＜60s	
3	遥控	命令选择、执行或撤销传输时间		≤6s	遥控业务时延包括主站遥控测试命令下发、终端遥控命令响应、主站执行命令下发或撤销、终端开关开闭等过程，包括两次主站到终端命令传输时间、两次终端到主站命令传输时间

5. 可靠性

配电自动化相关标准中仅对业务的可靠性提出要求，未单独针对通信提出要求，《配电自动化实用化验收细则》规定：配电终端月平均在线率≥95%；遥控使用率≥90%；遥控成功率≥98%；遥信动作正确率≥95%。对通信系统可靠性需求较高的区域，网架结构应采取冗余配置。

6. 信息安全要求

依据《配电监控系统安全防护方案》（国能安全2015〔36〕号）配套实施方案的规定，无论采用何种通信方式，应当对控制指令与参数设置指令使用基于非对称加密算法的认证加密技术进行安全防护，实现配电网终端对主站的身份鉴别与报文完整性保护。对重要子站及终端的通信可以采用双向认证加密技术，实现配电网终端和主站之间的双向身份鉴别，确保报文的机密性、完整性保护。

7. 其他要求

配电通信网络运行环境相对恶劣，主站侧需要进行电磁干扰防护；现场侧配电设备及通信设备大多运行在户外，应保证能在恶劣天气下正常工作，并能抵抗电磁干扰，保持稳定运行，因此通信设备需达到工业级要求。当线路故障导致正常供电中断时，设备启用蓄电池、超级电容等备用电源进行供电。备用电源容量有限，难以保证长时间供电，因此通信设备应具有低功耗特性。配电自动化终端都是固定布置，没有移动通信需求。为了便于对配电自动化通信网络进行故障判断和定位，需要考虑通信网络的可管可控性。

第二节　通信方式及设备选型

配电终端通过以太网无源光网络（Ethernet Passive Optical Network，EPON）、工业以太网、电力线载波、无线专网经地市级骨干通信网与配电主站通信，或通过内置无线公网模块经无线公网与配电主站通信。同时，为了增强配电通信网对本地设备的通信覆盖能力，如用户配电房内部、环网柜周围环境传感节点等，可采用微功率无线及低压载波构成用户接入网，用户室内网实现配电通信网的延伸覆盖。

一、光纤通信技术

（一）光纤组网技术

光纤专网通信方式在通信容量、实时性、可靠性、安全性等方面和其他通信方式相比有较大优势，目前较适合配用电通信应用的技术有以太网无源光网络技术（EPON）和光纤工业以太网技术。

1. EPON

EPON技术是一种点到多点的光纤接入技术，它由局侧的光线路终端（Optical Line Terminal，OLT）、用户侧的光网络单元（Optical Network Unit，ONU）以及光分配网络（Optical Distribution Network，ODN）组成。EPON技术的优势体现在以下几方面：

（1）传输距离远，最大可达 20km 左右；通信容量大，有较强的多业务接入能力。

（2）组网灵活，拓扑结构可支持树型、星型、总线型、混合型、冗余型等网络拓扑结构，适合配电网的树形或总线型网络结构。

（3）光分路器为无源器件，设备的使用寿命长，工程施工、运行维护方便。

（4）可抗多点失效，安全可靠性高，任何一个终端或多个终端故障或掉电，不会影响整个系统稳定运行。

（5）带宽分配灵活，服务有保证。

EPON 是目前光通信技术的主流方式。EPON 技术成熟，已经实现设备芯片级和系统级互通，价格大幅度下降，公网已经大规模部署。

2. 光纤工业以太网技术

光纤工业以太网指在技术上与商业以太网（即 IEEE802.3 标准）兼容，但在产品设计时，材质的选用、产品的强度、适用性以及实时性等方面能够满足工业控制现场的需要，即满足实时性、可靠性、安全性及安装方便等要求的以太网，光纤工业以太网可以在极端条件下（如电磁干扰、高温和机械负载等）正常工作。近年来，光纤工业以太网技术已开始广泛应用于工业控制领域。

光纤工业以太网具备以下技术优势：

（1）采用环形拓扑时支持快速自愈，可以在小于 100ms 的时间内恢复因故障中断的网络。

（2）端口类型丰富，组网拓扑灵活。

（3）支持多个优先级队列实现服务质量（Quality of Service，QoS）的业务区分，支持虚拟局域网（Virtual Local Area Network，VLAN）划分。

（4）针对工业应用的设计，电磁兼容性、工作温度、防震等指标符合工业现场的要求。光纤组网技术方案比较如表 6-2 所示。

表 6-2　光纤工业以太网技术和 EPON 技术比较

项目	光纤工业以太网	以太网无源光网络 EPON
接入带宽	100M 共享（千兆以太网设备支持 1000M 共享）	1.25G 共享
传输距离	根据光接口类型不同，点到点距离达 80km	所有节点距离限制在 20km
节点数目	多数厂家一个环支持 255 个节点	32 个 ONU
保护方式	自愈环，一般采用私有协议，自愈时间在 100ms 以内	国际标准未定义，国内规定有骨干光纤保护倒换方式和光纤全保护倒换方式，部分厂家支持双总线的保护方式（伪环形）
抗多点失效	不支持	部分支持，设备损坏或掉电对系统无影响
VLAN 功能	支持	支持
施工	简单	相对复杂
成本	较高	适中
电力应用	广泛应用于电力系统及其他工业控制领域	广泛应用于配电通信网中

如表 6-2 所示，光纤工业以太网技术比较成熟，可靠性高，电力系统中应用较多，但成本偏高；EPON 技术成熟，成本适中，能够与现有以太网兼容、扩展性强，在配电通信网中应用广泛。因此，对于光纤已通的站点，或对业务可靠性和实时性要求比较高的站点，首选 EPON 通信技术。

（二）电力特种光缆

1. 光纤复合相线技术

光纤复合相线（Optical Phase Conductor，OPPC）是在传统的相线电缆中嵌入光纤线缆的一种新型特种复合光缆，可以同时、同路、同走向传输电能和信息，并随时监测线路的工作状态。光纤复合相线充分利用了电力系统自身的线路资源，特别是针对配电网系统，具有传输电能与通信业务的双重功能。

OPPC 技术的优点有：

（1）光电一体，节约管道资源；

（2）光电合一，在传输电能同时传输信息，并能检测线路工作状态；

（3）电缆部分与光缆部分保持相对独立的结构，便于安装时的引入、引出和连接；

（4）光纤复合在电线内，避免地线上落雷引发的光纤断股、断纤事故；

（5）不会因场强的作用而导致光缆遭遇电腐蚀或引发毁缆、断纤事故。

OPPC 技术的缺点在于，OPPC 光缆的安装和维护较普通光缆相对复杂。

OPPC 光缆结构与光纤复合架空地线（Optical Fiber Composite Overhead Ground Wire，OPGW）光缆类似，具有中心管式与层绞式两种结构，如图 6-2 所示。

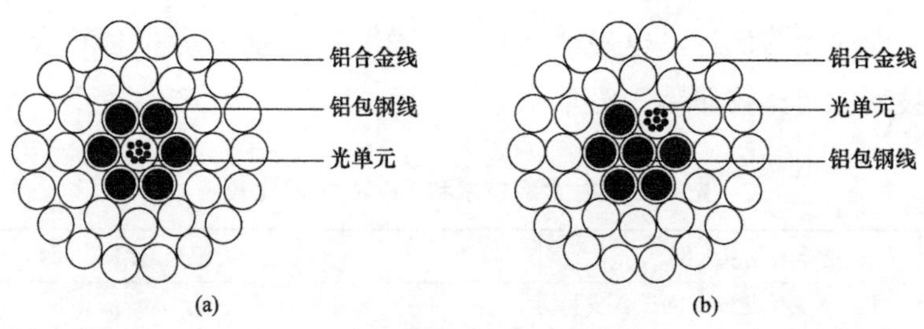

图 6-2 光缆结构

（a）中心不锈钢管式；（b）层绞不锈钢管式

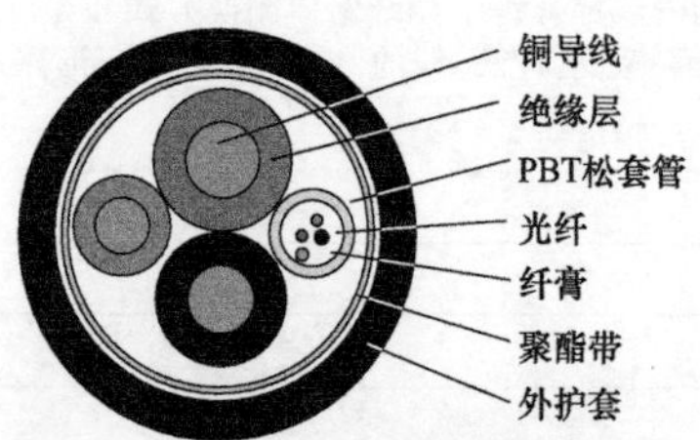

图 6-3 光电复合缆截面示意图

近年来，OPPC 技术在电力系统中的应用已经较为普遍，主要应用于 110kV 以下电压等级，如城郊配电网、农村电网。

2. 光电复合缆技术

光电复合缆（Power Fiber To The Home，PFTTH）是一种集光纤、输电铜线于一体的复合缆（见图 6-3），具

有高可靠性数据传输、价格低、连接方便等特点，其优点是：外径小、质量轻、占用空间小；光缆和电力线于一体，避免二次布线，降低工程费用；良好的弯曲和耐侧压性能；解决电力网的通信问题。光电复合缆技术解决了宽带接入、设备用电、信号传输问题，可实现电力网、电信网、电视网、互联网“四网融合”的目标。

按照电压等级，光电复合缆分为380V和220V两种类型。380V光电复合缆由电力线和塑料光纤及复合缆护套组成；220V光电复合缆有两根电力线，每根电力线外面有绝缘层相互隔开，光纤紧靠零线排列，其余组成材料和380V光电复合缆相同。

光电复合缆作为短距离通信网络的理想传输媒质，在未来家庭智能化、办公自动化、工控网络化的数据传输中具有重要的地位。基于光电复合缆的PFTTH应用方案在城市用电接入网建设方面已广泛应用。

3. ADSS技术

全介质自承式光缆（All-Dielectric Self-Supporting Optical Cable，ADSS）用一种全介质（无金属）光缆，独立地沿配电线路架挂在电力导线内侧，悬挂的位置主要根据悬挂处电场强度、地面距离、施工及维护方便利等因素决定。目前，较多的是架挂在电力导线的下方，构成配电线路上的光纤通信网。

二、电力线通信

电力线通信（Power Line Communication，PLC）是电力系统所特有的通信方式，主要指利用电力线缆作为传输媒质进行数据传输的一种通信方式。根据电力线缆的电压等级不同分为高压、中压和低压电力线通信，根据调制频带和带宽的不同分为宽带技术和窄带技术。目前在配用电通信领域使用较多的技术有中压电力线通信技术、低压宽带电力线通信和低压窄带电力线通信。

（一）中压电力线通信

中压电力线通信是指综合运用多种调制解调技术、信道编码技术、网络通信技术、模拟前端技术及耦合结合技术，实现以中压配电网为传输介质的通信。中压电力线通信一般采用40～500kHz信号传输频带，其传输速率为每秒几百至几十千比特，常用的调制技术包括频移键控（Frequency-Shift Keying，FSK）、二进制相移键控（Binary Phase Shift Keying，BPSK）、扩频和正交频分复用技术（Orthogonal Frequency Division Multiplexing，OFDM）调制技术。

中压电力线通信设备通过耦合器将载波信号耦合到中压配电线路上实现载波数据传输。对于架空线路，载波信号耦合宜采用电容耦合方式，对于电力电缆线路，可利用电力电缆的屏蔽层传输数据信息，耦合方式有注入式电感耦合和卡接式电感耦合两种。

采用中压电力线通信技术组建配电通信网，无需考虑线路建设投资，具有建设成本低、路由合理，专网方式运行安全性高等优点。由于传输频带受限，传输容量相对较小，限制了中压电力线通信方式在配用电通信领域的应用，目前中压电力线通信是配电通信网的一种重要补充通信方式。

通过将宽带电力线通信技术引入中压配电通信网，信号频率提高至1～40MHz，能够有效提高传输速率和通信可靠性。在国内已有中压宽带电力线通信试点项目，实现了数据和视频信息的可靠传输。

（二）低压宽带电力线通信

宽带电力线通信技术主要是指利用电力线缆进行高速数据传输（一般指通信速率超过1Mbit/s）的一种通信方式。宽带电力线通信使用频率为1～40MHz，使用1536路具有正交特性的载波信号，实现高速数据传输，数据物理层传输速率最高可达200Mbit/s。

宽带电力线通信技术可为配用电通信网络提供高速的实时通信通道，为信息采集系统的实时性、可用性及实用性提供技术保障。宽带电力线通信技术采用OFDM自适应载波调制、里所码（Reed-Solomon codes，RS）编码、可编程频谱等技术，能够很好地适应低压电力线信道特性，保证了通信可靠性；在信道访问机制及通信协议设计上考虑了自动中继路由及网络重构功能，使得通信无盲区；通过时分中继、频分中继、智能路由计算、自动中继等技术手段实现网络重构，可实现整个低压配电线路的通信网络覆盖。

宽带电力线通信技术利用电力线路作为传输通道，具有不用布线、覆盖范围广、连接方便、传输速率高、与电网建设同步等优点，在住宅小区宽带接入和用电信息采集本地通信方面应用广泛。2001～2009年，住宅小区宽带电力线通信接入在北京、天津、上海、长春等地覆盖千余小区，累计用户超过10万户。宽带电力线通信先后在辽宁、山西、湖北、四川、天津、北京、浙江等地用电信息采集方面进行了试点应用，共计覆盖5000多具电能表，实用性在大量的现场应用中得到了验证。

目前宽带电力线通信技术处在发展期，其技术进步和产业环境关系密切，需要建立国内统一规范标准，解决自主知识产权问题，实现核心芯片技术国产化，研发适用于国内低压配电网特性的产品和设备，逐步实现宽带电力线通信的产业化发展。

（三）低压窄带电力线通信

窄带电力线通信技术是指频带限定在3～500kHz、通信速率小于1Mbit/s的电力线载波通信技术，其调制解调方式多采用普通的调频或调相技术、直序扩频技术和线性调频技术等。

窄带电力线通信实施简单，可以方便地将电力通信网络延伸到低压用户侧，实现对用户电能表的数据采集，具有双向传输、投资小、适应性好等特点。但其传输速率较低，易受干扰，可靠性不高。

在窄带电力线通信中引入OFDM多载波技术可以增强通信的抗干扰能力，有效提高网络传输速率和稳定性，理论速度可以到达100kbit/s，适用于智能家电用电信息、运行状态的信息采集以及控制命令的传输，且占据一半以上的市场份额。但由于通信速率过低，新建用电信息采集本地通信系统已采用低压宽带电力线通信技术（High-Speed Power Line Communication，HPLC）。

此外，工频载波技术近年来也有少量应用。工频通信技术的优点在于成本低廉，可实现跨变压器台区的通信而无需中继等优点，缺点在于通信速率较低，传输速率仅为25bit/s，对使用的电网场合有一定的选择性，较适用于偏远农村地区的抄表应用。

三、无线专网

无线专网专网技术包括无线宽带专网和无线窄带专网，无线宽带以WiMAX、LTE等技术为代表，已经逐渐成熟；无线窄带技术种类较多，其中230MHz电台和Mobitex无线技术在电力系统应用较多。

（一）无线宽带

随着无线通信技术的快速发展，以全球微波互联接入（Worldwide Interoperability for microwave access，WiMAX）、长期演进（Long Term Evolution，LTE）为代表的前4G无线宽带技术逐渐成熟并得到应用，为打造专业的工业信息化、自动化网络平台提供了一种全新的解决方案，也为电网公司在配用电侧建立全面覆盖、接入方式便捷的宽带综合业务通信平台提供了一个技术选择。

1. WiMAX技术

WiMAX是一项基于IEEE 802.16标准的宽带无线接入城域网技术，主要用于为家庭、企业及移动通信网络提供最后一公里的高速宽带接入，以及将来的个人移动通信业务。WiMAX的系统工业应用具有以下特点：

（1）技术成熟，标准化程度高，得到IEEE（Institute of Electrical and Electronics Engineers，电气和电子工程师学会）等标准化组织的支持，厂商众多，设备种类丰富，能够确保技术和产品的持续性发展。

（2）网络结构倾向于高数据流量，可以满足配用电通信网中视频监控等带宽需求较大的业务。

（3）随着电力监测、控制、管理类业务不断发展，采用广覆盖的WiMAX技术已难以满足电力多业务日益增长的通信带宽需求。

2. LTE技术

3GPP于2004年启动LTE项目。从技术角度看，分为频分双工（Frequency Division Duplexing，FDD）体系的宽带码分多址—长期演进（Wideband Code Division Multiple Access-Long Term Evolution，WCDMA-LTE）和时分双工（Time Division Duplexing，TDD）体系的时分—长期演进（Time Division-Long Term Evolution，TD-LTE）。TD-LTE是我国提出的时分—同步码分多址（Time Division-Synchronous Code Division Multiple Access，TD-SCDMA）的后续演进技术。TD-LTE的系统应用具有以下特点：

（1）网络容量大，终端接入数量不受限制，满足配用电通信网多点并发和高实时性的要求。

（2）动态组网模式，可以随着需求情况随时增加基站数量和组网，满足多业务对带宽和容量的需求。

(3) 网络采用扁平化的网络架构，减少了设备的数量，可有效降低成本和业务时延。

TD-LTE为4G技术标准，目前电力行业开展的TD-LTE网络试点建设按工作频段可划分为230MHz和1800MHz两种不同类型。过去几年内，电力行业针对TD-LTE 230/1800MHz通信技术开展了大量的技术研究、设备研制、网络建设和业务承载工作，成为当前接入网主要的无线专网通信技术。其中，TD-LTE 1800MHz采用电力、石油、交通等行业的公共频段1800MHz，设备厂商较多，各单位均具有一定数量的知识产权，通信行业已具备相关标准，产业链较为完整。TD-LTE 1800MHz自建网络，组网灵活，可采用多种信道编码方式以及混合重传及多基站协作技术提升网络可靠性。

TD-LTE 1800MHz覆盖范围市区内1～3km，农村地区5～10km。1800MHz频段频谱资源充足，自建无线网络能够满足覆盖范围内的宽带业务需求。参照《TD-LTE数字蜂窝移动通信网基站设备技术要求（第一阶段）》（YD/T 2571—2013），系统带宽为20MHz时下行峰值吞吐量约100Mbit/s，上行50Mbit/s，传输时延约为30～100ms。

3. McWiLL技术

多载波无线信息本地环路（multi-carrier wireless information local loop，McWiLL）技术属于2.5G无线通信技术，由窄带同步码分多址（synchronous code division multiple access，SCDMA）技术发展而来，综合性能落后于上述两种技术，而且只有大唐信威和小部分企业掌握核心技术，技术发展和规模化应用都受到制约。

WiMAX和TD-LTE技术的性能对比如表6-3所示。

表6-3　WiMAX和TD-LTE技术的性能对比

技术体制	WiMAX	TD-LTE
技术发展历程	IEEE 802.16d/e/m	TD-SCDMA/TD-LTE
标准化程度	IEEE 802.16	LTE
双工方式	TDD或FDD	TDD
使用频段	2～11GHz，支持定制频段和上下行非对称频点	支持定制频段和上下行非对称频点
典型覆盖范围	城区1～3km	城区1～3km
基站吞吐量	18Mbit/s（5MHz带宽情况下）	待实际测试
OFDM	支持	支持
MIMO	支持	支持
视距传输	支持非视距	支持非视距
网络安全	高	高
QOS	支持端到端QOS	支持
移动性能	游牧式	支持
产业化成熟度	商用	商用
优点	技术相对成熟，产业链已初步形成	网络结构扁平，相对简单； 国内知识产权技术，得到政策和大公司支持； 技术成型，产业链完备
缺点	网络结构层次多，相对复杂， 在全球移动通信商用网络系统中应用较少	建设成本高， 需建立专业运维体系及人才队伍

（二）无线窄带

在电力系统配用电通信领域应用较多的无线窄带专网技术包括230MHz电台和Mobitex技术。

1. 230MHz电台技术

230MHz无线电台采用230M频段内的国家无线电监测中心批准的15组双工频点和10组单工频点专用频点进行通信，也称为230M无线专网。

230M无线电台采用电力专用频带，具有良好的安全性，采用点对点通信方式，响应速度快，通信延时短，适于突发的数据传输业务。230M无线电台的缺点是：容易受到同频信号干扰或者产生交调干扰；网络通信能力不足，效率较低，全网容量较小。目前，230MHz电台主要用于电力负荷管理系统中。

2. Mobitex专网技术

Mobitex无线专网是一种基于Mobitex技术构建的无线窄带分组数据通信系统。Mobitex技术为蜂窝式分组交换专用数据通信网技术，主要用于传输突发性数据，上、下行数据传输速率均为8kbit/s，频带可以使用电力专用230MHz频段。Mobitex无线专网可以作为一种230M无线电台的升级和替代方式，其缺点在于传输速率较低。

四、无线公网

无线公网通信方案主要是利用公网运营商的通信通道来进行信息传送，根据传送方式的不同，分为无线和有线两种方案。公网有线方案主要分为电话拨号、专线等方式。电话拨号方式应用较少，公网专线［光纤，2M，数字数据网（Digital Data Network，DDN）］方案安全可靠性较好，但租用费用很高。实际应用中无线公网方案使用较多。

无线公网通信是指配用电终端设备通过无线通信模块接入到无线公网，再经由专用光纤网络接入到主站系统的通信方式，目前无线公网通信主要包括通用分组无线服务技术（General Packet Radio Service，GPRS）、码分多址（Code Division Multiple Access，CDMA）、3G（3rd Generation，第三代通信技术）、4G（4th Generation，第四代通信技术）、5G（5th Generation，第五代通信技术）等。GPRS是一种基于全球移动通信系统（Global System for Mobile Communications，GSM）的无线分组交换技术，数据传输速率一般可以达到57.6kbit/s，峰值可达到115～170kbit/s。CDMA技术从扩频通信技术基础上发展起来，传输速率高，理论峰值307.2kbit/s，实际应用可达到153.6kbit/s，传输速率优于GPRS。3G技术主要包括TD-SCDMA、WCDMA、CDMA2000等，4G技术主要包括TD/FDD-LTE等，目前5G在我国商用化进程正在加快推进当中，在配电网中的应用尚处于起步阶段。2020年1月，中国移动联合南方电网公司在深圳完成全球首条5G SA（Stand Alone，独立组网）网络差动保护配网线路测试。初步验证了5G承载智能电网业务的能力。

无线公网通信方式具有建设成本较低的优点，但由于本质上无线公网和互联网是相通的，无线公网通信方式的安全性、可靠性和实时性不能得到保证，无线公网通信方式的通信速率和基站接入用户数目的关系较大，当接入用户数目增加时，通信速率不能保证。表6-4对专网通信方式和无线公网通信方式的技术安全性做了对比。

表6-4　　专网通信和无线公网通信技术安全性比较

项目	专网通信	无线公网（GPRS/CDMA/3G）
安全性	可以保证，可以承载配电网各种类型的业务	尽管采用APN安全机制，但公网核心传输网和互联网是相通的，采用的技术是第三层的隔离技术；安全性不能满足电力需求，不能承载电力控制类业务
实时性	可以保证	基站容量有限，接入终端数目多时不能保证通信速率、实时性
影响因素	不受公众节日，突发事件的影响	由于网络容量有限，重大节假日期间，无线网络的时延会很不确定；突发事件发生时，不能保证无线网络畅通
可靠性	可以保证	运营商一般不能保证网络的可靠性和可用性
通信盲区	无	存在通信盲区，很多配电室在小区地下室，无线公网无法覆盖
可管理性	可以纳入综合网管系统	网络产权属于运营商，不可管理
运营费用	无	需要定期缴纳租用费

五、微功率无线

微功率无线通信设备的发射功率一般在100mW以下，同时对散射功率、功率谱密度等都有严格的限制。微功率无线具有低成本、低功耗、对等通信及组网灵活等优点，但是它的覆盖范围较小，穿透能力较弱。目前应用较多的技术是无线传感器网络。

无线传感器网络（Wireless Sensor Networks，WSN）综合了传感器技术、嵌入式系统技术、网络无线通信技术、分布式信息处理技术等，能够通过各类集成化的微型传感器节点实时监测、感知和采集各种环境或监测对象的信息，而每个传感器节点都具有无线通信功能，并组成一个无线网络，将测量数据通过自组多跳的无线网络方式传送到监控中心。

相对于传统无线网络，无线传感器网络具有以下明显的特征：

（1）网络节点密度高。

（2）功耗低。

（3）成本低。

（4）网络节点间自组织通信。

1. LoRa

长距离无线电（Long Range Radio，LoRa）是semtech（升特）公司私有专利技术，其特点是在同样的功耗条件下比其他无线方式传播的距离更远，实现了低功耗和远距离的统一，它在同样的功耗下比传统的无线射频通信距离扩大3～5倍。其工作频率有433、868、915MHz等，遵循IEEE 802.15.4g标准，采用线性调制扩频（Chirp Spread Spectrum，CSS）、前向纠错（Forward Error Correction，FEC）等技术。单台LoRa网关可以连接成千上万个LoRa节点，电池寿命可长达10年，采用AES128加密，传输速率可达每秒几百至几十千比特。

2. ZigBee

ZigBee是一种无线网络协定，由ZigBee Alliance制定，ZigBee技术理论最高数据传

输速率 250kbit/s，覆盖范围为 10～100m，具有功耗低、数据传输可靠、网络容量大实现成本低等特点。ZigBee 通信网络应用领域主要包括空调系统的温度控制、照明的自动控制、窗帘的自动控制、煤气计量控制、烟雾探测器监测、家用电器的远程控制等。

3. RF433

RF433 是工作在 433MHz 频段的无线通信系统，该频段属于 ISM9 工作频段（无须申请频点）。RF433 无线数传模块具有通信简单、易于实现、成本低、可用小功率和小尺寸天线实现通信等优点，可广泛应用于各种场合的短距离无线通信、工业控制领域，如水、气表的抄收。

六、通信技术的综合对比

表 6-5 从带宽、传输距离、建设成本、可靠性、实时性、安全性、标准化程度、受影响因素等方面对适用于配用电通信网的各种技术进行综合比较，得出配电通信网典型组网方案如图 6-4 所示。

A+类区域以配电自动化“三遥”业务为主，优先采用光纤通信或无线专网；A 类区域包括“三遥”“二遥”业务，应灵活选择光纤、无线或载波通信，“三遥”终端优先选择光纤通信和无线专网；B 类区域以“二遥”业务为主；C、D、E 类区域采用“二遥”方式，考虑网络建设经济成本因素，宜采用无线公网承载为主、其他通信方式为辅的通信方式。

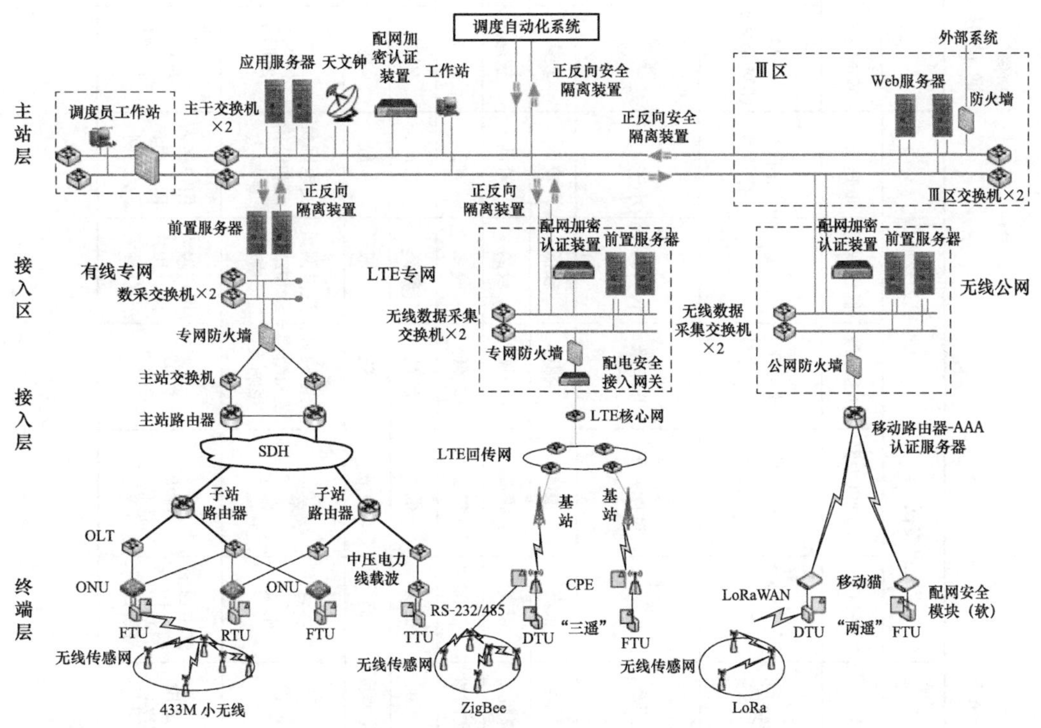

图 6-4　配电通信网典型组网方案

表 6-5 **通信技术综合对比**

通信方式	光纤专网		电力线通信			无线专网				无线公网（GPRS/CDMA/3G）	微功率无线		
	EPON	工业以太网	中压载波	低压宽带	低压窄带	WiMAX	LTE	230M	Mobitex		LoRa	ZigBee	RF433
带宽	1.25G共享	100M或1G共享	十几千比特每秒	200M	几千比特每秒	18M（5M带宽）	待实际测试	几千比特每秒	8kbit/s	50kbit/s/100kbit/s/数百千比特每秒	几十至几百千比特每秒	几十千比特每秒	几十千比特每秒
传输距离	20kM范围	很大，点对点大于20kM	几千米	小于500m	小于1km	城域1～3km	城域1～3km	数十千米	10km	不限	几十至几百米	10～100m	30m
建设成本	很高	很高	较低	较低	较低	较高	很高	一般	一般	运行费高	一般	一般	一般
可靠性	很高	很高	一般	较高	较低	较高	较高	较低	较高	一般	一般	一般	一般
通信实时性	很高	很高	较低	较高	低	较高	较高	较高	较高	不能保证	较高	较高	较高
信息安全	很高	很高	较高	较高	较高	较高	较高	较高	较高	低	一般	一般	一般
标准化程度	高	一般	一般	一般	一般	高	高	高	高	高	较高	较高	较高
影响因素	不受影响	不受影响	受电网负载和结构影响大	受电网负载和结构影响大	受电网负载和结构影响大	天气、地形	天气、地形	天气、地形、容量有限	天气、地形	天气、地形、网络拥塞	天气、地形	天气、地形	天气、地形
主要适用网络	配电通信网、用户接入网	配电通信网	配电通信网	用户接入网，用户室内网	用户接入网，用户室内网	配电通信网	配电通信网	配电通信网	配电通信网	配电通信网	用户接入网，用户室内网	用户接入网，用户室内网	用户接入网，用户室内网

第七章　配电自动化建设新技术

第一节　配电网规划及 DMS 建设中的隔舱技术

一、DMS 传统体系结构的局限性

在我国城乡配电自动化系统（DMS）建设标准及业绩中，多年来一直采用以行政区划为范围，以供配电重要性为建设等级标准的集中监控方式，传统的是以“主站—子站（可选）—终端”为特征的纵向三层或两层体系结构形式，如图 7-1 和图 7-2 所示。

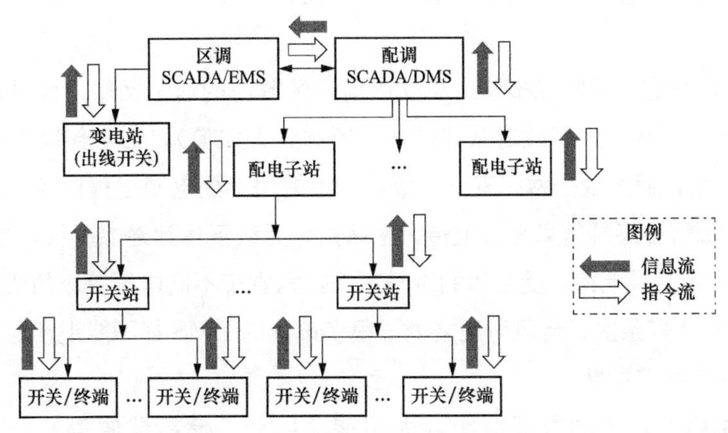

图 7-1　配电自动化系统的三层体系结构（开关站接线方式）

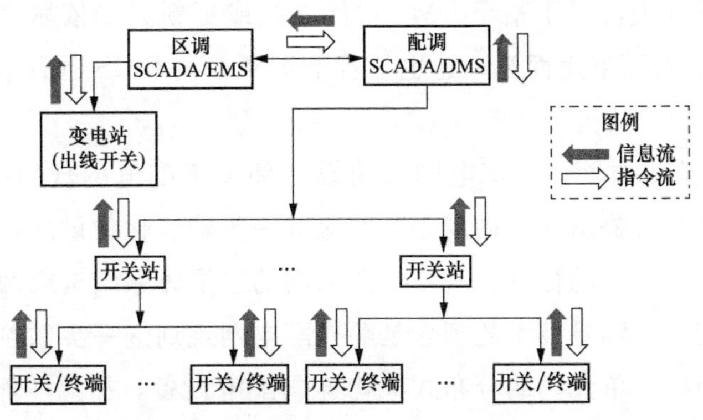

图 7-2　配电自动化系统的两层体系结构（开关站接线方式）

这样的规划方式及建设模式经过多年实践，已经显露出以下突出问题：

（1）传统模式的DMS是一个高度集中的大系统，主站管理着几十甚至几百座变配电站、配电线路和成千上万配电设备（含通信线路、终端设备等），其规模十分庞大，而配电设备的变动又十分频繁（这是DMS区别于EMS的特征之一）。面对如此星罗棋布的网架和日新月异的设备，运行单位要做到DMS资料及时更新，确保DMS时时处处与现场相符是极为困难的。对于管辖区域较大的供电省市级公司，运维部门分区负责，并非一个生产单位，这样系统维护的及时性和一致性更为困难。

一旦DMS信息与现场运行的系统接线和设备参数不相符，其后果将十分严重，重则严重危及人身和设备安全，轻则FA功能策略失误，同时，各管理信息因“失真”而毫无意义。为确保安全，系统管理者不得不将DMS退出运行，这是20世纪初国内大批DMS投运不久，即被迫退出运行的主要原因之一。

（2）传统模式的DMS正常运行的另一难点是：遇有负荷高度集中（如除夕假日）、恶劣天气、自然灾害等异常情况，配电网的障碍或事故常常呈现频发（频繁发生）、并发（同时发生）和继发（上一事故尚未处理，后面事故接踵而至）的特点。此时传统模式的DMS主站将不堪重负，对于变化多端的继发性事故，系统软件常常无能为力而导致瘫痪。

（3）传统DMS应对故障或事故，高度依赖全区域内的通信网络，而且对通信网的速率要求很高。而配电网发生事故时（如倒杆、断线、火灾等），常常伴随着通信网络（如光纤线路）的中断，而无线公网因安全等级差，不能用于配电网远程监控。通信网络一旦异常，则DMS所辖各终端信息无法上传，主站指令无法下达到终端执行，导致整个DMS陷入瘫痪。2019年8月上旬，受台风利奇马影响，六省市不同电压等级的线路跳闸，其中配电线路跳闸4000多条次，台风所到之处，很多市县的DMS都不能正常运行，其重要之一的原因就是通信线路中断。

（4）配电网络及设备随着新能源（太阳能、风能、储能装置等）、充电桩等日益增多，DMS进行软件更新、维护是一大难题。运行单位的运行及维护只局限于信息登录、传递及简单处理，对于整个DMS软件修改或更新只能依靠生产厂商。这使得DMS因难以及时更新而半途而废，这也是若干年来一些DMS建后不久即停运的原因之一。

（5）在配电网规划方面，国家电网公司设备部关于配电网规划有关分区、网格、单元的划分方式，并且提出配电网规划方案应进一步颗粒化的设想，是因地制宜细化配电网结构形式的观念上的提升。现在广泛采用的三层体系结构或两层体系结构与这一设想方案差距较大。隔舱技术的理念是顺应配电网规划进一步颗粒化设想的解决方案。把配电网各网格、单元内的分布式架构连同配电设备，按照“能够实现FA功能的最小单位”为前提，划分成若干个单元舱，是配电网规划进一步颗粒化的具体

体现。

（6）在电力物联网建设和发展方面，传统的DMS体系结构与电力物联网建设不太融合，突出问题是海量数据没有必要全部传输到主站，不可能也没有必要另建通信网，不可能也没有必要另行配置数据采集终端。“数据共享、资源公用”是DMS规划建设的基本原则，也应该是配电网信息化、泛在电力互联网建设的基本原则。

这里涉及边缘计算的“边”如何界定的问题。如果界定到单元级别，则设备数量和数据体量很大，因为单元内的配电设备变动十分频繁，而且单元内并没有设置一个采集单元内所有数据的终端，也没有连接到该终端的通信网；如果细化到每台开关、每台变压器，而目前这类设备采集到的仅仅是本设备的电气参数和相关信息，不具备与其他设备信息交换和管理的条件。

配电网规划中单元舱的设置则比较合理和适用。首先，单元舱是若干参与FA功能的设备组合，其舱门处信息采集、通信条件（无论是与各配电设备的下行，还是与信息管理总站的上行）、电源配置等都已具备，不仅保证了数据采集的一致性，而且将单元舱的舱门后台软件升级到符合物联网数据管理的要求，进行汇集、筛选、加工（由数据加工成信息），则数据传输量将成几何级数的压缩，可实现边缘计算，达到信息化管理的目的。

二、隔舱技术理念的特点

水密隔舱是我国传统造船技艺——水密隔舱福船制造技艺的简称。这一技术经国务院批准列入第二批国家级非物质文化遗产名录，是中国的第五大发明。其基本原理是：将某一体量庞大的大系统，分割成若干个既相对独立又相互关联的小系统。大小系统之间平时保持一定的信息联系和控制关系，一旦系统某处发生事故，若事故并发或者处置时间所限，大系统来不及迅速彻底地处理该事故时，则可以将发生事故的局部小系统隔绝关闭，暂不进行处理，而整个系统仍然可正常运行。我们将这一基本理念，推广应用于其他领域，简称为隔舱技术。

隔舱技术理念在很多领域得到了理想的应用。特别是因为某种能量的过度集聚及而不受控制地释放所造成事故的场合，正反两方面的经验或事故案例分别见表7-1和表7-2。

表7-1　　隔舱技术理念成功应用案例

序	对象	主要措施	效果分析
1	整条船舶制造	底部若干“隔舱”	一舱或数舱进水，整整条船舶照样前行
2	球磨机隔舱板设计	机内以“隔板”分隔	解决“钢球、钢节研磨方式不一样”问题
3	埋地隔舱储油罐	隔开罐内两种油料	结构紧凑、安全性好、实用性强
4	美陆军弹药隔舱	弹药“隔舱”式存储	当车辆被敌方重火力击中时增强战车生存性
5	鱼雷抗晃隔舱技术	隔舱阻止CO_2气体	合理解决“鱼雷提前熄火”的问题

表 7-2　　未正确采用隔舱技术的事故案例

序	对象	事故后果	改进措施	效果分析
1	泰坦尼克号	撞冰山，死亡 1502 人	增加“水密隔舱”数量	避免或延缓沉没
2	2014 年上海外滩	36 人亡，49 人伤	设“隔舱”导流栏栅	变“紊流”为“层流”
3	韩国“世越号”	车辆滑动，整船迅速下沉	船舱内增“隔舱”挡板	避免或延缓沉没

在体量庞大又变动频繁的城乡配电自动化系统（DMS）建设中，针对传统体系结构的局限性，采用隔舱技术理念是一创新而又有益的尝试。该理念应用于 DMS 建设，具有以下优点：①使配电网规划细化、到位；②为电力物联网系统建设、边缘计算等提供合适的架构平台；③FA 功能的实用化、DMS 维护的基层化和常态化。

三、隔舱技术应用于 DMS 建设的特点

将隔舱技术的理念用于配电网规划设计。将分区—网格—单元三层体系结构进一步进行颗粒化的延伸，即在单元内完全依据变电站和配电网的拓扑连接关系（不是以行政区划范围或地形地貌为划分依据），把配电网架和配电设备以“可实现 FA 功能的最小单位”为基本原则，以变电站的出线开关（或新能源并网接入系统的断路器）为舱门，划分为若干个单元舱，如图 7-3 所示。

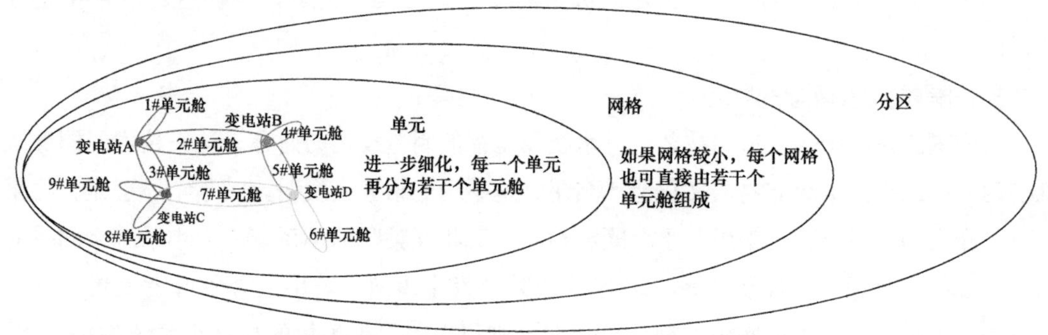

图 7-3　单元舱是分区—网格—单元的颗粒化单位

这里必须指出，普通意义的分区-网格-单元三层体系结构是典型的“因地制宜”的二维形式。各分区、各网架、各单元相互之间依据地理位置划分有明显的分界线，不交叉，不重叠。如果同一分区内中压配电网的电压等级不同或不同变电站，主变压器的接线组别不同，而供电范围有交叉，有的还分布在同一线路廊道内，这样的配电网之间就不具备联络互供的条件。以上情况短期内因投资大、停电难和效益不显著而不可能改变，导致规划建设配电自动化系统受到影响，也给主站系统的建设和维护带来相当的难度。

而单元舱的设置，它是典型的“因网制宜”。可以是二维的，也可以是三维（立体式）的，可以妥善地避开两个“不同”的问题。在同一网格（单元），甚至在同一线路廊道内，我们以单元舱的形式，按照不同电压等级或不同接线组别，重叠设置满足 FA 功能的小单元即单元舱。以两个单元舱为例，上层的单元舱是变电站 A 与变电站 B、变电站 C 的 10kV 线路联络，下层的单元舱是变电站 D 与变电站 E 的 6kV 线路联络。遇有线路故障，

分别在单元舱内部实现FA功能，各行其是，互不干扰。

以某K市局部城区为例，在该区域内建有A1、A2、B、C共4座变电站（见图7-4）。由于历史原因，变电站主变压器分为110kV/10kV（A1、A2），110kV/6kV（B）、35kV/6kV（C）三种类型。市区密布的中压配电线路有10kV线路（图7-4中以红色表示）与6kV线路（图7-4中以洋红色表示），纵横交错，几乎无法按地理区域来进行二维平面式的单元划分。为此，对该网格/单元以单元舱的方式进行三维的立体式的颗粒化细分。以变电站出线开关（不同变电站的出线开关或同一变电站的不同母线出线开关）为舱的边界，对10kV线路和6kV线路分别以“能实现FA功能的最小组合单位”为标准，划分成若干个单元舱（图7-4中，10kV单元舱以青色表示，6kV单元舱以绿色表示）。

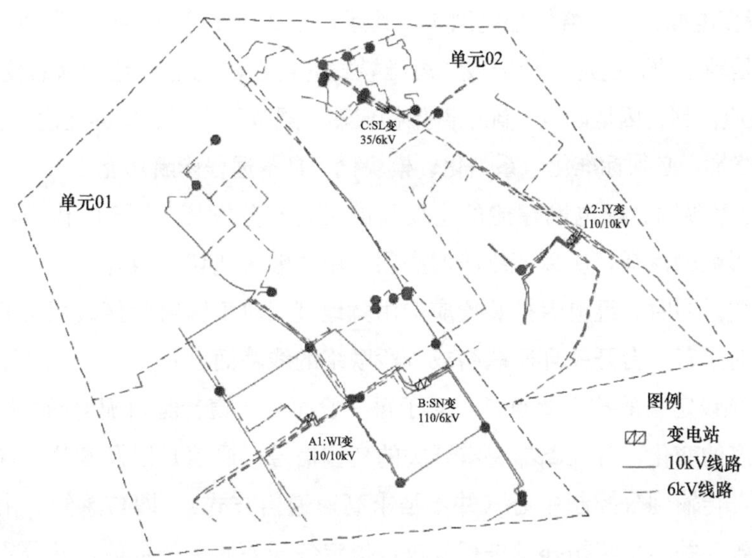

图7-4 某市不同电压等级的配电网单元舱的划分

可以看出，不同电压等级的中压线路分属于不同的单元舱，它们可以是立体的分布，但是在实现FA功能方面互不干扰。

在单元舱内，进一步依据“可实现FA功能”、“配电网数据预处理——对数据按要求进行筛选，及初加工——把数据加工成信息，然后上传总站”以及“为电力物联网提供边缘计算平台”为准则，构建单元舱—支线舱—用户舱的三层体系结构。

配电网中以单元舱形式能最大限度地满足馈线自动化常态化、配电网规划颗粒化和泛在电力互联网边缘计算的需求，无须再分割为更小的组态形式，否则，上述三项性能均不能实现。

四、基于隔舱技术理念的DMS建设方案

（一）基本原则

采用隔舱式的配电网结构形式，配合以先进、可靠、实用的配电设备及其附件（如快速断路器、一二次融合的新型传感器、可靠实用多样化的通信手段、性能可靠的后备操作

电源等)，即可以构建一种全新的DMS体系结构，将给目前的DMS建设和配电网的运行和管理水平带来根本性的变化。规划建设隔舱型DMS的基本原则如下：

(1) 变电站出线开关的分合闸命令只能由EMS下达。DMS建设的基本原则是：配电网调控一体化的模式不变，EMS系统运行策略不变，EMS系统所辖变电站出线开关的保护定值不变，出线开关分合闸操作的“命令单一化”原则不变，即只能由EMS系统下达。DMS提出的变电站出线开关的分合闸动作需求，必须经EMS核定后，由EMS下达指令并执行。其目的在于，万一DMS拒动或失灵，不会降低原有EMS系统的安全运行水平。

(2) 因地制宜。因配电网络的复杂性和配电设备的多样化，决定了隔舱技术应用于DMS的多样性：舱的设计可大可小，舱的层次可多可少，舱的范围可扩可变。对于多分段“手拉手”或者多电源、多联络的配电网络，其运行方式更是多种多样，所以“舱”的划分和界定也必须是动态的。这是区别于传统思维模式的创新，也是隔舱技术的技术要点所在。DMS规划建设应做到：因地制宜，配电网架构成熟、规范、稳定、差异化发展。但是具体到各配电设备及终端，必须标准化、系列化、模块化、具备远程诊断功能。

(3) FA方案预制。配电网建舱的主要目的是，充分发挥DMS的作用，最大限度地缩小配电事故影响的范围，所以各级舱门必须选用能够快速切断故障电流的断路器，而不能选用负荷开关。同时，继电保护装置应选用就地型（对于辐射状接线而言）或纵差保护快速动作型（对于若干台开关环网联络或分段联络的线路而言）。

“FA方案预设定”的技术要点是：对于每一舱而言，随着舱内配电网接线方式、运行方式或检修状态的变化，各断路器将本开关的变位信号（遥信）以及潮流方向信号通过正常的通信手段，传输到分控制中心（并不强求高速通信方式)，即自感知。由分控制中心构建舱内范围各开关的系统拓扑图进行分析，拟定各开关的保护定值，并分别下达到各断路器。各断路器所接收的拓扑图应校核回复，确保相互一致，以此预先设定好保护动作的有关参数定值（即自适应)。

(4) 故障或事故发生后的自动判断和隔离。故障或事故一旦发生，各断路器不依靠系统总站或分控制中心下达控制指令，而依靠自身所采集的电气参数异常信息，由继电保护装置立即判断故障或事故类型（即自诊断)。同时，按照预先设定的继电保护动作策略和方式，断路器自动行使故障或事故隔离功能（即自动作)。

(5) 非故障段的恢复供电。针对不同类型的故障或事故，各断路器继电保护装置动作后，将有关信息上传至分控制中心，再由分控制中心根据各断路器的相关信息，判断故障或事故发生的类型和区段，再依据当时的各分段负荷情况等执行相应的馈线自动化功能策略，给有关断路器下达有关分合闸命令，以实现故障或事故的隔离和非故障段的恢复供电。

(6) 分控制中心在进行上述处理后，将动作过程信息和变化后的拓扑关系等主动上传到总站（即自上传)。同时，依据变动后的舱内各断路器的拓扑关系，向各断路器下达新的继电保护方案和策略，为下一次应对故障或事故作准备（即自重构)。这一系列“自感

知—自适应—自诊断—自动作—自上传—自重构”的过程，是隔舱式DMS智能化处理故障或事故的特征之一。

（7）多层后备原则。隔舱型DMS运行时，遇有舱内出现异常（如各断路器接收到的系统拓扑图不一致，电源电压异常、通信通道异常等），则该舱门应立即自动关闭（即FA功能退出）并将异常信息上报，直到异常情况排除。这时，由该小舱的上一级更大的中舱，行使后备功能，进行故障或事故分析和执行正确的FA功能策略。

当遇有整个单元舱内扩建施工、设备异动、检修而系统来不及更新修改时，都与此类似，由人工设置该单元舱的FA功能退出。而此时，其他各大舱照常运行，这就是隔舱型DMS可以常态化运行的创新之处。

为提高系统运行的可靠性，分控制中心可以设置在同一小系统的不同变电站，由总管理/控制中心依据系统运行情况和设备的状态情况，决定分控制中心处于运行状态或后备状态。这也是一种实用的后备形式。

综上所述，在隔舱技术建设的DMS中，变电站的继电保护定值保持不变，整个配电网的安全运行水平没有任何降低，更不会使配电故障或事故扩大化。

（二）隔舱型DMS的馈线自动化方案

随着新能源接入配电网，配电网的结构形式和运行方式越来越多样化，表现为配电网结构的多样性，运行方式的复杂性和配电设备的差异性等。

（1）架空线路接线方式。典型的架空线路接线方式如图7-5～图7-7所示。

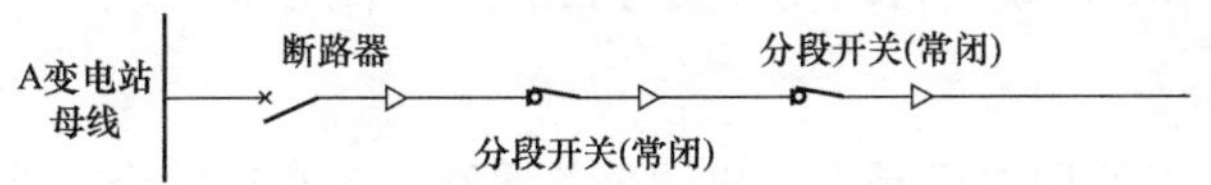

图7-5 配电网架空线路单辐射接线示意图

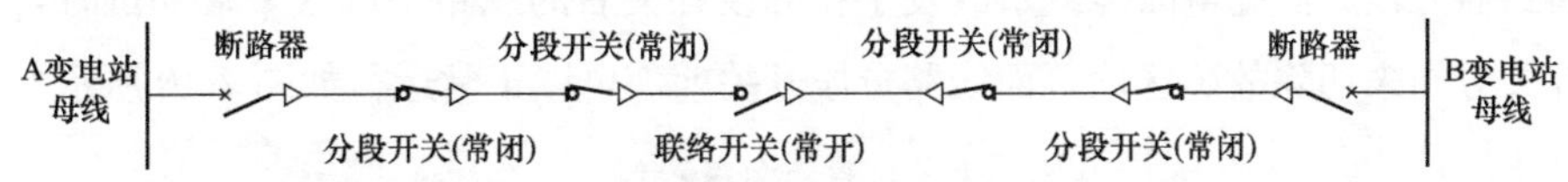

图7-6 配电网架空线路多分段单联络接线示意图

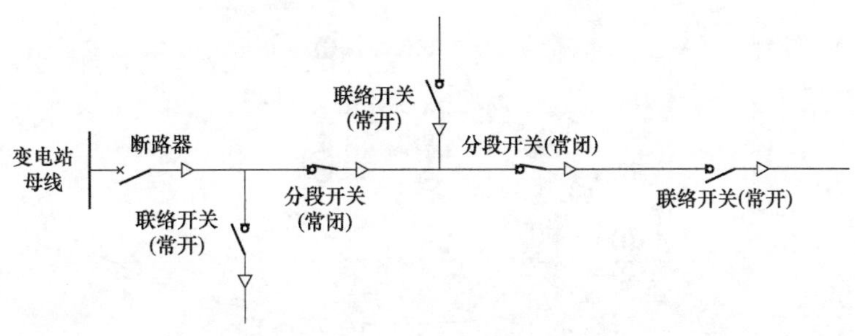

图7-7 配电网架空线路多分段适度联络接线示意图

（2）典型的电缆线路。电缆线路主要集中在城市中心区及居民小区，通常采取环网接线、开环运行方式。电缆线路基本是多分段联络或双射接线供电，只有极少数采用单射接线方式。典型的电缆网典型接线方式如图 7-8 和图 7-9 所示。

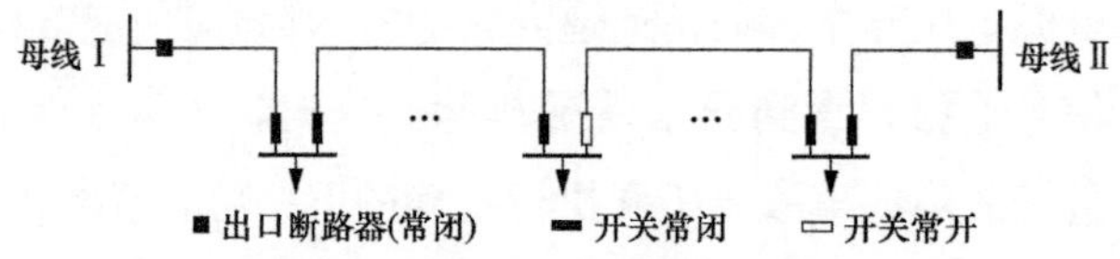

图 7-8　配电网电缆线路双侧电源单环式接线示意图

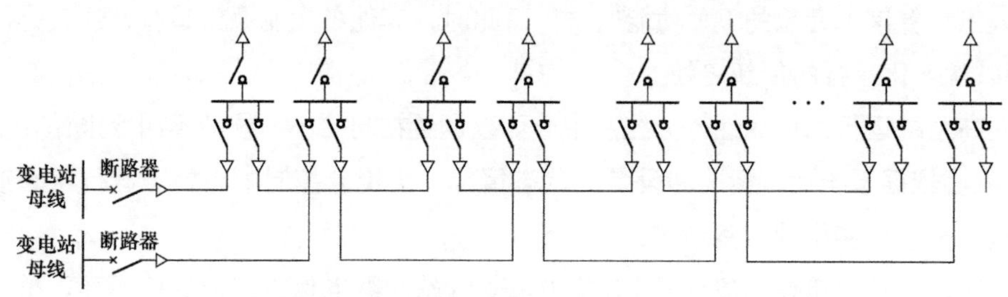

图 7-9　配电网电缆线路单侧电源双射式接线示意图

从馈线自动化的实现角度来看，中压配电网的结构形式无论是架空线路还是电缆线路，其核心问题是配电网的联络互供能力和效果如何，如：非故障段负荷能否不停电、短时停电后能否联络互供、转带负荷容量有无限制、负荷转带过程中停电时间长短、能否适应配电事故频发/并发/继发的特点要求等。

因此，隔舱型 DMS 的馈线自动化方案可归纳为以下几种类型：

1. 辐射状线路类型

不论是单用户的专线用户还是多用户的公共线路，此类线路有一个共同特点，即所有用户只有单一电源，没有其他电源可以互供联络，所以其互供能力是最差的。但是，当线路有多台断路器分段，而配电故障或事故发生在分段开关后的线路中部或末端部位时，可以通过分段开关分闸来切除故障区段，而线路分段开关前部可以正常运行如图 7-10 所示。

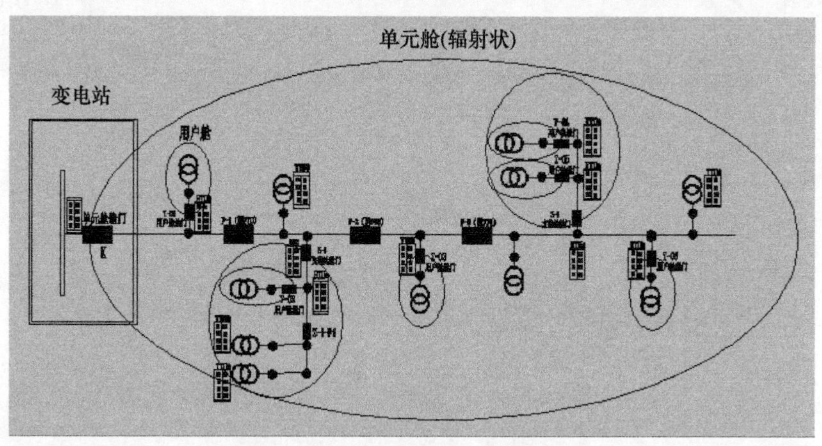

图 7-10　辐射状线路的单元舱设置

图 7-10 中，变电站设单元舱舱门断路器，各大用户装设分界断路器，整个用户的供用电设施称之为用户舱，图中用 Y 表示。分界断路器则称之为用户舱舱门断路器。分界断路器具体装设的要求视变压器容量大小，由当地供电管理部门根据配电网结构以及用户的用电性质而定。本实例中是 400kVA 及以上的用户。

凡装设用户舱舱门断路器的用户，同时装设加强型 FTU（图中用 FTU* 表示），所谓加强型是指除了正常的 FTU 监控、保护、通信及馈线自动化功能外，还应在系统架构上具有扩展性，即能够对其他数据进行接收、处理和转发。这一数据预处理和边缘计算功能是为后续的泛在物联网提供平台和条件。

当用户内部发生故障或事故时，用户舱的舱门断路器正确动作，确保用户内部故障或事故不引起变电站出线开关跳闸；当用户分界断路器发生故障或外部线路发生故障时，由线路的支线舱舱门断路器动作来作为后备保护。当该用户直接接于干线或者所在支线未装设支线舱舱门断路器时，只能由干线的分段断路器动作，来保证事故跳闸的灵敏度和选择性。

2. 单联络“手拉手”线路类型

图 7-11 显示的是单联络（俗称“手拉手”型）线路的接线方式。这里，主干线上设置若干台干线分段断路器、每条支线上设置一台支线舱舱门断路器和若干支线分段断路器（视具体情况而定），每一电力大用户的分界断路器设置要求同上。其中，变电站 A 和 B 的出线断路器又称为单元舱舱门断路器。线路联络开关处于分闸状态，其余断路器处于合闸状态。

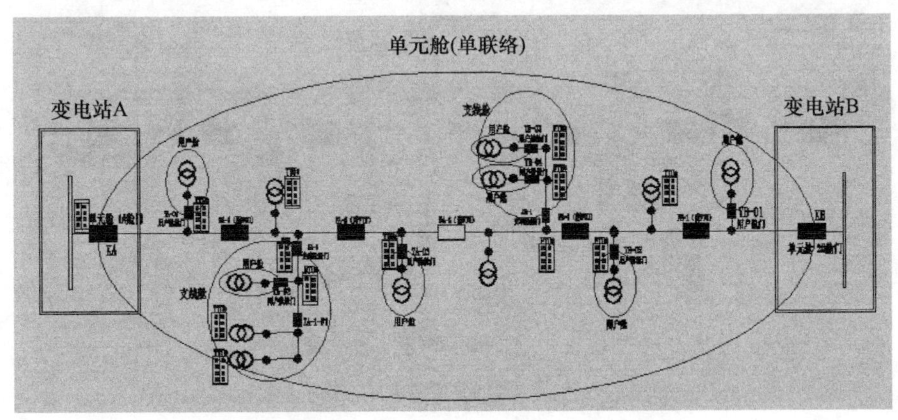

图 7-11　单联络“手拉手”线路类型的单元舱设置

平时，由各断路器将开关位置信号及电力潮流信号发送至变电站 A 的单元舱终端（不需要高速通信，也不需要高安全等级的通信手段），该终端则根据即时的拓扑关系，将相应的保护定值方案下达给各断路器（通信手段同上）。在实际运行中，是各断路器预先设定若干套保护定值方案，这时只要下达预定方案的编号即可。

遇有用户内部发生故障或事故，分界断路器的动作过程与上述内容相同；当支线线路发生故障或干线某处发生故障，由各相关断路器动作，亦不难分析理解；某一断路器拒动或误动，则上一级断路器保护作为后备保护，直至由变电站出线断路器动作来保证整个单元舱的灵敏度和选择性，在此不详述。

凡断路器发生变位动作后（即由合闸位置，变为分闸位置），立即将变位信号发送至“单元舱终端”即分控制中心。如果是某一用户发生故障或支线某一段发生故障，仅发送变位动作信号，因为无后备电源可以提供（对于用户来讲，可以切换至第二电源或启用自备电源）。

如果是主干线某一段因故障发生跳闸，则终端（分控制中心）根据当时的系统的设备和负荷情况，判定能否转带非故障段负荷，能带几段负荷；判定后，下发遥控指令到相关断路器，进行非故障段的恢复供电。同时，该终端将以上处理过程上传至DMS系统总站。

必须指出：变电站B的单元舱终端是变电站A单元舱终端的后备，两者性能一样。遇有变电站A单元舱终端检修测试或出现故障，则由总站下发变更指令，由变电站B的单元舱终端行使该单元舱的管辖权。

3. 多联络线路类型

图7-12显示的是双联络型接线方式——变电站A、B、C的单元舱舱门断路器、主干线上的干线分段断路器、支线上的支线舱舱门断路器和电力大用户的分界断路器设置原则和方法，以及故障发生后的判断和动作过程与上一节相同。

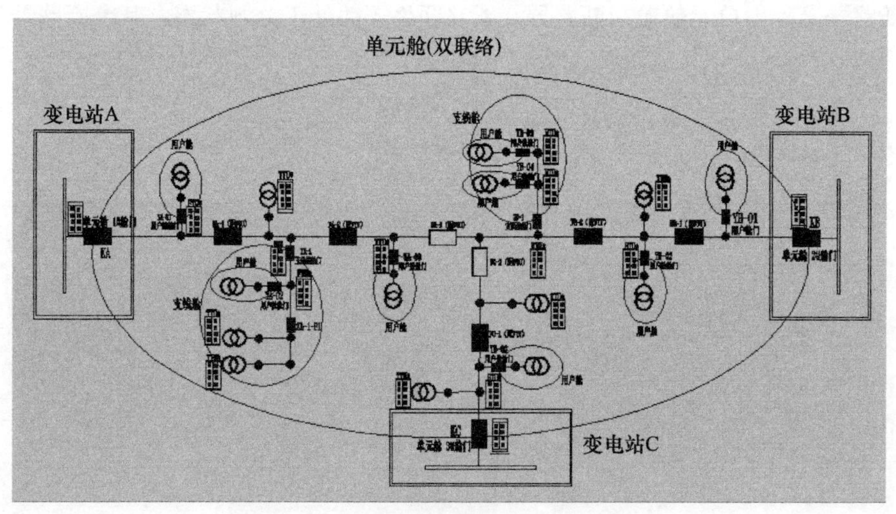

图7-12　多联络线路类型的单元舱设置

如果某主干线因故障发生某一分段断路器跳闸，则终端（分控制中心）如何根据当时的系统的设备和负荷情况判定能否转带非故障段负荷，能带几段负荷，其起始条件和边界条件比较复杂。特别是三个电源的接线方式有多种，转带之前的负荷情况必须清楚才能下发遥控指令到相关断路器，进行非故障段的恢复供电。这是由FA功能软件的性能所决定的，现场只能按照软件的结论意见执行。

同样，事故处理终端将所有处理过程上传至 DMS 系统总站。变电站 A、B、C 的单元舱终端都是互为后备，三者性能相同。一般情况下，单元终端设置“一主一备”基本能满足要求。

4. 新能源接入型

图 7-13 显示的是新能源接入型的配电网接线方式，它与双联络接线方式大体相同，区别在于：

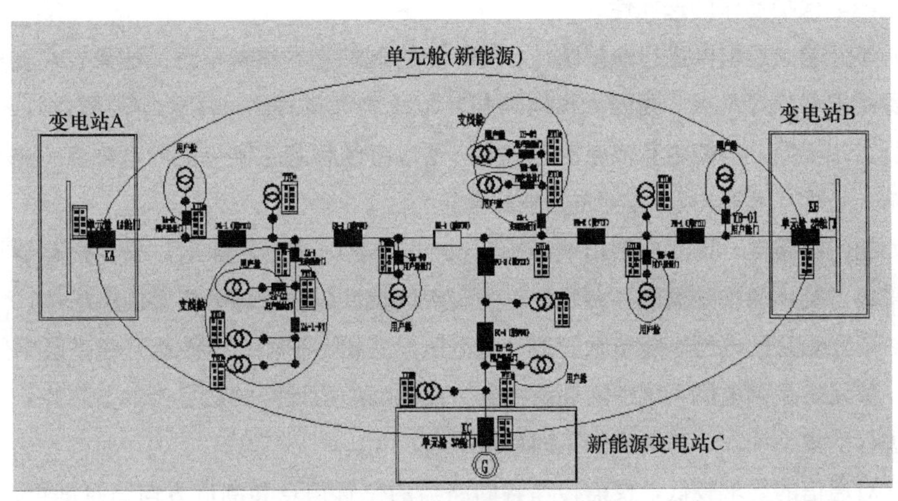

图 7-13 新能源配电网接线方式

（1）新能源变电站 C 是一个具有双向功能的特殊用户，既可以向电网提供电能，也可以从电网接受电能。所以，其舱门断路器的电气参数和实时数据中，潮流方向是一重要指标。

（2）新能源变电站 C 和变电站 B 是闭环运行的，可以随时消纳新能源用户上网发送的电能。所以，断路器的继电保护装置动作方式和整定不能简单套用双联络线路的接线方式。

（三）隔舱技术用于 DMS 建设的特点

隔舱技术用于 DMS 建设，与传统三层体系结构或两层体系结构的差别在于对信息处理的分类和 FA 功能的权限不同，如表 7-3 所示。

表 7-3　　各种 DMS 体系结构的功能比较

类　型	三层体系结构	两层体系结构	隔舱式 DMS 体系结构
实时信息	经子站上传主站	上传系统主站	终端采集、舱门处汇集并上传
离线信息	经子站上传主站	上传系统主站	各舱门加工，然后上传，直至总站
FA 功能	系统主站或子站	系统主站	各单元舱分布式就地处理
FA 功能后备	无后备	无后备	由总站指令单元舱舱门的后备
网络重构	主站或子站下达指令	系统主站	各单元舱自适应并上报总站
配网维护	停子站或主站	停主站	停相应的单元舱
系统扩容	停子站或主站	停主站	有关单元舱停运，其他单元舱正常运行
系统维护	任何变动由厂商维护	厂商维护	单元舱的变动由基层维护，总站系统由厂商维护

隔舱技术的理念是DMS建设的一种创新性思维方式，有以下功能特点：

(1) 故障/事故处理的就地化（FA功能）及事故处理范围的最小化，适应配电网事故频发、并发和继发的需求，有利于配电网供电可靠性的提升。

(2) 单元舱的设置因网制宜，灵活多样，可以是单元下的直辖区域，也可以是网格下的直辖区域。

(3) 各干线分段断路器或支线分段断路器必须是快速开关，形成时间级差，以保证配电网事故继电保护动作的选择性。

(4) 单元舱是配电网进行线损统计、分析、管理的基本核算单位。如果仅在变电站出线处设置线损考核计量点，则因为该线路与其他线路互供联络（不论何种形式），同一用户因运行方式不同，可能由其他电源点供电，所以必须将有互供可能的电源点一并包容在内（即纳入一个单元舱内），才能进行线损计算。

单元舱门断路器（即变电站出线断路器）、支线舱门断路器和用户分界断路器均有各类数据采集、统计和预处理的后台软件，为实现区域性线损管理分析等创造条件。

(5) 单元舱是配电网电能质量管理（低电压、三相不平衡、谐波等）的基层单位。

(6) 单元舱是配电网系统中实现泛在电力互联网边缘计算的最适当的分界点，是将海量数据进行汇集、统计、筛选和加工的最佳平台。

(7) 对通信的要求较低，仅需传递各断路器的位置信息和潮流方向信息即可，而且，通信的距离短，不要求实时和高速，可靠性高、抗干扰能力强。

(8) 采用隔舱技术的理念，遵循“总体规划、因地制宜、逐步建设、不断完善”的原则，系统建设初期即使只有少量的投资，也可以在小范围内建设若干个“单元舱”，一旦建成，即可见到成效、发挥效益。

(9) 对于已经建成的DMS，如果引用隔舱技术的理念，重新规划并应用于DMS建设，则不需要将现存的DMS全部停运，而只要将局部线路、设备分区域逐步完善和升级，分步建设若干个单元舱，就可以小范围运行，发挥效益。经过一段时间的相继建设，整个系统就能恢复正常运行。

(10) 系统维护基层化。因为单元舱是实现FA功能的最小单位，各种DMS都可看成是若干不同类型基本模块的组合，所以，只要各基本模块做到标准化、模块化、易维护，则单元舱的维护（含硬件的插拔替换和FA功能软件的变更和升级）就可以由运维部门的基层单位来进行，实现DMS运维的常态化。与传统模式的系统维护相比较，这是一重大改进和提高，直接关系到DMS运行的长效性，具体包括：

1) 单元舱的接线方式规范、保护装置定值设定及各终端的功能设计都可以规范化、通用化、易检测、易维护、易互换，实现维护基层化；

2) 各舱门软件经济实用，硬件规模化生产，成本低，方便后台功能升级；

3) 对数据进行初加工，“舱”内将数据加工成信息，大大减少传输工作量；

4）兼顾非电量信息采集，舱内采集，舱内加工；

5）促进生产设备管理，各舱传输相关信息，总站汇集成大数据。

（11）系统扩容在线化包括：

1）各单元舱内正常维护、扩容等作业，其他单元舱仍可正常运行；

2）多单元舱平行作业，仅需停运相关单元舱即可，其他单元舱仍可正常运行；

3）方便扩容，利于单元舱数量的增加，此时，不影响已建成的单元舱的运行；

4）因为总站主要行使管理职能，所以在总站扩展开发高级应用软件时总站停运，不影响各单元舱 FA 功能的发挥；

5）适应智能化新技术发展，必要时仅需停相关单元舱即可。

五、隔舱式 DMS 建设的关键技术及实例

（一）隔舱式 DMS 建设的关键技术

隔舱式 DMS 成功地实现馈线自动化功能，必须有以下设备或技术为支撑：

1. 快速动作的断路器

为提高配电网供电可靠性，必须保证配电网发生故障时各分段断路器既能灵敏跳闸，又必须动作正确，不拒动不误动，兼顾灵敏度和选择性两项指标。其中，选择性更为重要，因为它关系到配电网某处发生故障会不会引起主干线跳闸甚至是变电站出线开关跳闸。

传统的做法是：依靠电流整定值或者时间级差来保证。对于城市已大量采用的电缆线路而言，其线路长度较短，负荷密度又大，线路阻抗很小，这些都使得依靠电流整定值的差异来保证选择性几乎无法办到。为此，必须依靠时间级差来保证选择性。这就要求在配电线路中，切断故障电流的断路器必须有足够快的动作速度。只有动作速度快，才能在有限的时间间隔内设置多级保护来保证选择性。然而，通常采用弹簧操动机构的 10kV 真空断路器，其固有分闸时间为 40～60ms，加上信号采集、处理、发出跳闸指令的时间及其他附加延时，从故障发生到故障全部切断的时间将会长达 80ms 甚至更长。而快速开关使用高速涡流驱动能实现 5ms 以内分闸，并控制快速换流器动作，保证在 20ms 内将故障线路切除或深度串入限流器。这就使得以 40～60ms（2～3 个周波）作为时间级差成为可能。

在一定场合下，也可以选用永磁机构的快速动作的户外真空断路器。

以快速动作的断路器作为隔舱技术设计中的各舱门断路器或分段断路器，这一产品的采用使全新理念的隔舱式 DMS 规划设计成为可能。

2. 具备就地保护动作的“分界开关”

有关资料显示，约有 70%的配电网故障或事故来自用户，所以要提升供电可靠性，必须严把用户分界断路器选型质量关。

除了接有新能源并网的配电线路外，对于 DMS 规划设计中大量的“手拉手”、多电源

接线方式，其基本运行方式都可以看成是单电源的辐射状线路（闭环接线，开环运行），而对于隔舱技术设计则是以单电源辐射状线路作为支线舱。这样，单电源的辐射状线路中支线舱门断路器的分合闸就是舱门的开与关。用户电源接入点处的断路器一般称之为分界开关，其继电保护特性，直接影响到隔舱技术规划设计的效果。目前当有用户内部故障或事故时，分界开关能够成功地实现配电网的故障就地隔离，包括相间故障的就地隔离和接地故障的隔离，这就为隔舱型 DMS 的总体设计和快速开关的普遍应用提供了良好的条件。

3. 配电网分布式全线快速保护

接入配电线路的新能源有风能、太阳能等，也有随机接入的储能装置，其基本接入方式都是相近的。对于这些电力用户，继电保护原理就不能简单地采用分界开关模式，必须量身定制。目前，智能配电网分布式全线快速保护建立了不依赖主站系统且能自动适应配电网运行方式，如合环、解环、花瓣式等复杂网络拓扑结构的智能配电网分布式快速保护系统，实现对配电网一次设备运行的安全防护和运行信息的数字化采集等的综合应用，解决传统配电网快速保护和故障处理中存在的诸多问题，全面提升智能配电网运行的稳定性，显著减少配电设备的停电时间，缩小配电网的故障停电范围，有效提高配电网的管理水平和运行维护效率。

此外，可靠的通信（近距离、双工型）和电源装置也是隔舱型 DMS 建设共用的技术条件，如图 7-14 所示。

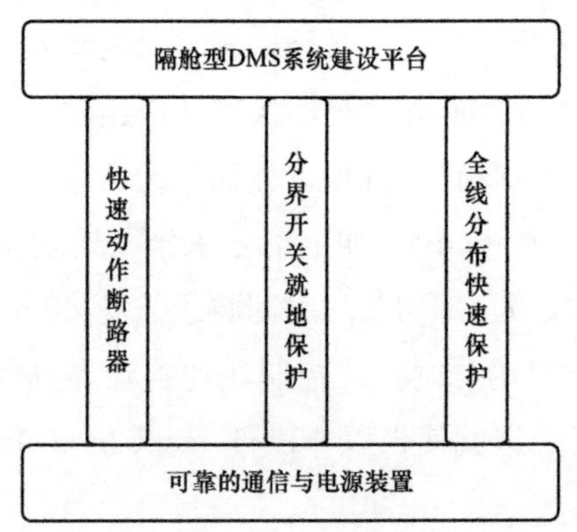

图 7-14　隔舱型 DMS 建设与相关新技术的关系

（二）隔舱式 DMS 建设的实例

和田市位于新疆维吾尔自治区最南端，总面积 585.11km²，人口 38.02 万人。如 2019 年，和田供电公司开展了配电网及 DMS 建设规划的设计，其核心供电区供电网格划分如表 7-4 所示。和田供电公司经过技术论证，在和田市城区试点建设隔舱型 DMS，示意图如图 7-15 所示。

表 7-4　　和田市核心供电区供电网格划分结果

供电网格名称	供电网格编号	供电网格面积（km^2）	主供电源	辅供电源
主城分区西部网格	HT-HTS-ZCXB	9.47	110kV 和宁变电站	35kV 城西开关站
主城分区东部网格	HT-HTS-ZCDB	9.89	110kV 和宁变电站	110kV 滨河变电站

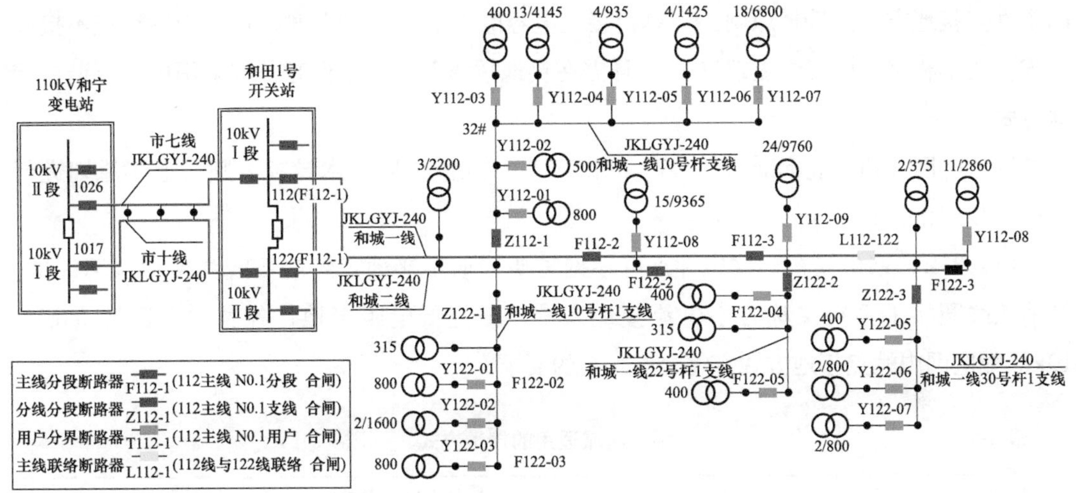

图 7-15　和田市隔舱型 DMS 建设示意图

图中，红色方块是干线断路器，洋红色方块是支线断路器，青色方块是用户分界断路器（目前已投运的约 50%）。这是典型的单联络供电方式，其电源分别来自 110kV 和宁变电站（原名 110kV 和田变电站）两段母线，接线方式是“七开关八分段”（现状是“四开关五分段”），10kV 和城一线和和城二线主干线均为 240mm^2 导线，具备一定的互供能力。

有关动作原理、技术要点如前所述。隔舱型 DMS 实施过程中，设备选型十分关键，要综合考虑产品的性能、价格、扩展性、后期维护、通信方式、调度隶属关系、信息交换和安全防护等问题，所以这是一个系统工程，也是区别于调度自动化系统（EMS）建设的一个重要特征。

第二节　配电网单相接地故障处理技术

我国中压配电网主要是指 3～66kV 几个电压等级的电网，在电力系统中量大面广，占有重要的地位。配电网单相接地故障处理问题是困扰现场多年的一个难题，发生单相接地故障后，一般采用人工试拉路方法进行故障选线，用人工巡线方法进行故障定位，降低了供电可靠性和经济性。为此，需要研究单相接地故障处理技术，以正确认识小电流接地系统的特殊性，找到解决问题的办法，同时为配电网未来的发展做出规划。

一、配电网中性点接地及运行方式

（一）国内外中性点接地方式选择

国内配电网的中性点接地方式分为直接接地、经消弧线圈接地、经电阻接地和不接地四种。选择中性点接地方式需考虑供电可靠性（如停电次数、停电持续时间、影响范围等）、安全因素（如熄弧和防触电的处理速度、跨步电压等）、过电压因素和继电保护的方便性等。

GB 50064—2014《交流电气装置的过电压保护和绝缘配合设计规范》推荐了我国配电网中性点接地方式的选择原则：当单相接地电容电流不大于10A时，可采用中性点不接地方式；当单相接地电容电流超过10A且需在接地故障条件下运行时，应采用中性点谐振接地方式。

国家电网公司企业标准 Q/GDW 10370—2016《配电网技术导则》则对上述原则进行了进一步细化，其第5.8条规定：

（1）35kV、10kV配电网中性点可根据需要采取不接地、经消弧线圈接地（不接地、经消弧线圈接地系统又称为小电流接地系统）或经低电阻接地；各类供电区域35kV、10kV配电网中性点接地方式宜符合表7-5的要求。

表7-5　供电区域适用的接地方式

规划供电区域	中性点接地方式		
	低电阻接地	消弧线圈接地	不接地
A+	√	—	—
A	√	√	—
B	√	√	—
C	—	√	√
D	—	√	√
E	—	—	√

（2）按单相接地故障电容电流考虑，35kV配电网中性点接地方式选择应符合以下原则：

1）单相接地故障电容电流在10A及以下，宜采用中性点不接地方式；

2）单相接地故障电容电流在10～100A，宜采用中性点经消弧线圈接地方式，接地电流宜控制在10A以内；

3）单相接地故障电容电流达到100A以上，或以电缆网为主时，应采用中性点经低电阻接地方式；

4）单相接地故障电流应控制在1000A以下。

（3）按单相接地故障电容电流考虑，10kV配电网中性点接地方式选择应符合以下原则：

1）单相接地故障电容电流在10A及以下，宜采用中性点不接地方式；

2）单相接地故障电容电流超过10A且小于100～150A，宜采用中性点经消弧线圈接地方式；

3）单相接地故障电容电流超过100～150A以上，或以电缆网为主时，宜采用中性点经低电阻接地方式；

4）同一规划区域内宜采用相同的中性点接地方式，以利于负荷转供。

欧美主要国家对中性点接地方式改造及探索情况介绍如下。

法国：早期采用中性点不接地方式，部分地区采用短接故障相母线灭弧，在20世纪60年代初改为低阻抗接地。从90年代初开始，为提高供电可靠性，降低接地点地电位，架空网络以及架空与电缆混合网络改为消弧线圈接地。

意大利：最早实行的是经电阻接地的方式，当线路有故障时通过瞬时跳闸进行灭弧隔离故障点。自2000年开始，意大利电力部门为提高供电可靠性，开始对配电网中性点接地方式实施改造，将部分变电站改造为经消弧线圈接地。改造后，意大利单相接地故障减少了近50％。

英国：英国Northern Electric公司为提高供电可靠性，1996年逐步将其架空网络由低电阻接地改为消弧线圈接地。中性点增加消弧线圈，原低电阻在永久故障时投入，使保护动作。

爱尔兰：爱尔兰电网公司（ESB）为适应负荷增长需要，将部分配电网电压由10kV升级为20kV，接地方式改为低电阻接地。2008年开始试验将低电阻接地方式改为经消弧线圈接地的方式，当时也进行了中性点不接地＋短接故障相母线灭弧的试验工作。

巴西：采用了中性点采用直接接地方式，但其认为存在严重的安全问题，耐受接地电阻能力只有10Ω。Rio Grande do Sul（南大河州）RGE Sul公司调研认为采用谐振接地能够提高供电可靠性，减少触电事故。2009年，将Novo Hamburgo1号变电站中性点改为消弧线圈接地，将Novo Hamburgo2号变电站与Candus变电站中性点改为有源接地（消弧线圈与电力电子逆变器并联）。这三个变电站自改造以来供电线路没有发生过触电事故、瞬时性故障造成的停电减少50％、接地保护耐接地电阻的能力达到3kΩ。

捷克：为大型电缆网络（电容电流达800A），采用了“谐振接地＋短接故障相”技术。谐振接地系统电缆故障因击穿电压低，存在间歇性故障，易产生过电压危害。短接故障相母线，可转移故障点电流，避免接地点间歇性击穿。因此，采用了短接故障相技术用于大电容电流（超过600A）电缆谐振接地系统中消弧。但伴随的后果是：①发生金属性接地故障时，负荷电流可能会造成接地点电流增大；②架空网络里使用短接故障相（Fault Phase Eathing，FPE），雷雨季节时短接开关会频繁动作，影响动作可靠性。

另外，德国、俄罗斯以及日本等国家目前一般采用小电流接地方式。其中，德国于1916年投入使用消弧线圈接地，是世界上第一个采用该种接地方式的国家，目前德国配电网普遍采用经消弧线圈接地；俄罗斯目前的中性点接地方式为当接地电流小于20A时，采用中性点不接地方式；当接地电流大于20A时，采用消弧线圈接地方式；日本目前的中性点接地方式为22kV架空网络采用低电阻接地，电缆网络采用经消弧线圈或经低电阻接地，6.6kV 网络全部采用中性点不接地方式。美国配电网的中性点接地方式不统一，据2018 年最新统计，各中性点接地方式在美国城市配电网中所占比例为：直接接地或经低电阻接地占 71%，消弧线圈接地占 12%，不接地占 10.5%，经小电抗接地占 6.5%。

（二）中性点直接接地运行方式

中性点直接接地系统如图 7-16 所示，发生接地故障发生后，接地点与大地经中性点和相导线形成故障回路，因此故障相有较大的接地电流流过。

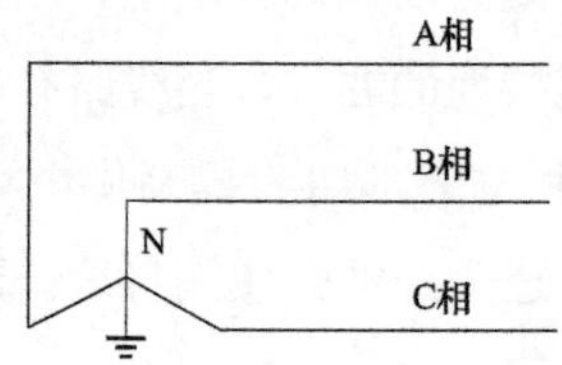

图 7-16　中性点直接接地系统

为了保证设备不损坏，断路器必须快速动作切除故障线路。结合单相接地故障发生的概率，这种接地方式对于用户供电的可靠性最低。另外，这种中性点接地系统发生单相接地故障时，接地相电压降低，电流增大，而非接地线电压和电流几乎不变，因此该接地方式不考虑过电压问题。

（三）中性点经消弧线圈接地运行方式

中性点经消弧线圈接地系统如图 7-17 所示，正常运行时接于中性点与大地之间的消弧线圈无电流流过，消弧线圈不起作用。当接地故障发生后，中性点将出现零序电压。在此电压的作用下，将有感性电流流过消弧线圈并注入发生了接地故障的电力系统，从而抵消在接地点流过的容性接地电流，消除或减轻接地电弧电流造成的危害。

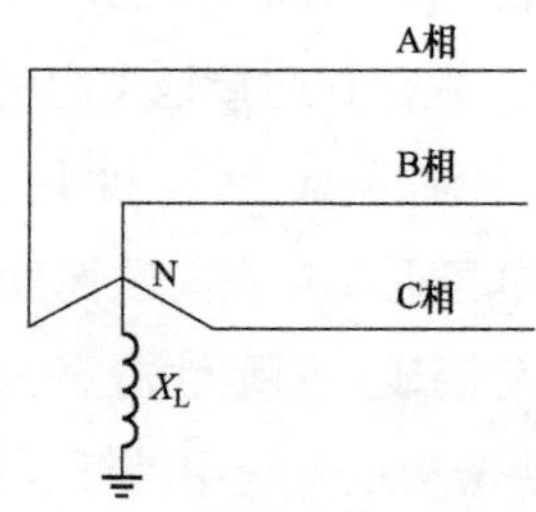

图 7-17　中性点经消弧线圈接地系统

中性点经消弧线圈接地解决了中性点不接地运行方式中，当系统电容电流较大时，电弧接地故障难以自动消除的问题；保留了中性点不接地运行方式中，可避免瞬间接地故障对电网运行影响的优点。

由于采用过补偿运行方式，残流较小，造成接地故障辨识困难，提高了接地选线（或零序保护）、接地故障定位设备的研发、制造及运维难度。如果该类设备不能快速、准确

的选线，则需对出线进行拉合试验，反而增加了故障停电时间，降低了供电可靠性。

中性点经消弧线圈接地方式也允许长时间带故障运行，引发的问题和中性点不接地运行方式类似。在该运行方式中，可有效避免铁磁谐振过电压，但增加了发生串联谐振的几率，存在接地残留控制与避免串联谐振之间的矛盾。为满足接地残流较小的要求，在接地发生时，自调谐式的消弧线圈需处于较小脱谐度状态。此时，故障消失后易转为串联谐振。

（四）中性点经小电阻接地运行方式

中性点经小电阻接地系统如图 7-18 所示，接于中性点与大地之间的电阻 R 限制了接地故障电流的大小，也限制了故障后过电压的水平，是一种国外应用较多、国内逐渐开始采用的中性点接地方式，属于中性点有效接地系统。接地故障发生后依然有数值较大的接地故障电流产生，断路器必须快速切除故障，因此会导致对用户的供电中断。

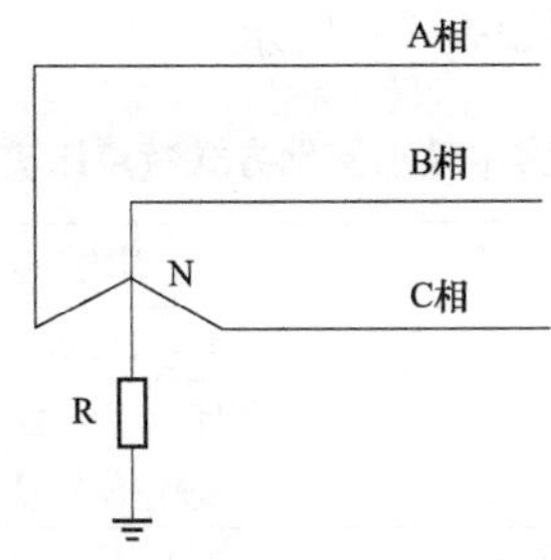

图 7-18　中性点经小电阻接地系统

在中性点经小电阻接地运行方式下，当发生单相接地故障时，非故障相电压升幅较小，能将单相接地过电压抑制在 2.5 倍相电压以下，又因单相故障电流大，易于辨识，零序保护设备可迅速跳闸。因此其优点表现为：①易于实现接地故障的迅速隔离。②在系统电容电流增大时，一般不需要对中性点接地装置进行扩容改造。

由于单相接地故障电流大，中性点经小电阻接地运行方式不能带故障运行，对瞬间故障也需要迅速跳闸。因此，在瞬间接地故障较多的配电网采用该运行方式会增大跳闸率。在绝缘化率高的配电网，特别是以电缆为主的配电网，其单相接地故障主要是永久性故障，瞬间故障较少，在这类电网中采用该运行方式则不会明显增大跳闸率。目前保护耐过渡电阻能力较低，不足 300Ω，可通过调整零序Ⅰ段和Ⅱ段的定值和时间，以提高保护耐过渡电阻能力，降低人身触电几率。

（五）中性点不接地运行方式

中性点不接地系统如图 7-19 所示，发生接地故障发生后，由于中性点不接地，所以没有形成短路电流通路。故障相和非故障相都将流过正常负荷电流，线电压仍然保持对称，故障可以短时不予切除。在这段时间可以查明故障原因并排除故障，或者进行倒负荷操作，所以该中性点接地方式下供电可靠性高。

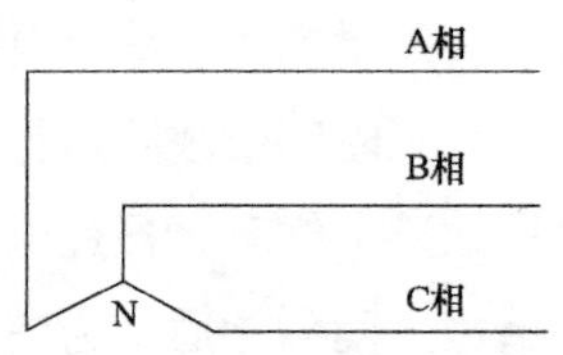

图 7-19　中性点不接地系统

中性点不接地运行方式仅适用于系统电容电流较小的配电网，此时，单相接地故障电流小，产生弧光过电压几率低，可避免瞬间接地故障对电网运行造成影响。该运行方式允许带故障运行，但同时带来以下问题：①极大增加了人身触电几率；②同母线非故障相设备长时间处于较高电压下，可能造成绝缘击穿，发展为相间故障，扩大停电范围；③故障电缆长时间运行，可能引起火灾；④该接地方式还易发生线性谐振过电压和铁磁谐振过电压，需要配备相应的消谐设备并加强管理。

各类中性点接地方式特点比较如表 7-6 所示。

表 7-6　各类中性点接地方式特点比较

接地方式	不接地	消弧线圈接地	低电阻接地
过电压	≤3.5p.u.	≤3.2p.u.	≤2.5p.u.
熄弧能力	自然熄弧	熄弧能力较强	难以自然熄弧，快速跳闸
故障处理	处理速度较慢	处理速度较慢	快速切除
接地点跨步电压	跨步电压小，持续时间长	跨步电压小，持续时间长	跨步电压大，持续时间短
接地选线	一般	差	在高接地阻抗情况下不准确

二、配电网单相接地故障处理技术

（一）采用低电阻接地方式

采用多级定时限零序过电流保护，就近跳闸隔离故障。主站根据线路上配电终端上送的零序过流告警信息进行故障定位、隔离及非故障区域的恢复。

中国南方电网有限责任公司为减少人身伤亡事故，建议新建变电站采用低电阻接地方式：新建变电站中，10（20kV）配电系统中性点接地方式应首选低电阻接地方式，对供电可靠性有较高要求的，经论证分析后，可选用消弧线圈并联低电阻接地方式。同时，积极推广小电流接地故障自动跳闸。这种方式既可保留小电流接地系统瞬时性接地故障自愈的优点，又能避免长期运行带来的危害。其优点是：防止过电压引起相间故障；及时切除人体触电、导线坠地与树闪故障；通过负荷转供，减少停电范围。

（二）主动干预式灭弧法

当线路发生单相接地故障时，通过母线分相断路器主动将故障相接地，使故障点电弧难以维持而熄灭。同时，采用零序电压作为接地短路故障突变量启动元件，通过故障线路的零序电流幅值及相位发生大幅变化的原理做出判断，完成选线。也可通过与线路高精度微型同步测量终端（暂态录波型故障指示器）相配合，根据沿线测量的三相电流合成的零

序电流（故障线路暂态零序电流与非故障线路暂态零序电流相位相反的原理）进行选线和故障定位。该方法可以解决消弧线圈应用中出现的固体绝缘（电缆）绝缘恢复再击穿、阻性电流分量较大难熄弧等问题。

（三）选线装置联合配电自动化方式

采用变电站选线装置、配电自动化终端装置和配电自动化主站协同配合，通过就地判定以及主站集中式处理原则，对配电线路单相接地故障进行综合自动化处理。具体处理策略如下：

1. 变电站（或首端开关）选线装置

在故障发生后，选线装置控制选定的故障线路开关跳闸；选线装置记录故障发生时的暂态波形，并发送到配电自动化主站。目前，存量的选线装置主要采用中电阻法和暂态法，新增的小电流选线装置主要采用暂态法，行波法有一定量应用。

（1）中电阻法。发生接地故障时，在10kV中性点的接地消弧线圈上短时并联中电阻，产生20～40A的阻性电流分量，利用故障线路的有功功率由线路流向母线而非故障线路的有功功率与之相反的故障特征，实现故障选线。该方法主要用于消弧线圈接地系统中，动作可靠性高，耐接地电阻能力可达2kΩ，实际选线成功率最高达80％。但需要在消弧线圈上短时投入并联电阻，且不适用于间歇性接地故障与瞬时性故障。

（2）暂态法。暂态法包括暂态零序电流群体比较法与方向法。前者通过比较所有出线暂态零序电流幅值与极性，利用故障线路电流幅值最大且极性与非故障线路相反的故障特征，实现故障选线；后者通过比较零序电流与零序电压的极性关系，识别接地故障的方向，除用于变电站的故障选线外，也可用于线路上分段开关与分支开关的故障定位或就近隔离故障。暂态法可用于中性点不接地与消弧线圈接地系统，不受接地电流畸变的影响，耐接地电阻的能力达2kΩ，实际故障选线成功率超过90％。

（3）行波法。行波选线法是基于单相接地故障产生的行波信号选择接地线路的方法。行波选线基于叠加原理，利用故障分量构成。单相接地故障点附加了故障电源，故障电源在故障瞬间产生的电磁波沿故障线路传播。故障点初始行波到达电网母线，行波将发生折反射，接地线路的反射波和入射波在本线路上叠加，形成接地线路的初始行波；来自接地点的初始行波经折射进入非接地线路，形成非接地线路的初始行波。由于一般配电站母线接有较多的出线回路，因此母线的等效波阻抗远小于非接地线路的波阻抗，接地线路的初始电流行波幅值远远大于非接地线路的初始电流行波的幅值，并且极性与非接地线路的相反；所有非接地线路的初始电流行波的幅值接近相等、极性相同。行波选线原理清晰，与中性点接地方式无关，耐接地电阻的能力达2kΩ，实际故障选线成功率最高超过95％，相关装置已在电力和石油石化等行业应用。

2. 配电自动化终端装置

就地对各馈线的故障暂态特性进行分析并选出故障区段，将判定结果发送到配电自动化主站；在故障发生后，终端记录故障发生时的暂态波形，并发送到配电自动化主站。

3. 配电自动化主站

通过接地故障定位分析模块对选线装置及各配电自动化终端上送的暂态波形进行综合研判，并结合终端就地判定结果进行综合分析，最终确定单相接地故障区段，下发遥控命令给现场相应终端，隔离故障并恢复非故障区域供电。

（四）集中型及就地型单相接地故障处理方式

与传统馈线自动化处理短路故障类似，接地故障处理可分为集中型和就地型两类。集中型由开关或故障指示器检测接地故障信号（或故障特征）并上传主站，主站结合线路电气拓扑连接，集中判别接地故障区间进行定位，遥控分开故障区间两侧开关进行隔离；就地型采用一、二次成套（融合）开关，配置就地式动作逻辑，不依赖与主站通信，通过与出线开关重合闸配合或分级接地保护动作，就地实现接地故障的定位与隔离。

以下为目前常用的六种典型方式：

1. 一、二次成套（融合）开关—集中型

技术原理：接地故障发生时，开关基于零序电流和零序电压就地判别出接地故障信号，主站以故障母线为单位，汇集其所有出线上开关的接地故障信号，结合线路拓扑综合研判，定位出故障区段，遥分两侧开关隔离故障区段，遥合联络开关以恢复负荷侧非故障区间供电。

适用性：适用于各类供电区域，扩展集中型馈线自动化功能，与主站配合以实现接地故障定位和隔离。

2. 一、二次成套（融合）开关—就地电压—时间型

技术原理：与就地型馈线自动化实现短路故障隔离类似，开关只需检测零序电压并作为故障判据，通过出线断路器（重合器）与线路分段开关的配合，就地实现接地故障定位和隔离。接地故障发生后，根据故障选线结果由出线断路器跳闸，线路上分段开关失压跳闸；出线断路器重合，线路上分段开关依次重合，故障区间电源侧分段开关合闸即检测到零序电压后闭锁并分闸，故障区间负荷侧分段开关残压闭锁并分闸。

适用性：扩展就地型馈线自动化功能，实现接地故障定位和隔离。

3. 一、二次成套（融合）开关—就地分段动作型

技术原理：一、二次成套（融合）作为分段开关或分支线开关使用，分级设置零序保护动作定值，开关基于零序电流和零序电压就地判别出支线发生接地故障并满足动作时限后，可直接跳闸，就近隔离接地故障。

适用性：适用于B类及以下供电区域。

4. 一、二次成套（融合）开关—就地分界动作型

技术原理：一、二次成套（融合）作为用户分界开使用，开关基于零序电流和零序电压就地判别出支线发生接地故障并满足动作时限后，可直接跳闸隔离支线接地故障。

适用性：优先选用分界断路器，主动隔离支线短路和接地故障，避免对干线的影响。

5. 集中型—暂态录波型故障指示器

技术原理：接地故障发生时，故障指示器启动录波，主站以故障母线为单位，汇集其所有出线上故障指示器的波形文件，根据零序电流的暂态特征并结合线路拓扑综合研判，定位出故障区段，再向故障回路上的故障指示器发送命令，进行故障就地指示。

适用性：作为实现架空线路自动化覆盖的一种经济模式，适用于 A 类及以下供电区域。

6. 集中型—外施信号型故障指示器

技术原理：在变电站或线路上安装专用的单相接地故障检测外施信号发生装置（变电站每段母线只需安装 1 台）。发生单相接地故障时，根据零序电压和相电压变化，外施信号发生装置自动投入，连续产生不少于 4 组工频电流特征信号序列，叠加到故障回路负荷电流上，故障指示器通过检测电流特征信号判别接地故障，并就地指示。主站以故障母线为单位，汇集其所有出线上开关的接地故障信号，结合线路拓扑综合研判，定位出故障区段。

适用性：作为实现架空线路自动化覆盖的一种经济模式，适用于B类及以下供电区域。

（五）基于配电物联网的单相接地故障处理方式

基于配电物联网的单相接地处理方案如图 7-20 所示。故障处理步骤如下：

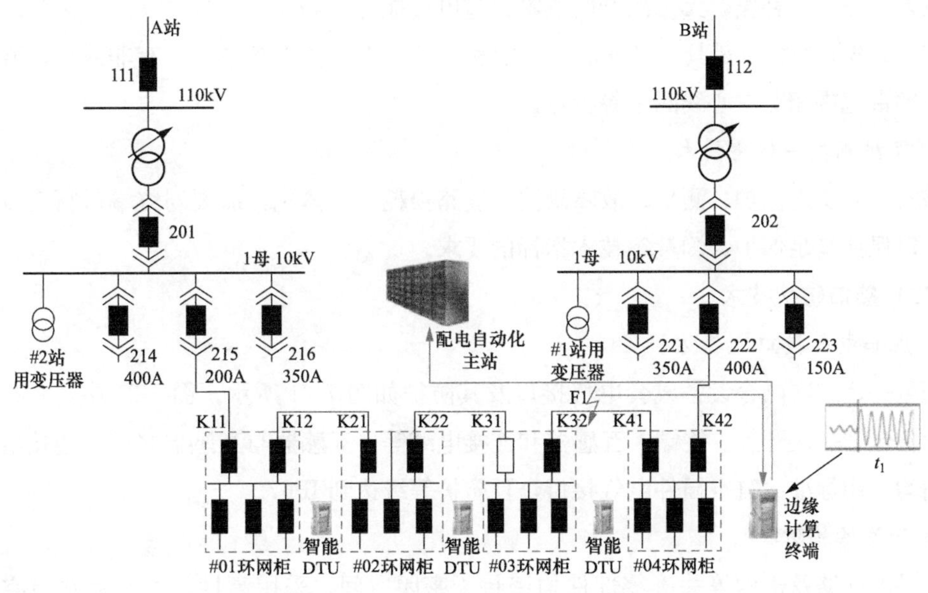

图 7-20　基于配电物联网的单相接地处理方案

（1）线路拓扑发生改变时，配电自动化主站主动将更新的线路拓扑信息通过配置文件下发到智能边缘计算终端；

（2）线路发生单相接地故障时，零序电压升高，智能边缘计算终端记录该故障时刻的时标，并将故障发生时刻 t_1 发送至该母线下所有的智能 DTU 监测单元；

(3) 智能 DTU 监测单元将故障时刻 t_1 所有间隔零序电流波形（如果 DTU 没有配置零序电流互感器，三相录波波形合成）发送至智能边缘计算终端；

(4) 智能边缘计算终端进行故障判决，直接定位到故障区段；

(5) 边缘计算终端将故障区段信息（录波波形根据需要可选）上传到配电自动化主站；

(6) 故障发生后，智能边缘计算终端结合智能 DTU 监测单元及一次设备，实现故障隔离。

第三节　配电设备一、二次融合技术

一、关键技术

（一）一体化小型化技术

1. 电子式传感器技术

(1) 电子式电压传感器技术。电阻分压式具有无铁芯、精度高、成本较传统 TV 低、受环境影响小、低功耗等特点；电容分压式具有无铁芯、电容参数特性变化会引起精度偏差、成本较传统 TV 低、较易受环境影响、低功耗、体积更小、重量轻等特点。

(2) 电子式电流传感器技术。

空心线圈的特点是具有无铁芯、无饱和现象，工艺较难，须配合积分电路、小电流线性度较差，需二次补偿，无二次开路危险，过电流能力强等。

LPCT 线圈的特点是具有带铁芯、有饱和现象，工艺实现简单、具有非线性、开口电压高、频带范围相对空心线圈窄等特点。

2. 保护测控一体化技术

该技术可实现保护、测量、故障录波、线路损耗等一体化，需要对终端进行高度集成设计，以保证满足保护，测量等技术指标的要求。

（二）接口防护技术

1. 成套电气接口及其防护

配电一、二次融合设备成套电气接口及其防护如图 7-21 所示。图 7-21 中，一、二次融合设备包括一次开关、终端、互感器和连接电缆等，互感器与互感器之间、连接电缆与终端间均采用标准的航空插件电气接口，且防护等级达到 IP67。

2. 开关结构防护

主导电回路及机构等关键零部件均密封于密闭空间。采用高性能的军品级航空接插件，密封达到 IP67。

3. 配电终端结构防护

(1) 馈线终端（罩式）：

1) 结构壳体防护：外壳采用非金属材料模压成型；防护等级 IP67，可浸水，防凝露、防风沙；满足户外恶劣环境运行。

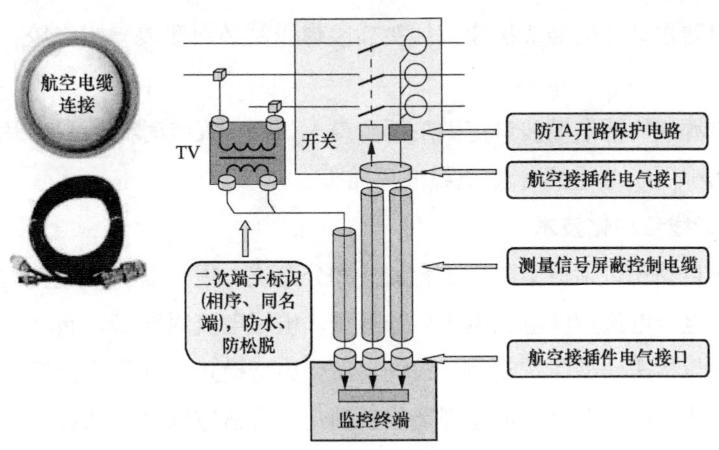

图 7-21　成套电气接口及其防护图

2）电气连接防护：电连接采用军品级航空接插件和户外防护电缆；满足户外恶劣运行环境。

（2）站所终端（箱式）：

1）外箱体采用双层结构，且能防太阳直晒，耐高温；

2）箱体防护等级 IP66，航空插头配户外防护电缆电连接，防潮、防湿、防风沙。

4. 柱上开关抗凝露方案

采用全密封结构（含操作机构）共箱式开关，实现全绝缘、全密封。开关本体满足下水试验要求，采用全绝缘设计，无带电裸露点。主引出线推荐采用电缆式引线。

5. 环网柜抗凝露方案

各进出线单元采用全密封结构。进出线、母线电缆附件必须满足全绝缘、全密封的要求。单元进线推荐采用电缆式引线。

电缆进线沟必须做（采用快凝材料）密封处理。每个间隔的二次室需加入湿度控制加热装置。

环网柜顶部加湿度控制通风装置，母线电源 TV 需预留出加热、通风负载功率。

6. 控制单元及电缆抗凝露方案

电压时间型分界开关等采用罩式装置，满足 IP67 防护等级及下水试验要求。

DTU/箱式 FTU 禁止用电裸露型端子排，应采用塑件包裹型端子排，安装后外视无带电裸露点，接入端子后根部无金属裸露。

不同属性信号线间、强弱电间应留有空端子。FTU 内端子排建议采用水平式结构，箱式 FTU 应满足 IP54 的防护等级，箱体内金属附件，板材建议采用非金属钝化处理以减少凝露，箱体底部留有导流孔。

控制器线路板、连接件外露针需做“三防”绝缘处理（“三防”漆，绝缘漆，硅橡胶灌封），绝缘材料为非易燃品。

采用全密封防水结构的插头插座。插头插座焊线侧必须灌装硅脂橡胶，保证无带电裸露点。

电缆上接电源 TV 的电缆破口需做防雨水浸入处理，安装时做上 U 型固定。电缆控制器侧要做下 U 型固定，防止雨水顺电缆灌入插头。

（三）就地馈线自动化技术

就地型馈线自动化包括但不限于重合器式和分布式。重合器式馈线自动化包括但不限于电压时间型、电压电流型、电压电流后加速型、电压电流时间型、自适应综合型等；分布式馈线自动化包括速动型和缓动型。馈线自动化典型模式包括集中型馈线自动化、电压时间型馈线自动化、电压电流后加速型馈线自动化、自适应综合型馈线自动化、速动型分布式馈线自动化和缓动型分布式馈线自动化。

以上所有馈线自动化的故障处理逻辑需要在一、二次融合配电终端中配置，以实现馈线自动化具体功能。

（四）状态评估诊断技术

利用物联网技术的各种传感器实现对配电运行设备实时监视，并通过配电终端上送主站，发现设备隐患和故障，及时预警并定位故障区域，指导检修工作的开展，使巡检工作更有目的性和针对性，进一步提高供电可靠性，缩小停电范围，减少人力物力的投入。状态评估诊断技术如图 7-22 所示。

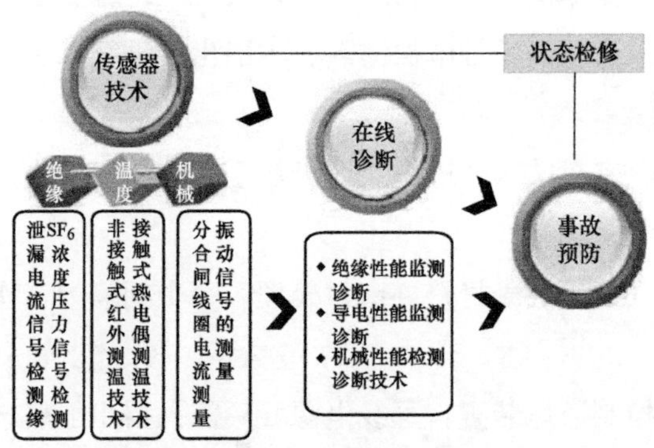

图 7-22　状态评估诊断技术图

（五）免维护免调试技术

配电一二次设备融合的重要目的之一就是实现配电设备现场应用的免调试和免维护，免调试免维护技术如图 7-23 所示。图 7-23 中，对于配电一体化成套设备，现场免调试可采用标准化的工厂化调试，使现场不产生多余的停电次数和停电时间；现场免维护可采用储能电容代替蓄电池、设备远程状态监测实现状态预警检修等技术手段，提升配电一二次设备融合的维护水平；此外，还可以采用线路故障指示就地可视、故障点事故追忆现场可视等技术手段，实现现场运维的可视化。

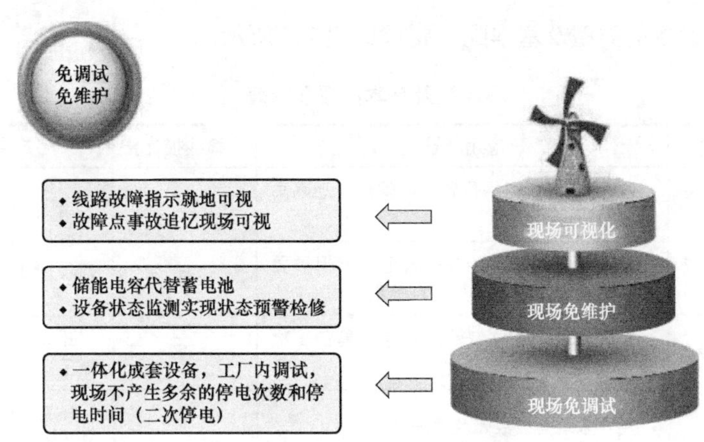

图 7-23 免维护免调试技术

（六）电源配套技术

1. 电源选择与要求

（1）电源的选择应统筹考虑配电自动化终端、通信系统及开关操作电源的要求；

（2）在配电系统运行正常情况下，输入电源优先采用电源变压器 TV 取电方式；

（3）现场条件不满足时，可就近以配电变压器或市电 AC220 电源作为工作电源；

（4）后备电源采用蓄电池供电，满足掉电后维持终端 8h 的数据通信及 3 次以上开关分、合闸操作。

（5）后备电源选择需充分考虑昼夜温差大、需求功率等综合因素；铅酸蓄电池或胶体蓄电池寿命 3～5 年，维持时间 8～12h；铝电解电容或超级电容，寿命 8 年以上，维持 5min。

2. 操作机构类型

（1）弹簧操作机构：储能过程与合、分闸过程顺序执行；合、分闸过程耗时长，功耗相对小；操作电压有交流与直流之分；各类开关产品操作功耗差异较大。

（2）永磁/电磁式操作机构：各类开关产品操作功耗差异较大；储能过程与合分闸过程同期进行；合、分闸过程耗时短，瞬时功耗大；操作电压一般为直流。

综上所述，永磁/电磁式操作机构电源推荐选择：操作机构驱动电压 24V 或 48V；操作机构驱动功耗小于 80W。

二、主要技术要求

（一）一、二次融合成套柱上开关技术要求

柱上开关一、二次融合按应用功能不同可分为分段负荷开关成套设备、分段断路器成套设备、分界负荷开关成套设备、分界断路器成套设备四种。以下对四种设备的类型、基本配置要求、功能要求进行介绍。

1. 类型及基本配置要求

分段/联络负荷开关成套设备、分段/联络断路器成套设备、分界断路器成套设备、分

界负荷开关成套设备的类型及基本配置要求如表 7-7 所示。

表 7-7　　类型及基本配置要求表

成套设备类型	应用场景	支撑线损计算	成套设备组成
分段/联络负荷开关成套设备	主干线分段/联络位置；可就地自动隔离故障	是	开关本体（内置 ECT、EVT）、控制单元、电源 TV、连接电缆
分段/联络断路器成套设备	主干线、大分支环节；满足级差保护要求，直接切除故障；具备自动重合闸功能	是	
分界断路器成套设备	用户末端支线故障就地切除；具备 1 次重合闸功能	否	开关本体、控制单元、电源 TV、连接电缆
分界负荷开关成套设备	用户末端支线故障就地隔离	否	开关本体、控制单元、电源 TV（可内置）、连接电缆

柱上开关一、二融合互感器配置要求如表 7-8 所示。

表 7-8　　柱上开关一、二次融合互感器配置

成套设备类型	TV/TA 配置
分段/联络断路器成套设备	内置 1 组 EVT、ECT（三相电压、电流，零序电压、零序电流，用于测量、计量、保护），外置 2 台电磁式单相电源 TV（AC220V）
分段/联络负荷开关成套设备	
分界断路器成套设备	相 TA、零序 TA、外置电磁式 TV
分界负荷开关成套设备	相 TA、零序 TA、外置（或内置）电磁式 TV

柱上开关一、二次融合设备电子式电压：电流传感器要求分别如表 7-9 和表 7-10 所示。

表 7-9　　电子式电压传感器（EVT）要求

额定电压比	相电压：$(10/\sqrt{3}\text{kV})/(3.25/\sqrt{3}\text{V})$ 零序：$(10/\sqrt{3}\text{kV})/(6.5/3\text{V})$
准确级（含 15m 电缆）	相电压：0.5 级 零序电压：1 级
局部放电	10pC，14.4kV
实现方式	电阻分压
负载阻抗	＞5MΩ

表 7-10　　电子式电流传感器（ECT）要求

电子式电流传感器参数	
额定变比	相：600A/1V 零序：20A/0.2V
准确级（含 15m 电缆）	相：（保护 5P10 级、计量 0.5S，三合一兼容） 零序：＜1%（1%～120%）I_N，保护 10P10 级
负载阻抗	≥20kΩ
实现方式	LPCT 线圈

2. 功能要求

（1）一、二次融合成套断路器由开关本体、馈线终端、电源 TV、连接电缆等构成。

（2）一、二次融合成套断路器可用作线路分段、联络、分支等场合。

（3）开关本体、馈线终端、电源电压互感器之间采用军品级航空接插件，通过户外型全绝缘电缆连接。暴露在空气中的航空插座必须采用密封材料对金属导体进行密封，提高其抗凝露性能。

（4）开关本体内置1组高精度、宽范围的电子式电压互感器，提供U_a、U_b、U_c、U_0（测量、计量）电压信号；内置1组高精度、宽范围的电子式电流互感器，提供I_a、I_b、I_c、I_0（保护、测量、计量）电流信号，并外置2台电源TV安装在开关两侧。

（5）具备采集三相电流、三相电压、零序电流、零序电压的能力，满足计算有功功率、无功功率、功率因数、频率和电能量的要求。

（6）可根据实际运行的工况，灵活配置运行参数及控制逻辑，实现单相接地、相间短路故障处理，可直接跳闸切除故障，具备自动重合闸功能，重合次数及时间可调。

（7）具备自适应综合型就地馈线自动化功能，不依赖主站和通信，通过短路/接地故障检测技术、无压分闸、故障路径自适应延时来电合闸等控制逻辑，自适应多分支多联络配电网架，实现单相接地故障的就地选线、区段定位与隔离；配合变电站出线开关一次合闸，实现永久性短路故障的区段定位和瞬时性故障供电恢复；配合变电站出线开关二次合闸，实现永久性故障的就地自动隔离和故障上游区域供电恢复。

（8）应具备合闸涌流保护功能。

（二）一、二次融合成套环网箱技术要求

1. 一、二次融合环网箱/开关柜总体设计要求及配置

（1）开关柜选用的负荷开关、断路器等设备的功能和性能应满足相关标准要求。

（2）操作电源采用DC48V，储能电机功耗不大于80W，合闸线圈瞬时功耗不大于300W，分闸线圈瞬时功耗不大于500W。

（3）环网柜采用的电磁式互感器应配置电流、电压表，采用的电子式互感器应配置数码显示表。

（4）断路器柜相间故障整组动作时间不大于100ms。

（5）一次设备根据项目需求配置电缆测温、环境温湿度传感器。

（6）环网柜开关电子式互感器配置方案如表7-11所示。

表7-11　　环网柜开关电子式互感器配置

设备名称	数量	描述
进出线开关间隔		
电子式电流传感器	1套	提供三相序（保护/测量/计量）电流信号和零序电流信号
母线TV间隔		
电磁式单相电压互感器	1支	提供供电电源
电子式电压传感器	1套	提供三相序（测量、计量）电压信号和零序电压信号

（7）环网柜开关电磁式互感器配置方案如表 7-12 所示。

表 7-12　环网柜开关电磁式互感器配置

设备名称	数量	描述
进出线开关间隔		
电磁式电流互感器	3 支	提供三相序（保护/测量/计量）电流信号，双绕组
电磁式电流互感器	1 支	提供零序电流信号
母线 TV 间隔		
电磁式单相电压互感器	1 支	提供供电电源
电磁式三相（五柱）电压互感器	1 支	提供三相序（测量/计量）电压信号和零序电压信号

（8）电子式电压传感器参数与柱上开关的一致，电磁式电压互感器参数如表 7-13 所示。

表 7-13　电磁式电压互感器参数配置

电磁式电压互感器参数	
额定电压比	相电压：$(10/\sqrt{3}\text{kV})/(0.1/\sqrt{3}\text{kV})$ 零序电压：$(10/\sqrt{3}\text{kV})/(0.1/3\text{kV})$ 供电：$(10/\sqrt{3}\text{kV})/(0.22\text{kV})$
准确级	相电压：0.5 级 零序电压：3P
实现方式	三相五柱式，提供电压采集与供电线圈
单相输出容量	≥30VA
零序输出容量	≥30VA
供电容量	≥300VA，短时容量≥3000VA/1s
局部放电（pC）	≤10（$1.2U_m$）
温度范围	−40℃～70℃

（9）电子式电流传感器的参数与柱上开关的一致；电磁式电流互感器的参数如表 7-14 所示。

表 7-14　电磁式电流互感器参数配置

电磁式电流传感器参数	
额定电流比	保护相电流：300/1A 或 600/1A 计量电流：300/1A 或 600/1A 零序电流：20/1A
准确级	保护相电流：0.5、5P10（与测量共用绕组） 计量电流：0.5S 零序电流：5P
实现方式	保护、计量分开线圈
保护输出容量	≥2.5VA
计量输出容量	≥2.5VA
零序输出容量	≥1VA
温度范围	−40～70℃
防开路要求	开关内部加装防开路装置

2. 技术要求

(1) 一、二次融合成套环网箱由环网柜（含进出线单元、电压互感器柜）、站所终端、外箱体、连接电缆等构成。

(2) 环网柜与站所终端之间采用军品级航空接插件，通过绝缘电缆连接。

(3) 环网箱提供各进出线单元的三相电流（保护、测量、计量）和零序电流信号，提供母线三相电压（测量、计量）和零序电压信号，以及二次设备工作电源和开关操作电源。

(4) 具备采集三相电流、三相电压、零序电流、零序电压的能力，满足计算有功功率、无功功率、功率因数、频率和电能量的要求。

(5) 具备相间和接地故障处理功能，可根据实际运行的工况，灵活配置运行参数及控制逻辑。

第四节　基于人工智能的配电网调控技术

一、技术背景

传统配电自动化系统只能对电网自身的终端如DTU、FTU、TTU等装备进行采集和控制，随着分布式新能源的大规模接入，对配电网带来越来越大的挑战，传统调控技术已无法实现海量分布式光伏逆变器的采集和优化控制，与此同时人工智能、知识自动化技术优势非常契合高比例有源配电网调控应用场景。

知识自动化的核心技术属于人工智能技术领域，其概念自2009年提出，是指那些需要复杂分析、精细研判和创造型决策的知识型工作自动化。麦肯锡全球研究院将其定位为颠覆未来的12项技术第二位。知识自动化通过把各种工业技术体系模型化，然后将模型移植到智能设计与制造平台上，驱动软件实现由机器完成原先需要人去完成的大部分工作，包括设计、仿真、计算、试验、制造系统等。

目前，人工智能知识自动化技术在化工、制药等行业以专家经验的显性化为目标，基于重复、规则和推理的工业领域涌现出大量应用。而配电网领域要解决海量设备优化调控，知识自动化方式必须基于模式识别、多维感知和复杂决策以适应强随机和高频互动。

二、传统配电网调控技术面临的挑战

大规模/高密度间歇性分布式可再生电源接入配电网，使得配电网的节点电压越限、局部容量阻塞等问题日益显著，解决困局的一个有效手段是让高渗透率分布式电源协同参与电网调控，使其从电网的“沉重负担”蜕变为支撑电网安全高效运行的海量“参与者”。目前，主网已将大型新能源电站纳入调控范畴，但配电网侧新能源的主体是分布式光伏，点多面广，现有技术无法调控，尤其是大量分布式电源和可控负荷的出现，配电网的调控面临更大的挑战，具体表现为：

(1) 分布式电源设备数量多，配电网内部可控单元的数量由数十数百个上升至数千数

万个，配电网调控的数据处理需求从小型数据迈入 TB 和 PB 级大数据范畴。

（2）现有基于解析模型的配用电调控方法适应性不强，无法满足高渗透、强随机分布式电源与电网的高频互动要求。随着渗透率的提升，馈线间潮流方向频繁变换，难以准确划定区域边界，区域自治的方法难以实施，其优化效果较差，必须进行全局优化。

（3）大量分布式电源接入配电网后的电压和电能质量问题突出，分布式光伏本身不具备多功能控制功能，自身还会带来谐波等问题，进一步恶化了配电网电能质量问题，甚至出现电力电子设备的振荡等问题。未来高密度可再生能源还会使整个系统的机械惯性进一步降低，进而影响系统运行的安全性水平。

三、基于知识自动化的配电网调控技术架构

配用电知识自动化调控系统的体系结构如图 7-24 所示，底层为物理层，负责分布式电源、负荷等的信息采集和控制。中间层为知识提取与表达和知识流程自动化，其中：知识提取与表达负责对底层采集的数据进行分类挖掘，获取配用电系统调控的相关内在规律，为决策提供基础；知识流程自动化主要负责完成需要人工开展的工作，例如采用计算机完成各类报表、分析报告和审计报告等的监测分析，替代人工体力和脑力劳动。上层为决策层，主要负责确定各类分布式电源、负荷等的运行策略，通过决策层的优化决策实现各类分布式光伏的优化运行。

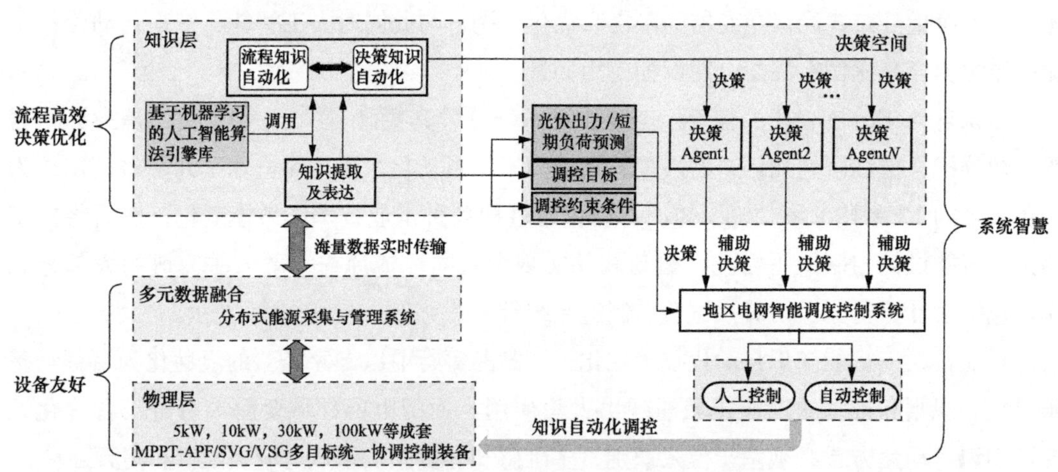

图 7-24 知识自动化配用电调控体系架构

配用电知识自动化系统基于机器学习等人工智能算法，实现流程知识自动化、综合能量管理、供需互动、碳—能流优化、分布式电源实时调度、功率预测等模块功能应用。系统架构如图 7-25 所示，在传统的地区电网智能调度控制系统基础上，分别在生产控制大区和生产管理大区部署智能决策服务器、知识获取服务器。在智能决策服务器下部署流程知识自动化 Agent、综合能量管理 Agent、供需互动 Agent、碳—能流优化 Agent、分布式电源实时调度 Agent、功率预测 Agent。知识获取服务器下部署数据提取 Agent、样本训练 Agent、知识获取 Agent，并与云平台互联。

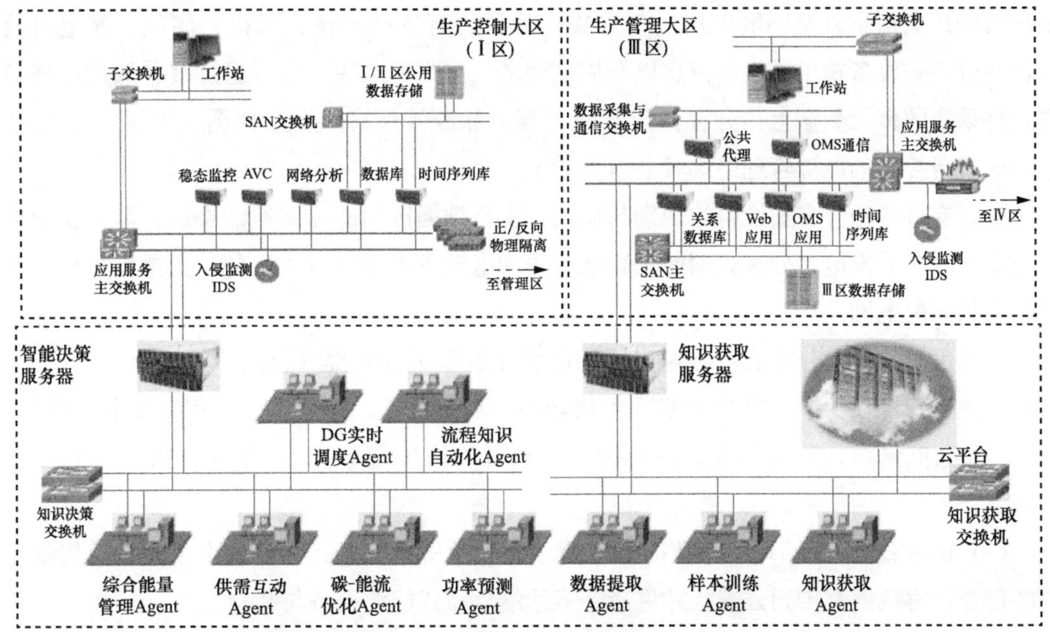

图 7-25　知识自动化配用电调控系统物理架构图

四、多源数据融合采集层

（一）支持多元异构数据的智能测控终端

支持多元异构数据的智能测控终端可采集与初步处理电气量和环境量数据（包括电压、电流、有功功率、无功功率、总用电量、电压谐波、电流谐波、室内环境温度、湿度、烟雾颗粒浓度等），与上层的能源管理终端之间可进行稳定通信，通信方式支持载波、ZigBee 等多种技术，实现各用电设备检测数据的采集和汇总，具备快速、安全、可控地断开或接通设备的能力，并快速响应能源管理终端的指令，是一种针对用电设备的新型多元异构数据测控终端。智能测控终端具备以下功能：

（1）电气测量：测量用户进线电压、用电器负载电流、有功功率、无功功率、视在功率、功率因数、频率、累计用电量。

（2）谐波分析：计算电压、电流中 0～31 次谐波中各次谐波的幅值。

（3）环境检测：检测环境温度、湿度、空气质量［挥发性有机化合物（TVOC）浓度］。

（4）数据显示：采用彩色液晶显示屏显示电压有效值、电流有效值、有功功率、累计用电量、温度、湿度、TVOC 浓度。

（5）无线/有线通信：测控终端和上位机之间进行 ZigBee/载波通信，实现测控终端对上位机的数据上传和指令响应、上位机对测控终端的指令下达。

（6）通断控制：根据上位机指令对用电器负荷进行通断控制。

（二）支持分布式设备接入的能源管理终端

支持分布式设备接入的能源管理终端在商业、居民用户中作为底层数据采集装置，对用户总的用电信息以及环境信息进行采集，另外还可支持光伏、风机、储能、充电桩接入，对分布式设备输出的用电信息以及周围环境信息进行采集，并可通过多种通用的通信方式将采集的多元数据上传并存储至云服务器。能源管理终端框架如图 7-26 所示。支持分布式设备接入的能源管理终端具备以下功能：

（1）支持各种分布式设备的识别与通信，支持即插即用的标准通信协议，能够快速感知与识别分布式发电、分布式储能、智能家居和电动汽车等分布式设备，支撑大规模分布式设备接入配电网。

（2）可对用户和分布式设备输出的用电多元数据进行采集（包括单相或三相的电压、电流、频率、视在功率、有功功率、无功功率、功率因数、用电量、0～31 次电压谐波、0～31 次电流谐波、环境温度、环境湿度、颗粒物浓度等数据），并将数据上传到云服务器。

（3）通过载波、ZigBee、WiFi、以太网、RS232 等通信方式与其他设备连接，接收用户的指令，将数据上传到云端，并将命令下达给分布式能源设备与装置。

（4）ARM 芯片内置于基于 Android 的本地系统，并配有高清触摸屏以提供用户交互界面；搭载多目标能量管理优化算法，根据用户自行选择的用电优化模式，可以自动上传用电多元数据；自动根据本地信息和配电网侧发布的价格信息和激励信息进行自动的需求侧能源管理；同时也可以将全线交给云端服务器，由云端统一调度。

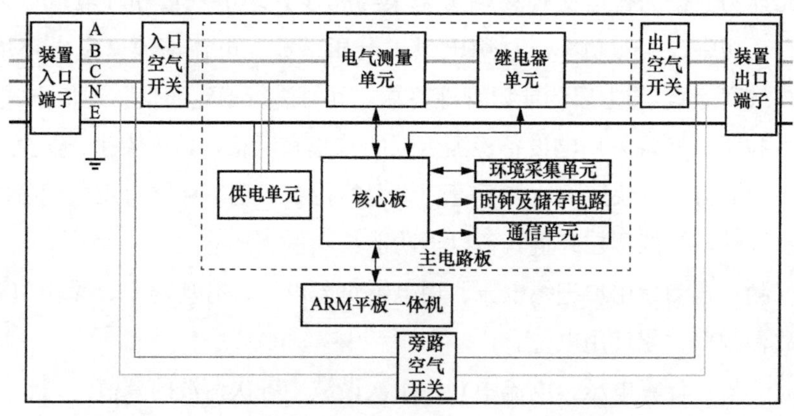

图 7-26　能源管理终端框架图

五、知识提取与表达层

在智能用电信息系统中，通过收集海量用电信息数据，利用某种数据挖掘和机器学习的方法从看似杂乱无章的数据之中挖掘提取知识，建立有利于推进科学生产的知识模型结构。知识提取常用的机器学习方法如下。

1. 随机森林算法

随机森林是一种有监督的集成学习算法，其核心思想是将性能较弱的多个分类回归树

（classification and regression tree，CART）经过一定规则组合成一片森林，由森林中所有的决策树投票或取平均值得出结果。图 7-27 表示了随机森林回归模型的建立及预测方法。

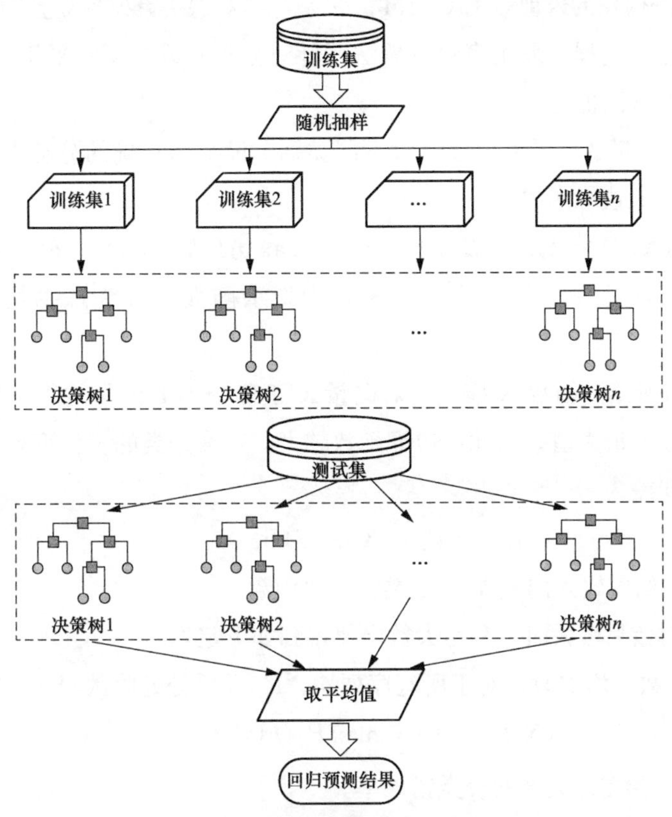

图 7-27　随机森林回归模型的建立及预测方法

（1）CART 决策树。

CART 决策树是 Breiman L 等人于 1984 年提出的一种二分递归分割技术，在每个节点（除叶节点外）将当前样本集分割为两个子集。CART 算法所采用的属性选择量度是基尼指数（Gini index）。假设数据集 D 包含 m 个类别，那么其基尼指数 G_{D} 的计算公式为

$$G_{\mathrm{D}} = 1 - \sum_{j=1}^{m} p_j^2 \tag{7-1}$$

式中：p_j 为 j 类元素出现的频率。

基尼指数需要考虑每个属性的二元划分，假定属性 A 的二元划分将数据集 D 划分成 D_1 和 D_2，则此次在子节点以某属性划分样本集 D 的基尼指数为

$$G_{\mathrm{D,A}} = \frac{|D_1|}{D} G_{D_1}(D_1) + \frac{|D_2|}{D} G_{D_2}(D_2) \tag{7-2}$$

对于每个属性，考虑每种可能的二元划分，最终选择该属性产生的最小基尼指数的子集作为其分裂子集。因此，在属性 A 上的基尼指数 $G_{\mathrm{D,A}}$ 越小，则表示在属性 A 上的划分效果越好。在此规则下，由上至下不断分裂，直到整棵决策树生长完成。

(2) 9RFR 算法。

定义 1：随机森林 f 决策树 $\{h(X,\theta_k),\ k=1,2,\cdots,N_{\text{tree}}\}$ 的集合，元分类器 $h(X,\theta_k)$ 是用 CART 算法构建的未剪枝的 CART；θ_k 是与第 k 棵决策树独立且同分布的随机向量，表示该棵树的生长过程；采用多数投票法（针对分类）或求算术平均值（针对回归）得到随机森林的最终预测值。

定义 2：对输入向量 $\boldsymbol{X}$，最大包含 J 种不同类别，设 $\boldsymbol{Y}$ 为正确的分类类别，对于输入向量 $\boldsymbol{X}$ 和输出 $\boldsymbol{Y}$，定义边缘函数为

$$K(\boldsymbol{X},\boldsymbol{Y}) = a_k I(h(\boldsymbol{X},\theta_k) = \boldsymbol{Y}) - \max a_k I(h(\boldsymbol{X},\theta_k) = j) \tag{7-3}$$

式中：j 为 J 种类别中的某一类；$I(\cdot)$ 为指示函数；a_k 为取平均函数；$k=1,2,\cdots,n$。

从式（7-10）可看出，函数 K 描述了对向量 $\boldsymbol{X}$ 正确分类 $\boldsymbol{Y}$ 的平均得票数超过其他任何分类的平均得票数的最大值。因此，边缘函数越大，正确分类的置信度就越高。由此定义随机森林的泛化误差为

$$E^* = P_{X,Y}(K(\boldsymbol{X},\boldsymbol{Y}) < 0) \tag{7-4}$$

式中：$P_{X,Y}$ 为对给定输入向量 $\boldsymbol{X}$ 的分类错误率函数。

当森林中决策树数目较大时，利用大数定律得到如下定理。

定理 1：当树的数目增加时，对于所有序列 θ_k，E^* 几乎处处收敛于

$$P_{X,Y}(P_0(h(\boldsymbol{X},\theta) = \boldsymbol{Y}) - \max_{j\neq Y} P_0(h(\boldsymbol{X},\theta) = j) < 0) \tag{7-5}$$

式中：P_θ 为对于给定序列 θ 的分类错误率。

该定理表明随机森林的泛化误差随着树的数目增加不会造成过拟合，而会趋于某一上界。

定理 2：随机森林泛化误差的上界为

$$E^* \leqslant \frac{\bar{\rho}(1-s^2)}{s^2} \tag{7-6}$$

式中：$\bar{\rho}$ 和 s 分别为树的平均相关系数和平均强度。

由定理 2 可知，随着树的相关性的降低和单棵树强度的提高，随机森林的泛化误差上界将会减小，其泛化误差将会得到有效的控制。因此，提高随机森林预测精度主要有两条途径，即降低树相关性以及提高单分类器（即单棵决策树）性能。

2. 极限学习机算法

极限学习机（extreme learning machine，ELM）是一种针对单隐层前馈神经网络的快速学习算法，具有训练速度快且泛化性能好等优点。目前，极限学习机已经广泛应用于电网故障预测、电力负荷预测、风电功率预测等多种场合。该算法随机产生输入层和隐含层之间的权值和阈值，只需设置合理的隐含层神经元个数，便可以获得评估误差最小的解。人工神经网络结构如图 7-28 所示。

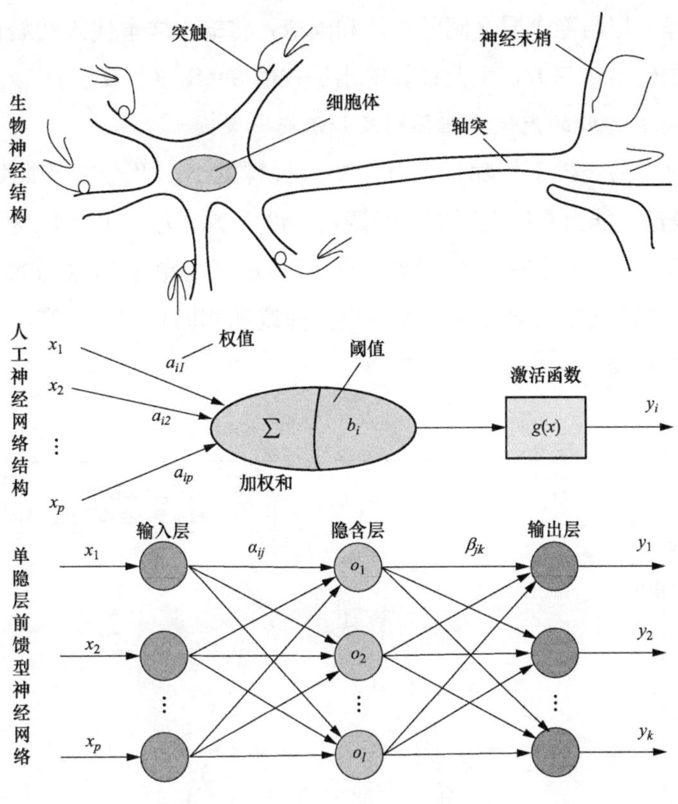

图 7-28 人工神经网络结构

对于具有 Q 个样本的训练集，神经网络的输出 T 为 $T=[t_1, t_2, \cdots, t_Q]_{m\times Q}$，其中 t_j 的表达式为

$$t_j=\begin{bmatrix} t_{1j} \\ t_{2j} \\ \cdots \\ t_{mj} \end{bmatrix}_{m\times 1}=\begin{bmatrix} \sum_{i=1}^{l}\beta_{i1}g(\omega_i x_j+b_i) \\ \sum_{i=1}^{l}\beta_{i2}g(\omega_i x_j+b_i) \\ \cdots \\ \sum_{i=1}^{l}\beta_{im}g(\omega_i x_j+b_i) \end{bmatrix}_{m\times 1} \tag{7-7}$$

$$\boldsymbol{H}(\boldsymbol{\omega}_1,\boldsymbol{\omega}_2,\cdots,\boldsymbol{\omega}_l,\boldsymbol{b}_1,\boldsymbol{b}_2,\cdots,\boldsymbol{b}_l,\boldsymbol{x}_1,\boldsymbol{x}_2,\cdots,\boldsymbol{x}_Q)=$$

$$\begin{bmatrix} g(\boldsymbol{\omega}_1\boldsymbol{x}_1+\boldsymbol{b}_1) & g(\boldsymbol{\omega}_2\boldsymbol{x}_1+\boldsymbol{b}_2) & \cdots & g(\boldsymbol{\omega}_l\boldsymbol{x}_1+\boldsymbol{b}_l) \\ g(\boldsymbol{\omega}_1\boldsymbol{x}_2+\boldsymbol{b}_1) & g(\boldsymbol{\omega}_2\boldsymbol{x}_2+\boldsymbol{b}_2) & \cdots & g(\boldsymbol{\omega}_l\boldsymbol{x}_2+\boldsymbol{b}_l) \\ \cdots & \cdots & \cdots & \cdots \\ g(\boldsymbol{\omega}_1\boldsymbol{x}_Q+\boldsymbol{b}_1) & g(\boldsymbol{\omega}_2\boldsymbol{x}_Q+\boldsymbol{b}_2) & \cdots & g(\boldsymbol{\omega}_l\boldsymbol{x}_Q+\boldsymbol{b}_l) \end{bmatrix}_{Q\times l} \tag{7-8}$$

式中：m 为输出变量个数，ω_i 为输入权重，β_i 为输出权重，b_i 为第 i 个隐含层的阈值，l 为隐含层神经元个数。

随机初始化输入层与隐含层之间的权值和阈值，将输入样本代入初始设定的人工神经网络中计算隐含层输出矩阵 $\boldsymbol{H}$，由此计算输出层权值 $\beta=\boldsymbol{H}^{+}\boldsymbol{T}$，$\boldsymbol{H}^{+}$ 为广义逆。

3. 基于随机森林回归的光伏处理预测及知识提取案例

在输入向量确定的条件下，随机森林中决策树棵数 N_{tree} 及分裂特征集中的特征个数 M_{try} 对预测精度及泛化能力有较大影响。经调试，设定 N_{tree} 为 500，M_{try} 为 3 时模型具有较好的预测效果。图 7-29～图 7-32 分别展示了某一日（功率采集点为每 10min 一个点）Case1 和 Case2 不考虑气象因素的预测光伏出力曲线和相同日 Case1 和 Case2 考虑气象因素的预测光伏出力曲线。

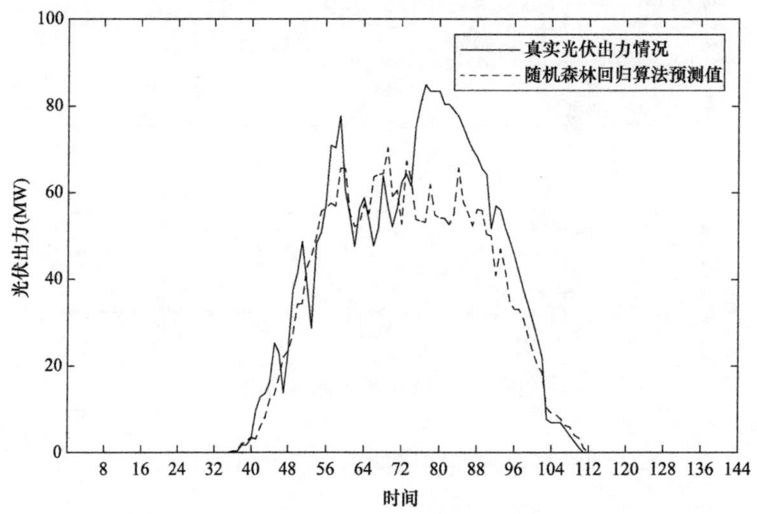

图 7-29 Case1 的不考虑气象因素的预测光伏出力曲线与真实曲线

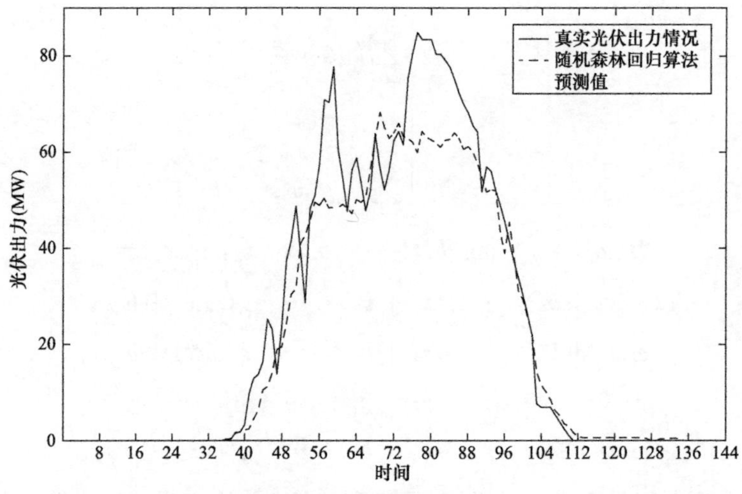

图 7-30 Case1 的考虑气象因素的预测光伏出力曲线与真实曲线

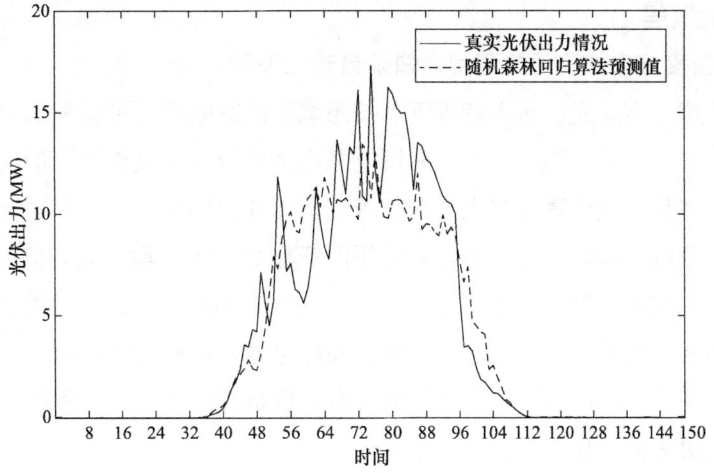

图 7-31　Case2 不考虑气象因素的预测光伏出力曲线与真实曲线比较

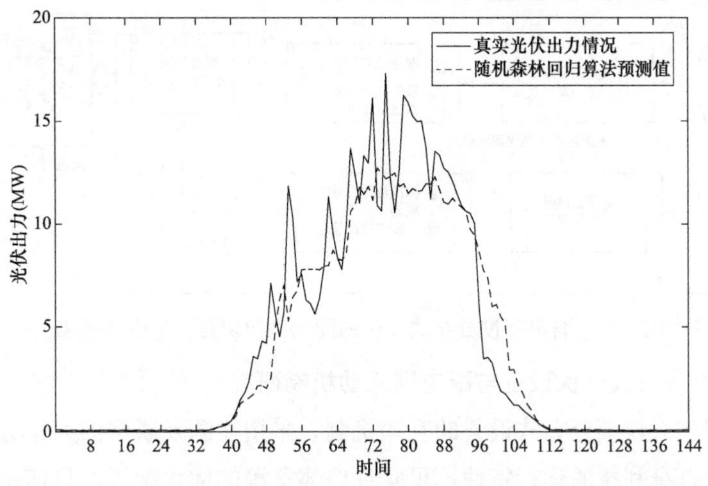

图 7-32　Case2 考虑气象因素的预测光伏出力曲线与真实曲线比较

从仿真结果中可以看出，随机森林回归算法具有一定的数据挖掘能力，能够较为精确地拟合预测未来光伏的出力情况。说明经过训练形成的随机森林模型具有一定的表达光伏知识的能力。同时可以看出在电力大数据框架下，考虑多种气象因素对光伏出力的影响，预测精度有所提高。由此可见，在考虑气象因素之后，其知识模型的能力得以提升。

由于受到太阳辐射和天气等因素的影响，光伏发电系统的输出功率具有波动性和间歇性的特点，大规模的光伏发电系统接入公共电网会影响电力系统安全、稳定与经济运行。较为全面地获取光伏知识体系，建立可靠的预测知识模型，不仅能够为电网的发电计划制定提供可靠依据，也为风、光、水、火及储能等多能互补控制提供技术支撑，同时可为配用电多元用户多目标能量管理提供基础条件。总之，可为地区电网智能调度控制系统进行知识决策奠定扎实的基础。

六、智能决策层

（一）含高密度分布式光伏的配用电知识自动化框架

在考虑高密度分布式光伏接入背景下，按照调度的时间尺度可将配电网知识自动化决策主要可划分为 3 个过程：①通过对负荷用电及高密度分布式光伏发电的功率预测，基于纳什均衡博弈的多目标优化算法制定高密度家庭及工商业楼宇光伏的日前调度计划；②根据对分布式光伏发电的实时精确预测，利用深度迁移 Q 学习、联络线切割以及区域重叠算法实现高密度分布式光伏接入背景下的多电源 15min 超短期发电调度最优决策；③针对具有高随机性和高间歇性的高密度分布式光伏孤岛配电网，利用深度自适应动态规划以及一致性协同控制实现孤岛微网秒级至分钟级的实时调度最优决策。含高密度分布式光伏的配用电知识自动化决策框架如图 7-33 所示。

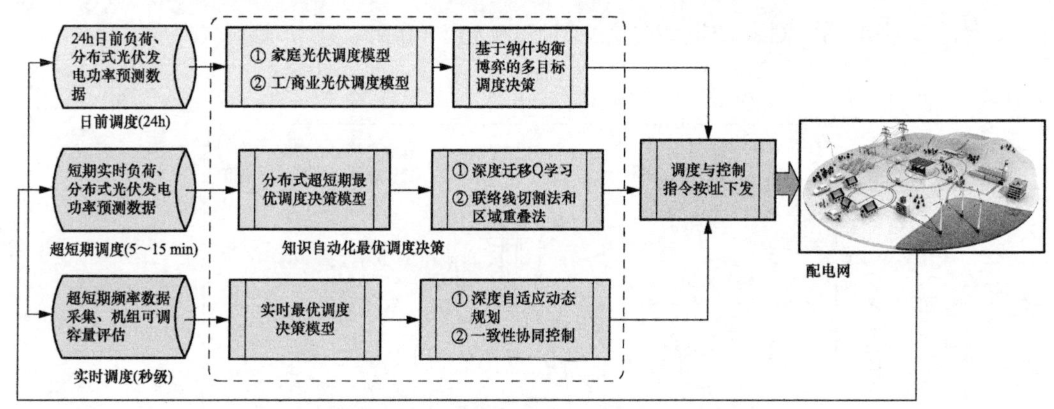

图 7-33　含高密度分布式光伏的配用电知识自动化决策框架

（二）高密度分布式光伏设备与配电网互动机制研究

构建配电网与大规模分布式设备的互动机制、采用能源互联网的大量分布式设备进行协调控制，结合自身利益的运行特性，可实现整体资源的优化配置。目前主要的研究内容包括以下几个方面。

1. 用户互动类型

根据用户互动决策与互动实施之间的时间差，将用户互动分为长周期互动、短周期互动及实时互动三种。

长周期互动立足长远规划，是用户基于历史信息及未来效益考虑所做的响应，往往通过与电网达成协议，以合同的方式确定下来，实施有利于电网与用户双方的计划及调整，同时用户本身也基于此合同调整自身互动机制。短周期互动主要基于短期历史信息，同时对系统价格信号做合理预测，用以决策目标日用电计划，其决策空间为长周期互动协议之外的用电安排。实时互动则完全基于运行日信息，动态修正日前计划，由于决策点与运行点时差很短，与前两类相比不确定性互动高，也是实时调度关注的重点。不同互动类型的特征统计表如表 7-15 所示。

表 7-15 用户互动类型统计表

互动类型	时间级	关键词	决策内容
长周期互动	月	计划	基于自身对实时信号的历史响应结果，优化互动决策机制；基于历史电价信号，结合自身效益测算，调整用电结构，与电网公司签订负荷控制协议
短周期互动	日	调整	基于日前用电、日前电价信号、次日预测电价信号等，决策次日用电
实时互动	时段	动态修正	基于运行日已知电价信号及已过时时段用电，修正将至时段用电计划

2. 分布式设备与配电网互动机制

(1) 基于日前调度计划的用户侧互动。传统的日前调度由于受尖峰负荷以及能源紧缺等因素的影响，仅依靠发电侧调度无法应对电力日渐紧张的局面，更无法满足节能的目标。基于用户互动响应模型，提出在合理安排发电机组的机组组合方式和出力分配之后，对分布式设备互动与电价采用联动机制，激励用户，有效实现削峰。参与互动的用户在综合考虑自身的需求之后，每日向调度中心提交可调负荷的容量以及补偿的价格，然后跟发电机组一起由调度中心进行统一调度。基于日前调度计划的用户侧互动的基本流程如图 7-34 所示。

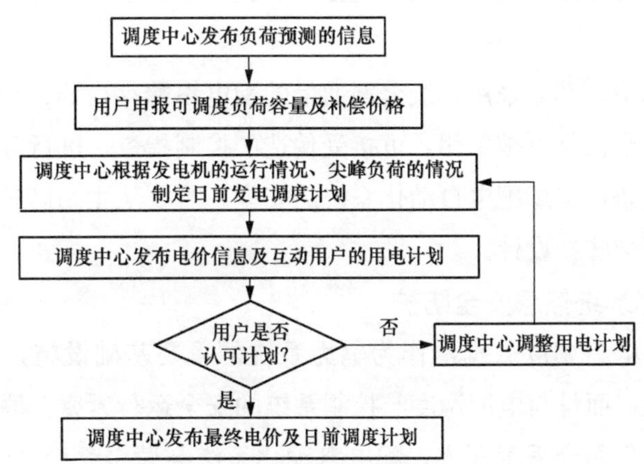

图 7-34 基于日前调度计划的用户侧互动的基本流程

利用用户互动，将互动资源作为一种调峰资源，通过赋予用户一定的申请报补偿价格的权利，挖掘用户侧资源的优化潜力，实现用户侧节能优化调度。

(2) 基于实时调度计划的用户侧互动。由于日前调度几乎在实际情况中可能会遇到天气、事故及负荷预测的准度等意外因素的影响，而且电网的实际安全运行情况也具有一定的波动性。为防止尖峰负荷的突然到来或者提前出现，可以将用户互动引入到实时调度计划中来。电动汽车因其负荷响应容量潜力巨大，电池可用时间比较长并且具有快速响应的能力，可以考虑采用基于电价补偿方式的实时用户侧互动模型，激励电动汽车在尖峰时刻放电。

第五节　配电自动化系统安全防护技术

近几年，针对工控系统的攻击频繁发生，如2010年伊朗核设施遭“震网”病毒攻击，2015年乌克兰电网遭恶意代码攻击导致大面积停电，工控安全形势日趋严峻。随着配电自动化系统与互联网技术的深度融合，配电自动化系统的安全问题也日益突显。针对配电自动化系统的攻击一方面呈现出向配用电系统现场等用户侧开放环境泛化演进的趋势，另一方面呈现出综合利用配电终端、网络、配电主站甚至管理等多个层面的漏洞实施特种攻击的趋势，配电自动化系统面临着严峻的安全挑战。目前，配电自动化系统的安全风险主要包括主站安全风险、通道安全风险及终端安全风险。

（1）主站安全风险。攻击者可通过无线公网通道，仿冒配电终端入侵安全接入区采集服务器，存在被恶意操作、服务器被入侵等风险。系统也存在被移动存储介质、运维笔记本终端等设备跨网入侵的风险。

（2）通道安全风险。无线通道易被非法接入，通信易受干扰或堵塞，存在攻击者侵入风险；光纤通道直接连接生产控制大区，但光纤与终端连接入口的物理防护薄弱，缺少接入控制和隔离措施，可能被利用向配电系统主站和调度监控系统发起攻击，影响主网生产系统。

（3）终端安全风险。部分采用无线公网通信的配电终端存在弱口令风险，易被非法入侵；部分配电终端安全机制可被关闭，可接受伪造的控制指令，进行分、合闸操作。

为了应对以上威胁，保障配电自动化系统的安全，需要从主站防护、通道防护和终端防护3个方面进行安全防护设计。

一、配电自动化系统信息安全防护

承载配电主站的电力调度数据网作为电力系统的重要基础设施，不仅与电力系统生产、经营和服务相关，而且与电网调度与控制系统的安全运行紧密关联。随着配电自动化系统的建设及配电业务融合程度深入，配电自动化系统与营销系统、GIS/PMS等管理系统甚至用户之间进行的数据交换也越来越频繁。这对调度数据网络的安全性、可靠性提出了新的挑战。

（一）总体安防策略

配电自动化系统应按照网络安全等级保护的第三级要求进行安全防护。应遵循《电力监控系统安全防护规定》（国家发改委〔2014〕14号令）相关规定，根据“安全分区、网络专用、横向隔离、纵向认证”的总体原则，实现加密认证和安全访问，建立纵深的安全防护机制。同时，加强配电自动化系统网络安全监测，以便及时发现和处理网络攻击或异常行为。具体策略如下：

（1）安全分区。将整个电力系统分为生产控制大区和管理信息大区，其中生产控制大区又分为控制区（安全区Ⅰ）和非控制区（安全区Ⅱ）。如果生产控制大区内个别业务系统或其功能模块需要使用公共通信网络、无线通信网络以及处于非可控状态下的网络设备与终端等进行通信，其安全防护水平低于生产控制大区内其他系统时，应设立安全接入区。配电运行监控应用部署在生产控制大区，配电运行状态管控应用部署在管理信息大区信息内网。

（2）网络专用。配电自动化系统主站与子站及终端的通信方式原则上以电力光纤通信为主，主站与主干配电网开关站的通信应当采用电力光纤，在各种通信方式中应当优先采用EPON接入方式的光纤技术。对于不具备电力光纤通信条件的末梢配电终端，采用无线通信方式。当采用以太网无源光网络（Ethernet Passive Optical Network，EPON）、GPON（Gigabit-Capable PON）或光以太网等技术时，应当使用独立纤芯或波长；当采用通用分组无线业务（General Packet Radio Service，GPRS）/码分多址（Code-Division Multiple Access，CDMA）等公共无线网络时，应当采用无线虚拟专有通道、身份认证和地址分配、有线专线通用路由封装（Generic Routing Encapsulation，GRE）等安全措施；当采用230MHz等电力无线专网时，可以采用相应的安全防护措施。

（3）横向隔离。采用不同强度的安全设备隔离各安全区，生产控制大区和管理信息大区之间必须设置经国家指定部门检测认证的电力专用横向单向安全隔离装置，隔离强度应当接近或达到物理隔离；生产控制大区内部的安全区之间应当采用具有访问控制功能的设备或具有相似功能的设施来实现逻辑隔离；安全接入区与生产控制大区相连时，应用采用电力专用横向单向安全隔离装置进行集中互联。

（4）纵向认证。采用认证、加密、访问控制等技术措施实现数据的远方安全传输以及纵向边界的安全防护。在生产控制大区与广域网的纵向连接处应设置加密认证装置或加密认证网关及相应设施，实现双向身份认证、数据加密和访问控制；安全接入区内纵向通信应当采用基于非对称密钥技术的单向认证等安全措施，重要业务可采用双向认证。

（5）安全监测。配电自动化系统采用网络安全监测技术，对配电自动化系统内的相关主机、网络设备、安全设备的运行状态、安全事件等信息以及网络流量进行采集和分析，实现配电自动化系统网络安全威胁的实时监测与审计。

（二）安全防护框架

配电自动化系统安全防护框架应从系统边界、配电主站、配电终端、纵向通信等方面进行防护，以满足整个系统的安全防护需求。配电自动化系统安全防护框架如图7-35所示，配电自动化系统的典型边界如图7-36所示。

（1）生产控制大区采集应用部分与调度自动化系统边界的安全防护（B1）：部署电力专用横向单向安全隔离装置（部署正、反向隔离装置）。

（2）生产控制大区采集应用部分与管理信息大区采集应用部分边界的安全防护（B2）：部署电力专用横向单向安全隔离装置（部署正、反向隔离装置）。

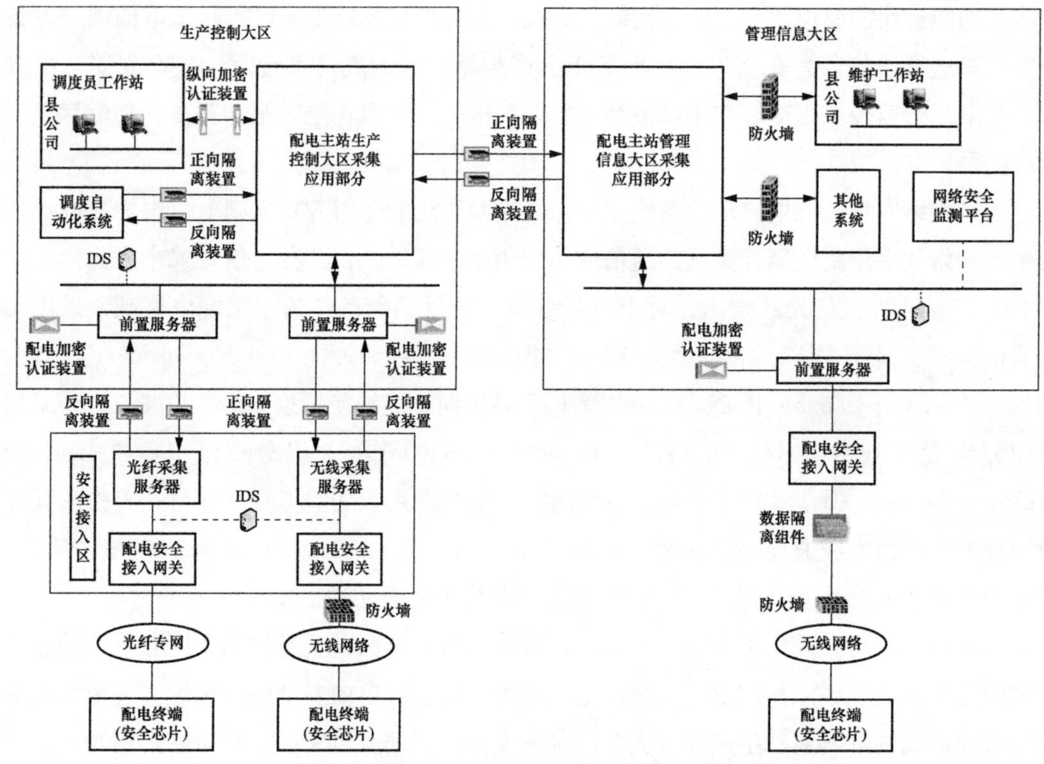

图 7-35　配电自动化系统整体安全防护框架图

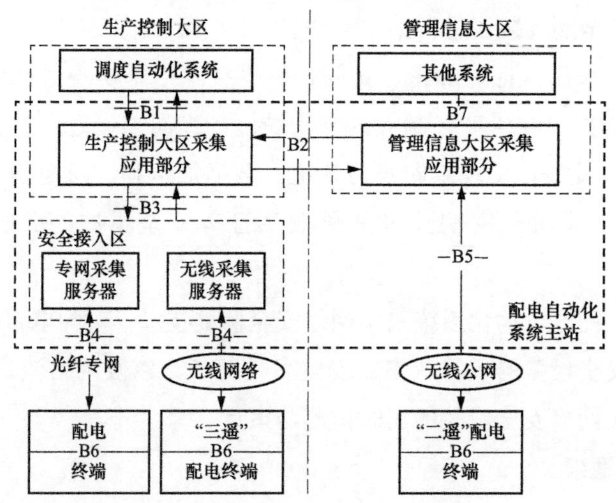

图 7-36　配电主站边界划分示意图

（3）生产控制大区采集应用部分与安全接入区边界的安全防护（B3）：部署电力专用横向单向安全隔离装置（部署正、反向隔离装置）。

（4）安全接入区纵向通信的安全防护（B4）：安全接入区部署的采集服务器必须采用国家指定部门认证的安全加固操作系统，采用用户名/强口令、物理设备、生物识别等至少一种措施，实现用户身份认证及账号管理。当采用专用通信网络时，安全防护措施包括：①使用独立纤芯（或波长）；②在安全接入区配置配电安全接入网关，采用国产商用

非对称密码算法，实现网关与终端的双向身份认证。当采用无线网络时，安全防护措施包括：①启用无线网络自身提供的链路接入安全措施；②在安全接入区配置配电安全接入网关，采用国产商用非对称密码算法，实现网关与终端的双向身份认证；③配置硬件防火墙。

（5）管理信息大区系统纵向通信的安全防护（B5）：配电终端主要通过无线公网接入管理信息大区系统，首先应启用公网自身提供的安全措施，并采用硬件防火墙、数据隔离组件和配电加密认证装置的防护方案。硬件防火墙采取访问控制措施，对数据流进行控制。数据隔离组件提供访问控制、网络隔离、数据管理等功能。配电加密认证装置对远程参数设置、程序升级等信息采用国产商用非对称密码算法进行签名；对配电终端与主站之间的应用层报文采用国产商用对称密码算法进行加解密操作。

（6）配电终端的安全防护（B6）：对所有配电终端及故障指示器汇集单元配置具有双向认证加密能力的安全芯片。终端与手持设备应采用安全的通信措施，并采用非对称加密算法的身份认证措施，采用对称加密措施以确保数据机密性和完整性。

（7）管理信息大区采集应用部分与其他系统边界的安全防护（B7）：生产控制大区采集应用部分/管理信息大区采集应用部分与其他系统的边界采用硬件防火墙等设备进行访问控制措施，实现系统之间的逻辑隔离。管理信息大区采集应用部分与不同等级安全域之间的边界应采用硬件防火墙等设备实现横向域间安全防护。

（三）详细防护要求

按照《电力监控系统安全防护规定》（发改委 14 号令）开展配电自动化系统安全防护，主要从以下 5 个方面落实信息安全防护的最新要求：

（1）主站安全防护方面，对于新建配电主站服务器采用经国家指定部门认证的安全加固的操作系统，并采取用户名、强口令等严格的访问控制措施。对于已建的配电主站，按照发改委 14 号令和相关文件要求，增加相应安全措施。配电自动化主站系统应采用基于专用数字证书的身份认证，以及基于安全标签的访问控制，特别是调度员在进行遥控操作时应采用电子钥匙（或指纹电子钥匙）实现。此外，配电自动化系统主站应当逐步推广应用以密码硬件为核心的可信计算技术，用于抵御计算环境和网络环境的恶意攻击。

（2）终端安全防护方面，配电终端应优先采用微型纵向加密认证装置，不具备条件的应配置安全模块，对来源于主站系统的控制命令和参数设置指令采取安全鉴别和数据完整性验证措施。配电终端与主站之间的业务数据应采用基于国产对称密码算法的加密措施，实现主站和终端间的数据的保密性。此外，应使用专用运维终端进行现场运维，禁止配电终端远程运维。

（3）横向边界安全防护方面，在配电自动化生产控制大区与管理信息大区之间应部署经国家指定部门检测认证的电力专用横向单向隔离装置。当生产控制大区内配电自动化系统安全防护措施未达到要求时，应采用电力专用横向单向安全隔离装置实现与调度自动化等其他业务系统的安全隔离。

（4）纵向通信安全防护方面，无论采用何种通信方式，应使用基于非对称密码算法的认证技术和基于对称密码算法的加密技术进行安全防护，实现配电终端与配电主站的双向身份认证、数据加密和报文完整性保护。当采用EPON、GPON或光以太网络等技术时应使用独立纤芯或波长。当采用GPRS/CDMA等公用无线网络时，应启用公网自身提供的安全措施。

（5）安全接入区防护方面，配电自动化系统主站（生产控制大区）与其终端在纵向通信中使用无线网络进行通信时，应设立安全接入区。在安全接入区应部署网络安全监测技术手段，实现接入区内所有主机、网络设备、安全设备的安全事件采集。同时，应对配电终端通信报文进行深度包检测，并具备和配电自动化系统主站安全监测的数据报送接口，实现统一网络安全监测分析。

二、配电通信网安全防护技术

配电自动化通信通道涉及地市骨干通信网和终端通信接入网两个部分，接入网在变电站汇聚后接入地市骨干通信网。接入网包括EPON无源光网络、工业以太网、LTE无线专网、无线公网等。当前配电自动化现有的有线接入网采取物理隔离的方式建设，无线专网采用单独的基站和通信终端单独组网，目前的组网方式全部依靠当前的组网技术及设备提供通信通道的保护。

（一）通道安全风险分析

网络通道的安全风险主要体现为网络通道遭受恶意攻击和利用，常见的有接入直接暴露的接入点、破坏防护薄弱的接入点、通过通信介质介入网络、攻击无线通信介入网络、攻击网络设备跨越网络、利用移动介质进入网络六种方式。

（1）接入直接暴露的接入点和破坏防护薄弱的接入点。这两种恶意利用网络通道的方式主要问题源于配电自动化业务终端点多面广，从变电站向外延伸到电线杆、配电室等而出现接入点广泛分布、物理保护措施下降和失效。通过加强物理防护措施、及时修复失效的物理防护及提供巡检频次可较好地解决此类型的风险，或采取有效的网络接入准入控制措施也能较好地解决此类风险。

（2）通过通信介质介入网络的方式。利用光纤传输物理特性而采取的光纤弯曲法、V型槽切口法、散射法、光束分离法、渐近耦合法等网络窃听和介入；利用双绞线物理特性进行搭线窃听及网络接入；利用电力线载波传输物理特性通过使用载波耦合装置窃听及接入网络。OLT已采取措施对ONU进行认证并对下行数据进行加密，但由于ONU认证信息明文传输且上行数据未进行加密，难以完全解决非法ONU接入及非法窃听等问题，需ONU进行更安全的改造并对上下行数据进行加密方可防止恶意的接入和窃听。而工业光纤以太网、暴露的双绞线及电力线载波等没有类似EPON的安全机制，需要在网络通道两侧采取有效的安全防护措施，包括网络认证加密、攻击发现阻断等安全措施来对非法的网络介入进行防范。

（3）攻击无线通信介入网络。230数传电台微功率无线工作频率为225～240MHz，每间隔25kHz为一个通信信道，攻击者很容易调到相应的无线频率进行监听和窃取数据。另一方面，由于没有统一的安全标准和协议，一般都采用通用的MOSBUS RTU协议格式，攻击者对监听到的数据很容易进行分析。由于无线传输网络的开放性，本质上需通过不断升级和完善无线通信设备自身的安全缺陷方可解决无线通信中的通道问题，但由于升级与完善无线通信设备自身安全缺陷的难度较大、周期较长且成本较高，因此建议通过在网络通道中采取有效的安全防护措施，包括网络认证加密、攻击发现阻断等安全措施来对非法的无线网络介入进行防范。

（4）攻击网络设备跨越网络。目前已经在网络上流传的各品牌交换机（含工控）漏洞、路由器漏洞、OLT漏洞等攻击利用代码数不胜数，除了管理后台及SSH（Secure Shell，安全外壳协议）、SSL（Secure Sockets Layer，安全套接层）等相关漏洞可导致直接的设备入侵控制，从而轻松实现网络跨越的目的外，同时更加高级的数据包解析溢出漏洞可直接引起网络设备工作异常而导致网络无法正常服务。与配电自动化业务主站一样，网络设备及网管系统都是网络通信服务业务的主站，同样存在与业务主站相同的攻击风险。攻击网络设备跨越网络可通过主站向下进行，也可以在接入网接入后向上进行。类似无线通信设备自身的安全缺陷，有线网络中的网络设备也存在相同的问题，本质的解决办法是对网络设备进行软硬件的升级和更新，但面临周期长、难度大、成本高的问题，因此建议在网络通道中采取有效的安全防护措施，包括网络认证加密、攻击发现阻断等安全措施来对非法的网络设备攻击及跨越网络等进行防范。

（5）利用移动介质进入网络。此种攻击途径主要指通过U盘、移动硬盘、手机、共享文件等方式将网络病毒、网络木马等恶意程序传播到网络之中。随着网络病毒、网络木马的传播，不仅对网络直接产生攻击效果，而且可能通过各种边界打开黑客进入内部网络的通道。同时，建议通过在网络通道中采取有效的安全防护措施，包括通信协议识别、攻击发现阻断等安全措施来有效应对此类风险的传播和扩大，并提供及时发现、协同处置的技术支撑。

（二）EPON网络安全防护

通过EPON技术组建的光纤接入网提供了包括ONU设备接入和认证、业务隔离、数据保密、设备安全等通道方面的安全机制，以保障EPON传输通道的安全。

ONU设备接入和认证。ONU设备一般部署于用户家中或楼道、小区等位置，存在仿冒、伪装、欺诈和侵入网络等安全风险，必须对ONU的接入进行认证。只有认证通过的ONU才是合法ONU，被允许接入PON网络。

业务隔离。PON系统层面的用户和业务隔离主要基于虚拟局域网（Virtual Local Area Network，VLAN）实现。PON技术本身上行采用突发方式实现不同ONU之间的天然时隙隔离。在ONU的用户侧，还可基于端口隔离等方式实现用户和业务的隔离。

数据保密。PON的下行采用广播方式，报文会送抵PON口下所有ONU，为确保下行数据通信安全，PON提供了数据加密，普遍采用三重搅动技术。上行数据目前尚未采取相关数据加密技术。

设备安全。设备管理账号和权限控制，基于AAA机制实现认证、授权、审计。

通过以上的通道安全措施，EPON能够为防止非认证的ONU接入OLT网络，能够防范下行光纤数据的窃听和对光纤的攻击利用，同时将接入ONU的各个网络接口以VLAN方式进行逻辑隔离，为业务提供基本的隔离保护。

（三）工业光纤以太网安全防护

通过工业以太网技术组建的光纤接入网提供了包括流量控制技术、访问控制列表（Access Control List，ACL）技术、安全套接层（SSL）等技术，用以保障工业光纤以太网传输通道的安全。在网络安全方面，流量控制技术把流经端口的异常流量限制在一定的范围内。ACL通过对网络资源进行访问输入和输出控制，确保网络设备不被非法访问或被用作攻击跳板，源端口过滤只允许指定端口进行相互通信。设备自身安全方面，SSL允许访问交换机上基于浏览器的管理图形用户界面（Graphical User Interface，GUI）。SSH（v1/v2）加密传输所有的数据，确保IP网络上安全的命令行界面（Command-line Interface，CLI）远程访问。安全文件传送协议（Secure File Transfer Protocol，SFTP）实现与交换机之间安全的文件传输，避免不需要的文件下载或未授权的交换机配置文件复制。

（四）无线专网安全防护

TD-LTE采用了用户身份安全、双向认证、加密和完整性保护等安全防护机制，提高网络的安全能力。

TD-LTE系统采用了临时身份标识和加密永久身份标识两种机制来保护用户身份。临时身份标识是指在空中接口尽可能使用一个频繁更新、临时分配的身份标识来代替永久身份标识，以大大降低在空中接口传送永久身份标识的频次，从而显著降低永久身份标识被空中接口截获的概率。加密永久身份标识是指在空中接口尽可能对传送的身份标识进行加密。

为了应对“非法全球用户识别卡（Universal Subscriber Identity Module，USIM）接入”、伪基站等安全风险，TD-LTE无线网络采取双向认证方式，实现终端用户与无线网络的双方向的身份认证，即：系统要验证终端用户身份是否合法，终端用户也要验证接入网络的合法性。

为了应对“空中接口数据被截获、篡改”等安全风险，TD-LTE采用加密和完整性保护机制来保证通过空中接口传送数据不被截获和篡改。在实行加密和完整性保护措施中，TD-LTE系统引入了两层安全机制，即无线接入（Access Stratum，AS）层安全、非无线接入（Non-access Stratum，NAS）层安全两层安全机制，分别对终端与基站间、终端与核心网间传送的信令或数据进行加密和完整性保护。

电力无线专网的基站与核心网连接通道采用多业务传送平台（Multi-Service Transfer Platform，MSTP）通道，在分区业务中，一般采用不同的核心网来隔离；在同区业务中，一般采用不同的 APN 进行隔离。

（五）无线公网安全防护

无线公网目前同时有 2G、3G 和 4G-LTE 三种无线网络通信技术。在无线网络通信技术方面，2G、3G 和 4G 是无线通信技术演进和安全防护措施强化的过程。

1. 2G 的无线通信技术安全措施

在 GSM 系统中，为了保证只有有权用户可以访问网络并可以选定加密模式对随后空中接口传输的信息加密，采用了 GSM 用户鉴权，增强了用户信息在无线信道上传送的安全性。当用户请求服务时，审核其是否有权访问网络。MSC/VLR（Mobile Switching Center/Visiting Location Register，移动业务交换中心/访问位置寄存器）送鉴权请求给用户，鉴权请求中有一个随机数（RAND）。用户用收到的 RAND 在 SIM 卡上算出回答响应（SRES），放在鉴权响应中并送回 MSC/VLR。MSC/VLR 将收到的 SRES 和 VLR 中所存的进行比较，若相同，则鉴权成功，可继续进行用户所请求的服务；否则，拒绝为该用户服务。用户现访的 VLR 从 HLR（Home Location Register，归属位置寄存器）或用户先前访问的 VLR 取得鉴权数据——鉴权三元组，在下列两种情况下 VLR 要请求鉴权数据：①用户在 VLR 中没有登记，当用户请求服务时，VLR 就向用户所属的 HLR，或可能的话从用户先前访问的 VLR 中取得鉴权数据；②用户在 VLR 中有登记，但 VLR 中所存的该用户的鉴权三元组只剩下两组时，VLR 自动向 HLR 请求用户的鉴权数据。

GSM 用户加密是对空中接口所传的码流加密，使用户的通话和信令不被窃听。MSC 在启动加密模式时，将密钥 Kc 告知 BSS（Base Station Subsystem，基站子系统），这样 Kc 只在有线部分传送。加密密钥的长度是 64bit。

2. 3G 的无线通信技术安全措施

3G 用户身份认证：当用户开机初次注册到网络，将会把用户的永久身份认证码 IMSI 以明文方式发送给 VLR/SGSN（Serving GPRS Support Node，服务 GPRS 支持节点）。在网络验证用户身份之后，将生成临时身份认证码——TMSI（Temporary Mobile Subscriber Identity，临时移动用户识别号）。在此过程中，用户的永久身份验证虽然传送的机会很少，但是这是一个很容易受到攻击的地方。攻击者既可以使用被动攻击——等待以明文传输的 TMSI；也可以使用主动攻击——中间人攻击。因此，为了增加系统的安全性，将 IMSI（International Mobile Subscriber Identification Number，国际移动用户识别码）的发送进行安全性保护是很有必要的。

（1）密钥、算法协商。在 3G 系统中，增加了密钥协商机制。加密算法协商和完整性密钥协商都是通过用户和网络之间的安全协商机制实现的。当移动台需要与服务网络之间以加密方式通信时，应按照下列规则做出判断：

1）如果移动台和服务网络没有相同版本的UEA（加密算法），但是网络规定要使用加密连接，则拒绝连接。

2）如果移动台和服务网络没有相同版本的UEA，但是网络允许使用不加密的连接，则建立无加密的连接。

3）如果移动台和服务网络有相同版本的UEA，则由服务网络选择其中一个可接受的算法版本，建立加密连接。

用户信息和信令信息的完整性保护需要在服务网络与移动台之间按照下列规则进行算法协商：

1）如果移动台和服务网络没有相同版本的UIA（完整性算法），则拒绝连接。

2）如果移动台和服务网络有相同版本的UIA，由服务网络选择一种可接受的算法版本，建立连接。由于3G网络增强了用户对安全特性的可见性和可操作性。通过实现算法协商，增加了3G系统的灵活性，使不同的运营商之间只要支持一种相同的UEA/UIA，就可以跨网通信。移动用户和网络之间可以协商加密算法和加密密钥，增强了用户对网络安全的可操作性，用户可以根据自己的需要与网络协商安全特性。

（2）用户信息加密。在完成了用户鉴权认证以后，在移动台生成了加密密钥CK。这样用户就可以以密文的方式在无线链路上传输用户信息和信令信息。发送方采用分组密码流对原始数据加密。接收方接收到密文，经过相同过程，恢复出明文。

（3）用户信息完整性保护。在3G中，采用了消息认证来保护用户和网络间的信令消息没有被篡改。发送方将要传送的数据用完整性密钥IK经过f9算法产生的消息认证码MAC，附加在发出的消息后面。接受方接收到的消息用同样的方法计算得到XMAC。接收方把收到的MAC和XMAC进行比较，如果两者相等，说明收到的消息是完整的，在传输过程中没有被修改。

3. 4G安全防护措施

无线公网使用的4G-LTE与无线专网的只是存在频段上的区别，安全措施方面一样，且4G-LTE作为3G技术的长期演进，安全机制得到了较多的传承，也可参考3G安全措施加强理解。

以上无线公网技术体制安全措施的比较如表7-16所示。

表7-16　　无线公网技术安全措施比较

项目	2G	3G	4G-LTE	分析比较
网元	BTS，SGSN	NodeB，SGSN	eNodeB，MME，S-GW，P-GW，HSS	LTE比2G/3G网元数量多，分工细化，将信令传输与数据传输分开
鉴权	Comp-128算法	Millenage算法	Millenage算法	Comp-128算法破解技术普及，Millenage破解技术目前仅少数人掌握，安全性稍高，但SIM/USIM卡可复制

续表

项目	2G	3G	4G-LTE	分析比较
密钥	64bit	128bit	128bit	密钥长度增加，使破解难度增加
算法特性	加密算法不公开，且固定不变	算法协商，密钥更新和推衍	算法协商，密钥更新和推衍	密钥推衍可以防止下级密钥泄露而导致上级密钥泄露的问题
单/双向	单向认证	双向认证	双向认证	双向认证能够提高抵抗伪基站攻击的能力
完整性	无	信令完整性	信令完整性	3G、4G-LTE 均具备信令完整性
加密部分	只有无线部分加密	所有链路数据加密	所有链路数据加密	2G 网络中只有无线部分加密，在有线传输的过程中是明文，不安全
算法	A5	KASUMI，SNOW3G	AES，SNOW3G，ZUC	AES 算法效率及安全强度高于 A5
SIM/USIM	SIM	SIM/USIM	USIM	LTE 网络只允许接入 USIM，以实现双向认证。3G 为了保证兼容性，存在部分使用 SIM 卡的场景，SIM/USIM 卡存在被复制而导致非法终端接入的风险

第六节 低压智能配电台区技术

智能配电台区是指单台配电变压器高压桩头到用户的供电区域，由配电变压器、智能配电单元、低压线路及用户侧设备组成，实现电能分配、电能计量、无功补偿以及供用电信息的自动测量、采集、保护、监控等功能，并具有“标准化、信息化、自动化、互动化”的智能化特征。

智能配电台区建设应该突出集成、综合、延伸、智能等特点。“集成”是指配电监测终端应该集成有关配电变压器及低压负荷的诸多监测控制功能，“综合”是指具备电气参数采集、非电气量采集、无功补偿控制、低压配电网经济运行分析、电能质量基本分析、故障指示、低压系统馈线自动化等功能于一体；“延伸”是指配电监测终端应该延伸到低压网络，而不仅仅是配电变压器本身，包括低压侧线损统计分析等功能；“智能”是指该终端具备自感知、自适应、自判断、自处理等功能，代表了低压配电网智能化发展的方向。

一、低压智能台区建设的基本功能

智能配电台区的功能主要由智能配电单元实现，智能配电单元主要实现电能分配、电能计量、用电安全、电能质量治理、遥控、数据采集、数据的计算统计、设备状态监测、用电状态监测、安全防护、通信及其他功能。

1. 电能分配

智能配电单元将 10（20kV）配电网的电能降压后分配给一个或多个出线回路。

2. 电能计量

智能配电单元需具备计量功能，满足营销对配电台区关口考核的要求。

3. 用电安全

（1）进线开关采用断路器时应具有瞬时脱扣、短延时脱扣、长延时脱扣三段保护；

（2）出线开关应具有瞬时脱扣、短延时脱扣、长延时脱扣三段保护；

（3）TT 系统或 TN 系统中的电路发生绝缘损坏故障且故障电流值小于过电流保护装置的动作电流值时，出线开关应具有剩余电流保护功能；

（4）进线开关、出线开关的瞬时脱扣、短延时脱扣、长延时脱扣、剩余电流保护的整定值应能通过远程通信接口进行设置。

4. 电能质量治理

（1）无功功率的自动跟踪补偿功能能实时跟踪负荷的无功功率状况，实现电容器的自动投切，支持三相共补、分补并联使用的混合补偿；

（2）抑制谐波或滤波功能，满足用电现场或用户对谐波抑制或滤波的要求；

（3）三相不平衡电流的治理功能。

5. 信息采集

（1）设备运行状态信息包括：

1）油浸式变压器的油温；

2）油浸式变压器的瓦斯保护状态；

3）有载调压、有载调容变压器的挡位状态；

4）干式变压器的绕组温度；

5）干式变压器的风机状态；

6）进出线开关的开闭状态。

（2）进线用电信息采集：

1）交流模拟量包括电压、电流、有功功率、无功功率、功率因数、频率等；

2）电能量数据包括总电能示值、各费率电能示值、最大需量及其发生时间等。

（3）出线用电信息采集：

1）交流模拟量包括各出线回路的电压、电流、有功功率、无功功率、功率因数、频率等；

2）用户数据包括各个用户总电能示值、各费率电能示值、电能表工况、电压、停电信息等。

（4）用电环境数据采集：

1）环境温度；

2）环境湿度；

3）水位报警状态；

4）烟感报警状态。

（5）用户侧数据包括用户表计、电动汽车充电数据采集、低压分布式电源接入的数据采集。

（6）数据采集方式：

1）定时自动采集支持对采集的起始时间、采集数据项、采集间隔、采集对象进行设置；

2）随机召测支持人工随机召测，可对采集数据项、采集对象进行选择；

3）故障信息实时报警支持各类异常事件自动上报。

6. 统计分析

根据所采集的原始数据，对其进行统计分析，所计算统计的数据应包括但不限于如下数据。智能配电单元可按日、月或自定义时间段实现上述数据的分类统计分析。

(1) 变压器的计算统计数据

1）变压器负载率的就地分析计算；

2）变压器铜损、铁损的就地分析计算；

(2) 进线处需统计的数据

1）稳态电能质量数据包括电压、频率、功率因数、电压三相不平衡度、3～13 次电压分相奇次谐波含有率及总畸变率、电流三相不平衡度、3～13 次电流分相奇次谐波含有率及总畸变率。统计内容包括最大值及其发生时间、最小值及其发生时间、合格率等。计算统计方法参照 GB/T 12325《电能质量　供电电压允许偏差》、GB/T 14549《电能质量　公用电网谐波》、GB/T 15543《电能质量　三相电压允许不平衡度》、GB/T 15945《电能质量　电力系统频率允许偏差》执行。

2）暂态电能质量数据包括电压的波动与闪变、暂时或瞬态过电压、电压暂降与短时中断等。计算统计方法参照 GB/T 12326《电能质量　电压波动和闪变》、GB/T 18481《电能质量　暂时过电压和瞬态过电压》、GB/T 30137《电能质量　电压暂降与短时中断》执行。

3）停电时间。

(3) 出线处需统计的数据包括各分支出线停电时间。

(4) 电能质量治理装置需统计的数据包括电能质量治理装置在设定时间内输出的无功电量。

(5) 台区的计算统计数据：智能配变终端可通过接口对用电信息采集装置数据进行采集和监控，实现台区线损的就地分析计算。

7. 设备与用电状态监测

在状态监测过程中所产生的所有事件均实现本地存储，并根据配置实现事件的实时主动上传及主站召测。

(1) 配电变压器监测：

1）对油浸式变压器的油温或绕组温度进行监测，当油温或绕组温度超过预设阀值时产生事件；

2）对油浸式变压器的瓦斯保护动作状态进行监测，当瓦斯保护动作状态发生变位时产生事件；

3）对干式变压器的绕组温度进行监测，当绕组温度超过预设阈值时产生事件；

4）对有载调压、有载调容变压器的挡位状态进行监测，当起状态发生变化时产生事件；

5）对干式变压器的风机投入状态进行监测，当风机投入状态发生变位时产生事件。

（2）电能质量治理设备监测：

1）对电容器型无功补偿装置的电容器容量进行监测，当电容器的容量衰减到设定比例时产生事件；

2）对电容器型无功补偿装置的投切开关故障监测，当电容器的投切开关发生故障时产生事件；

3）对静止式无功发生器的运行故障监测，当装置发生故障时产生事件；

4）对自动换相开关的实时位置状态监测，当开关位置发生变化时产生事件。

（3）进出线开关监测：

1）支持智能配电单元进线、出线的停电状态监测，当监测到停电状态时产生事件；

2）支持进出线开关的开闭状态监测，当进出线开关状态发生变位时产生事件；

3）支持对有功功率的方向进行监测，当监测到有功功率反送时产生事件；

4）当进出线开关发生故障跳闸时，支持获取进出线开关的故障报告。故障报告实现本地存储，可由主站系统进行召测。

（4）环境监测：

1）支持对环境温度、湿度进行监测，当两者超过预定阈值时产生事件；

2）支持对水位报警状态进行监测，当现场水位报警状态发生变位时产生事件；

3）支持对环境烟感状态进行监测，当现场烟感报警状态发生变位时产生事件。

8. 安全防护

在安全防护过程中所产生的所有事件均实现本地存储，并可根据配置实现事件的主动上传。

（1）门禁管理：支持对门禁卡及其所属人信息的管理，可通过远程命令开启指定门锁，能统计门禁卡开门和远程开门的记录，并在发生非法开启行为时产生事件。

（2）视频管理：

1）支持通过图像传感器监视配电单元安全运行情况；

2）可通过远程命令实现拍摄，并可获取所拍摄照片；

3）在发生门禁系统的非法开启事件、烟雾状态报警事件时启动拍摄，其照片可作为事件的附带数据进行本地存储及上传。

（3）网络安全防护技术（信息安全）：网络安全防护技术要求依据《国家能源局关于印发电力监控系统安全防护总体方案等安全防护方案和评估规范的通知》（国能安全

〔2015〕36号）执行，采用具有安全防护功能的硬件安全模块，实现对配电台区数据存储、传输的加密和解密，保证数据的准确性、可靠性和安全性。

9. 配电网相关信息系统数据接入

智能配电台区远程主站系统应支持按配电网相关信息系统要求统计数据，并按定制规则开放数据接口，实现全方位台区管理。

10. 用户互动

智能配电台区可支持智能充电桩信息的采集和监测，实现充电桩的有序管理，可对分布式电源接入设备的运行数据进行监控与管理。

二、低压智能台区新设备及应用

（一）低压智能开关

建设低压智能配电台区，配电箱内的出线开关可采用低压智能开关，实现以下功能：

（1）具备低压出线测量功能，为三相不平衡调节、精细化线损管理、支路潮流监测与控制提供数据支持。

（2）具有三段式保护功能：过载长延时保护，短路短延时保护，短路瞬时保护。

（3）采用插拔式结构，电路部分故障可快速更换，无需停电。

（4）具备电子式塑壳断路器、漏电保护器、出线监测终端、测量TA、电压监测仪、重合闸控制器等设备的功能。

低压智能开关与剩余电流断路器的比较见表7-17。

表7-17　　低压智能开关与剩余电流断路器比较

序号	功能	普通开关（剩余电流保护断路器）	低压智能开关
1	出线电压电流监测		√
2	故障预警	√	√
3	电能质量监测		√
4	测量功能		√
5	三段式保护	√	√
6	剩余电流综合保护	√	√
7	重合闸功能	√	√
8	通信	RS485通信	RS485通信和小无线通信

（二）低压分支监测单元

智能配电台区的建设需要大量的监测和控制设备，如：进线开关采用电动操作机构以实现自动分合闸，出线开关采用剩余电流断路器，以实现自动漏电保护分合闸，或者在出线电缆处加装电流互感器以监测出线电流。在居民用电侧可安装集抄器，实现智能电表数据自动抄表。但是，对于分支电缆的监测缺乏手段，而且安装不方便。

图7-37给出了低压分支监测单元在监测分支回路的应用。

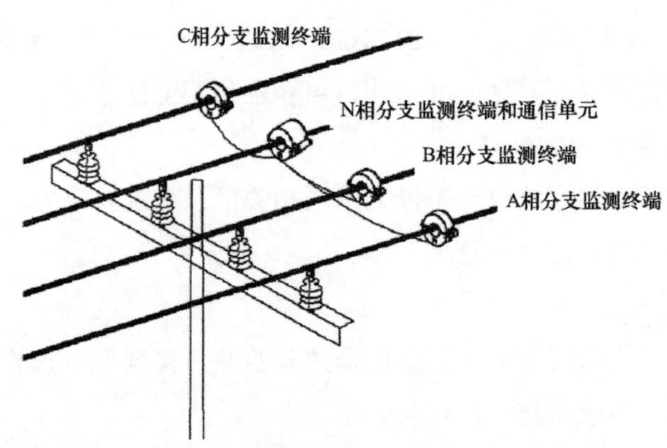

图 7-37　低压分支监测单元现场安装示意图

N 相低压分支监测单元和通信单元，将 A 相、B 相、C 相的分支监测终端采集的数据通过通信单元上传智能配变终端。

低压分支监测终端实现了以下功能：

(1) 分支回路电流的测量。采用独立的保护用电流互感器和测量用电流互感器，保护用电流互感器用于测量线路的故障电流以及实现线路故障检测功能，测量用电流互感器用于测量线路的负载电流、有功功率和无功功率等。

(2) 数据采集功能。应具备线路的相电压、相测量电流、相有功功率、相无功功率、温度、相保护电流的采集和计算功能。

(3) 相故障指示功能。应具备相故障指示功能，宜以保护电流基波分量作为故障判别输入量，故障指示动作后状态应保持直至复归。

(4) RS485 通信功能。应具备 RS485 接口的免调试通信功能，通信接口应与相电压输入、工作电源等电气隔离。

(5) 参数设置功能。应具备通道系数、相故障指示动作值等参数设置功能。

(6) 显示功能。指示灯应具备明显的单元运行状态及相故障状态指示，应具备单元运行模式及故障指示复归的按钮。

(三) 其他相关智能化设备

智能配变终端（TTU）在低压智能配电台区建设中发挥了重要作用，使得低压智能台区的智能化、数据化、自动化得到较大的提升和发展。建设高质量的低压配电台区，对智能配变终端（TTU）的功能要求和结构都提出了较高的要求。新型智能配变终端（TTU）也需要在使用中不断改进和完善，使产品更贴近市场需求。配电箱内智能化设备示意图如图 7-38 所示，配电箱外智能化关联设备示意图如图 7-39 所示。

为提高供电可靠性，需要实现变压器参数监测、台区区域故障判断、开关（断路器）触点压降监测，故障录波和预警监测，环境温度、环境湿度、烟雾、风力、位移和水位监测，门禁管理等功能，需要配置智能配变终端、低压故障诊断与预警装置、出线监测终端、环境监测模块、水位传感器、烟雾传感器等。

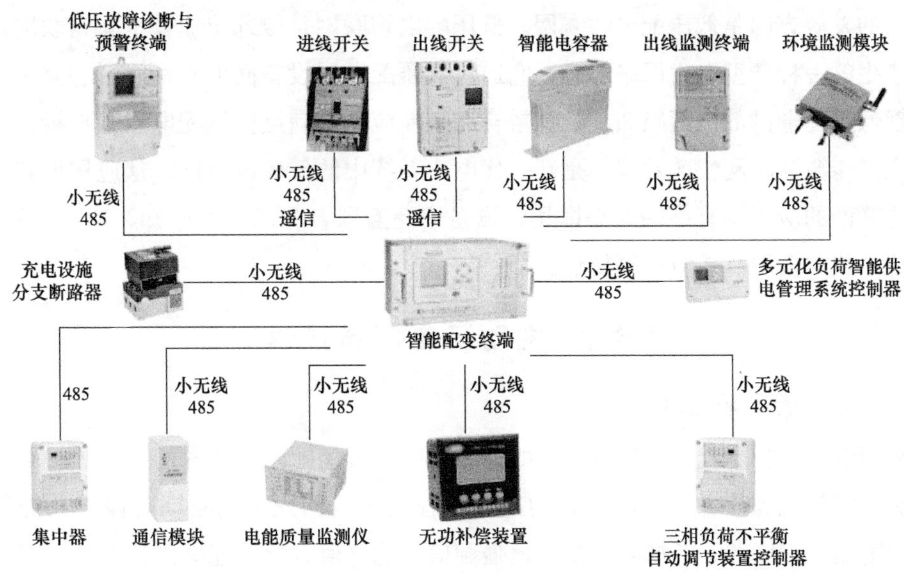

图 7-38 配电箱内智能化设备示意图

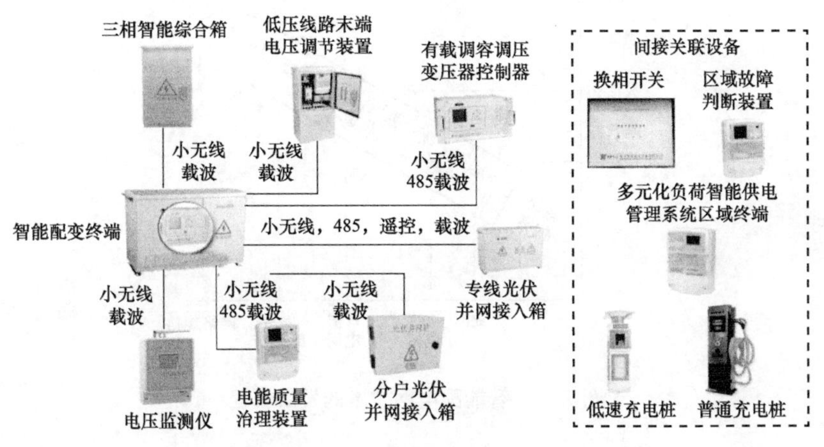

图 7-39 配电箱外智能化关联设备示意图

为提高供电质量及用电安全，需要实现过载、三相不平衡、反潮流监测、防孤岛装置监测、漏电流监测等功能，并实现稳态暂态电能质量监测和治理等功能，配置电压监测仪、低压末端电压调节装置、三相负荷不平衡自动调节装置（换相开关）、电能质量监测仪、无功补偿等电能质量治理装置。

为实现用户友好互动，需要配置智能电能表、光伏并网接入箱、能效管理终端、智能充电桩、智慧路灯、多元负荷管理终端等。

三、低压智能低压台区发展趋势

低压智能台区已经在部分地市公司进行了试点应用，但是由于采用传统的技术路线，加之低压配电台区覆盖范围广，需要监测的信息量大，其发展受到一定的限制。低压智能配电台区的发展方向是低压配电物联网。低压配电物联网是传统工业技术与物联网技术深度融合产生的一种新型电力网络形态，它通过低压配电网设备间的全面互联、互通、互操作，实现低压配电网的全面感知、数据融合和智能应用，满足低压配电网管理精益化管理需求，支撑能源互联网快速发展，是新一代电力系统中的低压配电网。从应用形式上，低压配电物联网的应用具有终端即插即用、设备广泛互联、状态全面感知、应用模式升级、业务快速迭代、资源高效应用等特点。

第七节 主动配电网新技术

一、主动配电网的特征

主动配电网是智能配电网技术发展的高级阶段。智能配电网技术的发展是一个长期的过程，也是能量流和信息流不断融合的过程。智能配电网发展的早期阶段强调能量的价值，随着智能化程度的不断提高，更多地强调信息的价值。智能配电网技术的发展历程见图 7-40。

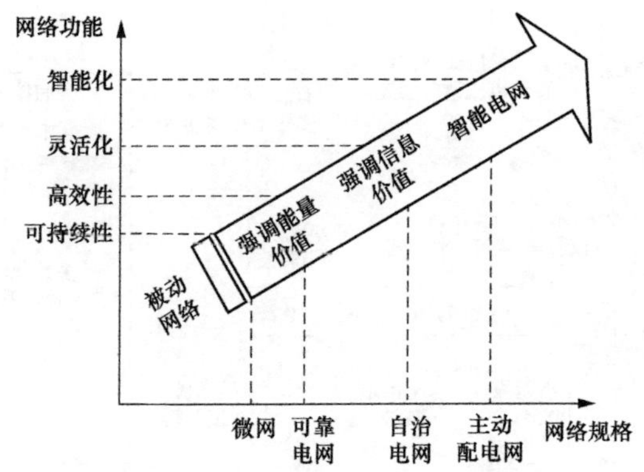

图 7-40 智能配电网技术的发展历程

可以看到，微网技术用于解决分布式电源（Distributed Generator，DG）尤其是可再生能源的兼容问题，微网通过公共连接点与电网相连，使用一系列协调控制技术实现微网内部 DG 的优化运行并满足用户对于电能的高质量需求。微网作为一种自下而上的方法，能集中解决网络正常时的并网运行以及当网络发生扰动时的孤岛运行，是实现 DG 与本地电网耦合较为合理的技术方案。但微网技术以分布式能源与用户就地应用为主要控制目标，限制了其应用范围。主动配电网在微网对于 DG 协调控制技术的基础上，注重信息价值的作用，并且采用自上而下的设计理念，同时关注局部区域的自主控制和全网的最优协调，是一种可以兼容微网及其他新能源集成技术的开放体系结构，是智能电网发展的高级阶段。此外，从规模效益来看，主动配电网是整个配电网层面对可再生能源进行消纳，其对于可再生能源的接入半径更大，可接入的可再生能源容量规模更大，因此对绿色清洁能源的利用也更多。

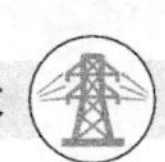

另外，主动配电网与现阶段含DG的单向供电被动式配电网也有明显区别，其具有以下主动控制特征：

（1）间歇式能源消纳。被动式配电网采用就地消纳间歇式能源模式，若间歇式能源所发电力过剩，配电网本身没有调节能力，无法上送配电网，只能降低其出力运行；而主动配电网具有消纳间歇式能源的调节能力，若间歇式能源所发电力过剩，在满足配电网运行约束的条件下，通过柔性负荷及多层次电网的分层消纳能力消纳过剩的间歇式能源。

（2）DG的调度。被动式配电网中DG用来平衡本地负荷，由于功率无法上送至配电网，无法参与配电网的最优潮流运行；而在主动配电网中，通过源网协调控制系统，将DG作为可控可调度机组参与最优潮流的调度运行。

（3）DG的保护。被动式配电网出现故障时，DG退出运行；而在主动配电网中，当配电网出现故障时，允许在主动配电网的管理系统协调控制下，继续给非故障区域的重要负荷供电。

（4）DG的监控。被动式配电网中独立建立DG监控系统，无法与配电自动化协调控制；而在主动配电网中，DG监控系统与配电自动化系统实现源网协调一体化设计，可以协调DG与配电网的控制。

主动配电网的特点直接决定规划策略和方案的选择。国际大电网会议（CIGRE）C6.11工作组针对传统配电网和主动配电网提出了表7-18所示的特性比较。

表7-18　主动配电网与传统配电网的特性比较

比较项	传统配电网	主动配电网
自动化程度	相对较少	普遍存在
控制策略	本地控制	集成分层控制
分布式电源建模	通常为同步电机	多种分布式电源类型、精确的短路模型能量预测、多种控制模式
规划指标	容量要求、系统损耗短路电流水平	容量要求、系统损耗、能量存储削减DG、短路电流水平
规划要求	增加新容量，三相平衡	增加新容量，三相平衡，峰荷管理方法，增加储能
需求侧接入	大用户对于系统的影响	多种参与方式，基于行为或概率模型
可视化工具	不可用	需要对分类的网络进行具体分析
可靠性	经典规则	各种潜在故障（包括网络设备和分布式电源）需要详细模型，同时与其他分析相结合
通信网络建模	没有应用	对不同设备的通信需求依赖进行评估
高级配电应用	没有应用	定量化收益并进行商业分析，同时进行多种分析

二、技术架构

配电网柔性协调控制是指通过对分布式电源、配电网、储能装置、柔性负荷等源网荷元素之间的柔性协调控制，提升配电网对分布式能源的消纳能力，降低配电网运行过程中的峰谷差和综合网损，满足用户对高品质供用电的定制需求，促进终端用户对配电网优化运行的主动参与，有效提升能源综合利用率。

为实现对配电网全景全量信息的获取，需研究调度自动化系统、用电信息采集系统、分布式电源监控系统等信息融合技术，并配置即插即用的配电终端，实现量测的集成共享和方便部署，以满足配电网源网荷数据采集的需求；并通过开展负荷和分布式电源预测，获取预测信息；最后，通过对采集信息中不良数据的检测和辨识，为源网荷柔性协调控制中的优化、控制与恢复提供数据信息支撑。

基于感知数据，开展稳态情况下的较长时间尺度配电网的全局优化，关键技术内容包括能量管理协同优化调度和无功电压优化两个方面。源网荷（储）协同优化调度关键技术包括多时间尺度、多维度、多目标的优化，利用分布式电源、柔性负荷的配电网有功优化调度和网络重构技术，并且考虑柔性负荷调节对配电网络运行结构优化的影响，促进分布式能源的消纳、降低电网运行峰谷差，实现配电系统的高效运行；无功电压优化的关键技术是在满足网络约束的前提下，通过无功补偿设备、变压器分接头调节、分布式电源无功输出、配电网络重构来实现系统电压质量最优，降低配电网运行损耗，提高电网无功电压水平等。

基于源网荷优化结果，开展配电网协调控制，关键技术内容包括分布式电源消纳控制、无功电压控制、柔性直流配电系统控制和（Distributed Flexible AC Transmission System）DFACTS设备协调控制四个方面。源网荷（储）协调控制的关键技术包括区域自治策略、协调控制器，通过对配电系统分布式电源、储能、可控可调负荷的功率调节，提高分布式电源高渗透率消纳能力，降低电网峰谷差；网源（储）无功电压控制的关键技术包括对传统无功电压控制设备、分布式储能装置、具有无功调节能力的分布式电源等的协调控制策略，提高配电网无功电压运行水平，降低网络损耗；柔性直流配电系统控制的关键技术包括主从控制和电压裕度控制，利用直流配电系统的柔性开放接入能力，实现多端柔性直流配电系统与交流配电系统的协调控制，提升网络的运行调控能力；对DFACTS设备、储能设备、电动汽车充电装置进行协调控制，关键技术包括各类DFACTS设备系统控制、储能与分布式电源协调控制以及有源电力滤波器（APF）和电动汽车充放电装置协调控制等策略，满足优质电力园区的电能质量需求。

配电网故障恢复关键技术内容包括含分布式电源配电系统故障分布式自愈和含分布式电源配电系统故障恢复。分布式自愈主要通过分布式馈线自动化实现故障的快速处理，关键技术包括IEC 61850建模、有向节点配置和分布式馈线自动化动作策略。配电系统故障恢复需要考虑不同类型的分布式电源对配电系统的分布式馈线自动化和故障恢复策略的影响，其关键技术是一个多目标、多时段、多组合、多约束的非线性最优化问题，最终得到的解是一系列开关动作组合。配电网柔性协调控制技术体系如图7-41所示。

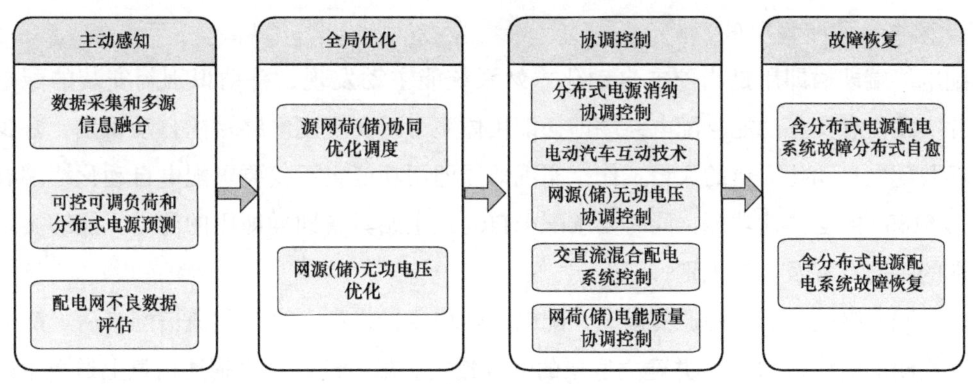

图 7-41 配电网柔性协调控制技术体系

三、配电网主动感知

配电网主动感知技术主要包括态势觉察、数据评估和态势预测三个方面，基于配电自动化系统、用电信息采集系统、调度自动化系统和分布式能源监控系统，针对配电网中电源侧、网络侧和负荷侧的海量数据进行获取、检测与辨识、预测，为全局优化、协调控制以及自愈恢复等技术的实施奠定数据基础。

（一）数据采集和多源信息融合

信息融合共享的标准模型中心技术和配电终端即插即用技术，其核心是根据配电网源网荷互动的实际需求，融会贯通配电网各信息系统，并配置即插即用的配电终端，实现量测的集成共享和方便部署，经济高效地获取所需要的数据。

1. 标准模型中心

标准模型中心的作用是形成模型统一、数据全面、层次清晰、数据质量有保证的全量数据。如图 7-42 所示，在配电网柔性协调控制系统中，主动感知模块汇集从其他支撑系统中获取的源网荷数据和模型信息，为全局优化、协调控制和自愈恢复提供信息支撑。主动感知、全局优化、协调控制和自愈恢复四大技术模块通过可视化技术进行运行、分析、优化结果展示。

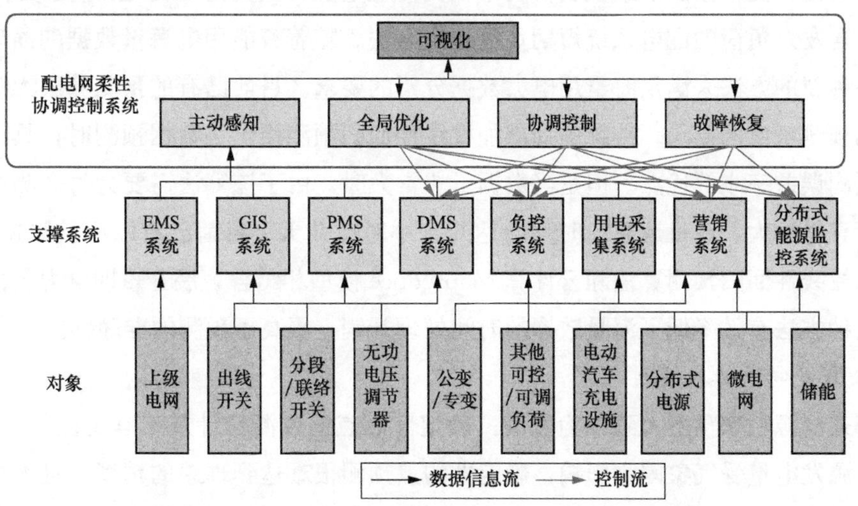

图 7-42 配电网柔性协调控制系统的信息流与控制流

2. 配电终端即插即用

配电终端即插即用是指配电自动化主站系统能主动发现、自动识别新安装的配电终端，并实现信息交互功能。配电终端即插即用体系可以实现配电终端的自动识别，减少工程现场及配电自动化人员的大量工作。实现即插即用功能，不仅要求配电自动化终端有基于 IEC 61850 的自描述功能，同时要求配电自动化主站具备即插即用的能力，能够实现配电终端的主动发现及自动识别。

（1）配电终端即插即用通信模式。配电终端现场接入配电自动化通信网络后，配电主站主动检测配电终端的 IP，并建立底层的通信连接。配电终端将自描述信息上送至主站前置服务器，前置服务器根据自描述信息识别终端，并判断配电终端是首次接入还是通道退出后的再次投入，经过配电终端与配电自动化主站协同处理，实现配电终端的自动接入。

（2）配电自动化模型映射。配电自动化模型映射功能是配电自动化实现配电终端即插即用的核心，配电自动化主站系统的模型一般是基于 IEC 61968/61970 从外部系统导入，配电终端的自描述信息是基于 IEC 61850。双方来自不同的标准体系，虽然两者都用可扩展标记语言（Extensible Markup Language，XML）进行描述，但只能在语法和结构方面起到规范作用，而在表达模型语义方面差别较大，在配电领域还没有直接的映射关系。

（二）可控可调负荷和分布式电源预测

态势预测是对配电系统中的各种变化因素，如负荷侧的可控可调负荷、储能、电动汽车、电源侧的分布式电源等变化趋势进行预测。态势预测技术主要包括短期负荷预测和分布式电源出力预测。

1. 短期负荷预测

（1）配电系统负荷分类。不同于仅含固定负荷的传统配电网，源网荷互动环境下配电系统中部分负荷可响应某些调节机制，在一定程度上参与电网调度。由于新型负荷的出现，原有负荷预测中涉及的最大负荷功率、负荷电量及典型负荷曲线均发生了变化。

（2）含友好负荷的配电系统短期负荷预测方法。随着智能用电海量数据的涌现，必须要寻找一种新的方法来满足海量用电大数据分析的要求。目前已有的预测算法无法满足预测速度和预测精度的要求，传统的局部加权线性回归预测用于小数据预测时，具有训练速度快、预测误差率小等优点。但是当数据量非常大时，由于该算法需要为每个测试点寻找近邻，运算量很大，单机运算的时间会达几个小时或几天。目前已有以海量数据为基础，将局部加权线性回归预测算法和云计算 Mapreduce 模型相结合，展开短期电力负荷预测的方法。这种方法有效降低了海量数据的时间处理开销，提高了预测的准确率。

2. 分布式电源功率预测

分布式电源功率预测大致分为两类：确定性的点值预测和计及不确定性的概率预测。分布式电源发电量受气象因素影响，确定性的点预测很难达到理想的精度，且无法表达预测结果的不确定性和概率可信程度。相比之下，概率预测方法能够给出下一时刻所有可能

的光伏发电量的数值及其出现的概率，覆盖了比较全面的预测信息，对在合理风险水平下安排电力系统运行与调控计划更具价值。

（三）配电网不良数据评估

数据评估是利用拓扑分析或者数值分析技术，实现配电网不良数据检测和辨识。不良数据检测是指判断某次量测采样中是否存在不良数据。不良数据辨识是指在发现某次量测采样中存在不良数据后，确定哪个或哪些量测是不良数据。

电力系统量测数据通常可以看作是有效的量测数据和量测噪声的线性组合，通常情况下，量测噪声为白噪声，经过一定的技术处理手段，如数字滤波、提高量测冗余度等，白噪声对于电力系统状态估计结果带来的影响是很微弱的。当量测数据中包含有偏离实际量测数据变化轨迹较远的不良数据时，由于每一具体的估计算法都对应于特定的量测噪声分布模型，这些不良数据的出现导致实际量测噪声分布与假设分布模型之间存在一定的偏差，从而影响到估计结果的正确性。

在电力系统状态估计迭代计算过程中，完成每次估计迭代后得到一组新的状态估计值。根据该组状态估计值，通过量测方程计算出量测估计值，从而获得量测残差。一般来说，量测数据中是否存在不良数据，会在量测残差中表现出来，因此，不良数据的检测及辨识可以通过处理量测残差来实现。

四、配电网全局优化

配电网全局优化技术涵盖源网荷（储）协同优化调度和无功电压优化两个方面。源网荷（储）协同优化调度主要利用分布式电源、柔性负荷和储能设备参与配电网优化调度，涵盖分布式电源、柔性负荷的配电网有功优化调度和网络重构技术，并且考虑柔性负荷调节对配电网络运行结构优化的影响，通过源、网、荷之间的互动，促进分布式能源的消纳，降低电网运行峰谷差，提高配电系统的安全性、可靠性、优质性、经济性、友好性指标，实现配电系统的高效运行；无功电压优化基于源随网动和荷随网动的互动机理，实现无功可调分布式电源、储能等设备参与配电网无功电压优化调节，降低配电网运行损耗，提高电网无功电压水平等。

源网荷（储）协同优化调度对象分布在分布式电源微网、配电网及需求侧负荷 3 个层面：对风机、光伏、储能、柔性负荷等微网内部的分布式电源设备进行优化调度，可以实现分布式电源/微网的功率平衡和优化运行；对柱上开关、环网柜、配电变压器等配电网层面设备进行优化调度，可以保证配电网的经济运行；对需求侧的工业负荷、商业负荷、居民负荷、电动汽车等可控可调用电设备的用电行为进行分析，可以在不影响用户用电满意度的前提下实现削峰填谷，提高电网运行效率。

网源（储）无功电压优化是在满足网络约束的前提下，通过调节各种无功补偿设备和分布式电源、储能设备等其他可以改变系统无功潮流的手段，确定未来某一时刻或者某一时段内配电系统设备的运行状态，从而保证整个系统运行的安全性、经济性及稳定性。

五、配电网协调控制

配电网协调控制技术包括源网荷（储）协调控制、无功电压控制、柔性直流配电系统控制和DFACTS设备协调控制四个方面。源网荷（储）协调控制通过对配电系统可调控资源的有功控制，实现对分布式电源、分布式储能、电动汽车、柔性负荷的互动协调控制，提高分布式电源高渗透率消纳能力，降低电网峰谷差，为网源荷柔性协调控制提供强有力的技术支撑；网源（储）无功电压控制技术利用无功可调的分布式电源参与配网无功电压控制，构建集中协同控制和分散自治控制体系，提高配电网无功电压运行水平，降低网络损耗；柔性直流配电系统控制利用直流配电系统的柔性开放接入能力，实现多端柔性直流配电系统与交流配电系统的协调控制，提升网络的运行调控能力；通过对DFACTS设备、储能设备、电动汽车充电装置的协调控制，实现网荷柔性协调控制，满足优质电力园区的电能质量需求。

（一）分布式电源消纳协调控制

源网荷（储）协调控制基于分层协调控制体系，实现了分布式能源的有效消纳。在控制区域划分和信息交互的基础上，上层优化结合长周期功率扰动的预测信息，给出了长时间尺度的调度策略，提高系统经济效益；下层局部自治控制技术能在短时间尺度下快速响应小幅度短周期的实时扰动，以修正实际运行状态与全局优化理想状态的偏差，使得配电系统在扰动下更加趋近于全局优化的运行状态。全局优化可以定期或在给定条件下启动，实现控制模式之间的主动切换，适应不同级别间歇式能源波动，在最大程度上消纳间歇式能源。

（二）电动汽车与电网互动

电动汽车与电网互动（Vehicle to Grid）是指接入电网的电动汽车与电网在能量和信息上的实时、高效、可控的交互，如图7-43所示。大规模电动汽车以分布式储能单元的

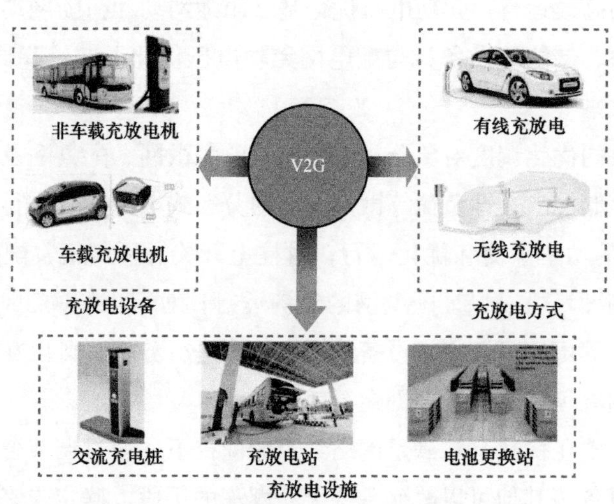

图7-43　电动汽车与电网互动场景

角色参与电网运行，在满足电动汽车用户基本行驶需求的前提下，当用电高峰时向电网放电，在用电低谷时对电动汽车进行充电，为电网和可再生能源发电提供缓冲，提高可再生能源的渗透率，减小电网负荷波动，提高电网综合运行效率。

（三）配电网无功电压控制

配电网无功电压控制策略主要有集中式的协同控制和分散式的自治控制，通过充分利用分布式电源和无功调节设备，如电容器组、静止无功补偿装置，实现源网（储）无功电压控制。

1. 集中式的协同控制

传统配电网由于网架结构相对固定、调控设备较为单一，且受通信系统的限制，多数采用“站内自动控制、站外就地控制”的措施；而配电网柔性协调管理系统配置了配电网自动化、通信和能量管理系统等，实现了对分布式电源、电网、负荷等源网荷的全面量测，具备全局协同控制、精准控制的环境和条件。配电系统的无功集中控制对象可以分为以下三类：①传统的无功电压控制设备，如电容器、有载调压变压器（On-Load Tap Changer，OLTC）等；②增强型设备，如分布式储能装置、配电网静止同步补偿器（D-STATCOM）等；③具有无功调节能力的分布式电源等。

配电网柔性电压分层协调控制系统由配电系统 DMS、区域协调控制器和本地自治控制器三部分组成。其中，DMS 通过配电网数据采集与监控系统采集的网络运行数据计算控制指标，下发给各区域协调控制器并经由区域协调控制器转发给各本地自治控制器。本地自治控制器通过控制并联电容器、SVC 及无功输出可控分布式电源确保自治控制区域内的电压水平；区域协调控制器通过与本地自治控制器交互结合控制指标及电压状态完成有载调压变压器动作档位调节，确保各区域控制节点电压水平。

2. 分散式的自治控制

现有的配电网数据采集与监控系统由于其构架和通信能力的局限，难以支撑高效的区域集中控制。同时，某些时候可能发生的数据错漏或者通信故障也会影响配电系统的集中控制，威胁系统的安全运行。因此，在过渡阶段可以采用针对配电系统的分散式无功控制技术。

传统的集中式控制方案中电压控制主要是在变电站中进行，无法避免分布式电源接入引起的电压抬升问题。在并网点电压合格时分布式电源采用定功率因数控制模式，在电压越限时采用电压控制模式，调节分布式电源无功出力使得节点电压合格，最大限度减少分布式电源对节点电压的影响。以电压为判据对无功出力进行控制，把分布式电源并网点的电压范围分为允许区间、控制区间和操作区间，基于电压灵敏度分析实现分散式的无功/有功控制，在维持电压合格的同时力求减少配电网有功损耗和配电网与分布式电源之间的无功交换量。

六、配电网故障恢复

配电网故障恢复技术包括含分布式电源配电系统故障分布式自愈和含分布式电源配电

系统故障恢复。前者主要阐述分布式馈线自动化技术；后者配电系统故障恢复是一个多目标、多时段、多组合、多约束的非线性最优化问题，最终得到的解是一系列开关动作组合。大规模分布式电源并网使得配电系统的结构和运行都将发生巨大变化。含分布式电源的配电系统自愈恢复不能直接套用传统的恢复和自愈控制算法，需要考虑不同类型的分布式电源对配电系统的分布式馈线自动化和故障恢复策略的影响。

（一）含分布式电源配电系统故障分布式自愈

1. 分布式 FA 原理

智能分布式 FA 系统就是指不需要配电主站控制，通过终端相互通信、保护配合或时序配合，在配电网发生故障时隔离故障区域，恢复非故障区域供电，并上报处理过程及结果。

智能分布式 FA 系统由分布在各个开关处的配电自动化终端采集就地的故障告警等信息，并与相邻的配电自动化终端相互通信实现故障定位、隔离与非故障区域恢复供电。根据馈线上一次开关设备的不同，可以分为负荷开关方式和断路器方式。故障隔离时，断路器方式可以先于馈线出口保护动作直接将故障隔离，而负荷开关方式则需要在馈线出口保护动作且线路停电后才能隔离故障。

智能分布式 FA 系统采用支持对等通信的以太网结构，各种智能分布式 FA 模式都需要建立基于 IP 的通信网络，如以太网无源光网络（EPON）或工业以太网。

智能分布式 FA 系统在馈线上的每个开关控制节点都有配电终端负责收集本地的故障告警等信息，当线路发生短路故障时，利用配电终端收集到的故障信息，并通过对等通信的方式与相邻的其他配电终端共同实现故障定位、隔离与非故障区域恢复供电功能。一般来说，变电站内的保护与配电终端是独立配置的。

2. 分布式馈线自动化建模方法

根据 IEC 61850 的建模思想，智能分布式 FA 系统由分布在配电网线路上的相关 IED 设备组成。每个 IED 应包含一个或多个 Server 对象，每个 Server 对象中至少包含一个 LD 对象，每个 LD 对象至少包含有 3 个 LN：LLN0，LPHD 和其他应用 LN。组合成一个 LD 的这些 LN 一般具有某些公用特性。

(1) 逻辑节点（LN）建模。

现有 IEC 61850 中与智能分布式 FA 相关的过程层 LN 包含 ZLIN（架空电力线）、ZCAB（电力电缆）、ZBAT（电池）、XCBR（断路器、重合器）、XSWI（负荷开关、隔离开关等）、TCTR（电流数据采集）、TVTR（电压数据采集）；间隔层 LN 可以直接使用现有 IEC 61850 中的 PIOC（瞬时过电流）、PTOC（相过流与零序过流）、CSWI（封装了断路器的跳闸控制逻辑）、MMXU（测量单元）、RREC（自动重合闸）、PTRC（跳闸输出逻辑）、RDRE（扰动记录功能）、RADR（扰动记录模拟量通道）、RBDR（扰动记录状态量通道）等。

故障电流检测与故障定位、隔离与非故障区域恢复供电是FA在功能上区别于变电站综合自动化的主要特征。PIOC和PTRC节点结合RREC节点实现线路保护功能。除开关级断路器模式外，其他模式因为没有检测到电流过流就跳闸的要求，所以其馈线开关的馈线终端没有PTRC节点。对于负荷开关而言，PIOC节点可以作为故障电流检测节点。通过扩展出3个负责智能分布式FA的控制逻辑的LN，即FLOC（封装了馈线故障定位的逻辑）、FISO（封装了故障隔离的逻辑）、FRES（封装了非故障区域恢复供电的逻辑），并归入新建的FA的LN组，节点组的标示为“F”，这三种节点以及前述的其他节点可以共同实现分布式FA功能。

FLOC节点接收本地PIOC节点的通知，并结合相邻FLOC节点的信息，诊断故障区段，诊断完毕后通知FISO节点。FISO节点则专注于通过PTRC节点，跳开故障周边的所有开关，同时监测操作的结果。若跳闸不成功，需要通过与其他FISO节点协作，适当扩大隔离范围，以确保尽可能恢复供电。隔离成功后须通知FRES节点。FRES节点主要通过合上首端出口断路器开关以实现故障上游区域恢复供电，并合上合适的联络开关，以恢复故障下游的供电。

智能分布式FA动作有严格的次序与时序要求，PIOC节点、FLOC节点、FISO节点、FRES节点以及其他节点分布在地理位置更加广泛的馈线空间，各个节点的功能协作具有强烈的闭锁关系。基于通用面向对象变电站事件（GOOSE）的虚端子方式为箱变间或者柱上开关之间的电气防误闭锁提供了条件，基于GOOSE的监控系统闭锁实施方案可以移植到FA上以实现电气闭锁。图7-44所示为负荷开关方式的智能分布式FA系统对应的主要LN，箭头表示了信息流动的方向。

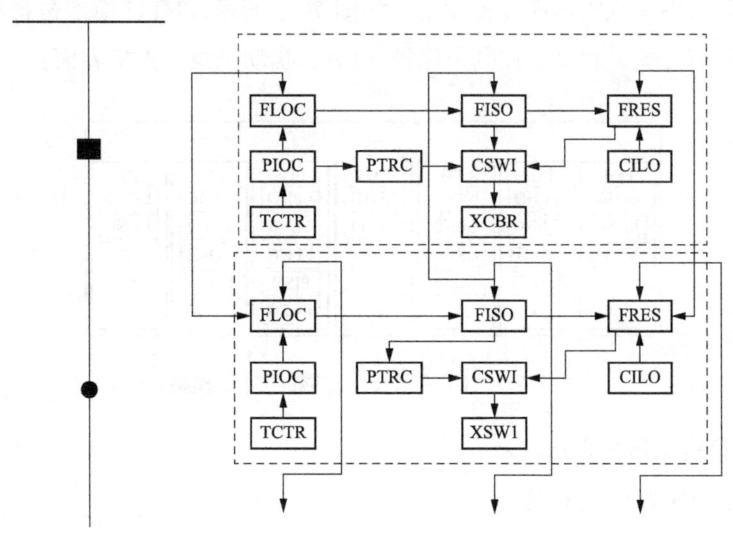

图7-44　智能分布式FA系统对应的逻辑节点

故障定位、隔离与非故障区域恢复供电功能的实现算法如下：

1）馈线每个开关处的 PIOC 节点通过 TCTR 节点获取电流数据，当线路发生短路时，由 PIOC 节点实现短路故障的判断；线路出口处，PIOC 节点通过 PTRC 节点作用形成一个传递给 XCBR 节点的公用“跳闸”信号，跳开断路器。

2）所有 FLOC 节点获取本地的 PIOC 节点故障信息，结合相邻开关的 FLOC 节点获取的信息，判断故障位置。

3）FLSO 节点依据 FLOC 节点的结果将故障两端的开关断开，实现故障区段的隔离，并将隔离结果通知 FRES 节点。

4）隔离成功后，由 FRES 节点结合闭锁信息，可以合上首端开关与联络开关，恢复非故障区的供电。

（2）逻辑设备（LD）建模。

添加一种专用于 FA 的 LD，实例名为“FA”。每个 FA 的 LD 对象可包含 5 个 LN：LLN0、LPHD、FLOC、FISO、FRES，用于承担故障定位、隔离与非故障区域恢复供电的职责。若不包含 FRES 节点，则该 LD 仅具备故障隔离功能；若不包含 FLOC 与 FISO 节点，则该 LD 仅具备故障恢复功能。

（3）服务器（Server）建模。

Server 描述了一个设备外部可见的行为。对于配电终端而言，为方便满足相互之间，以及与保护装置之间的通信，配电终端应包含 2 个访问点，分别为与间隔层的配电终端以及配电网自动化主站之间的通信。

（4）物理设备建模。

分布式模式包含有变电站内的保护装置、线路上的 FTU/DTU 等配电终端装置。下面就以这种装置为例来说明物理设备建模。如图 7-45 所示，FTU 模型包含有 7 种逻辑设备，分别对应负荷开关、测量、控制、保护、FA、扰动记录、人机界面。

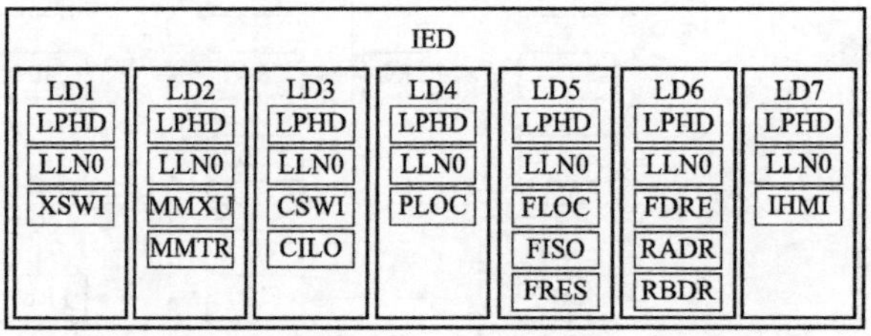

IED

LD1	LD2	LD3	LD4	LD5	LD6	LD7
LPHD	LPHD	LPHD	LPHD	LPHD	LPHD	LPHD
LLN0	LLN0	LLN0	LLN0	LLN0	LLN0	LLN0
XSWI	MMXU	CSWI	PLOC	FLOC	FDRE	IHMI
	MMTR	CILO		FISO	RADR	
				FRES	RBDR	

图 7-45　含分布式 FA 功能的 FTU 模型

3. 分布式馈线自动化实现技术

（1）有向节点关联信息配置。

随着分布式电源的接入，配电网由原来的单向辐射状网络变为含多电源的双向潮流网络，采用如下适应分布式电源接入的有向节点关联信息配置方法。

步骤 1：为每一个配置终端的节点（有效节点）建立有向节点关联列表，列表包含所

有与点有馈线连接的节点（相邻节点），即与点关联的所有正向节点、反向节点和 T 节点。正向节点、反向节点和 T 节点分别定义如下：如果某节点到节点的馈线电流方向与网络正方向一致，则节点为该节点的正向节点；如果电流方向与网络正方向相反，则节点为该节点的反向节点；如果该节点与节点有相同的反向节点，则节点为该节点的 T 节点。

步骤 2：确定全网功率正方向。对于含多电源的网络，以任意一个主电源为基点，假设全网中仅有主电源供电，全网功率正方向为从该基点向全网供电的功率方向（全网功率正方向具有唯一性）。

（2）实现步骤。

智能分布式 FA 的实现技术包括故障定位、隔离技术和非故障区段的供电恢复技术。基于有向节点配置方法和基于 GOOSE 通信机制的智能分布式 FA 实现方法的步骤如下。

步骤 1：对终端（有效节点）建立有向节点关联列表。

步骤 2：解析有向节点列表，建立有向关联节点（含正向节点、反向节点和 T 节点）数据共享区，用于保存接收到的关联节点实时数据。

步骤 3：GOOSE 接收模块实时接收关联节点信息并进行解析，将接收信息存入关联节点数据共享内存区。

步骤 4：由 GOOSE 发送模块按照循环时间间隔（t_s＝10ms）将过流保护动作软遥信（过流保护动作时置 1，否则置 0）、功率方向（正方向置 1，反方向置 0）及开关位置信息向关联节点组播发送。

步骤 5：本终端方向过流保护元件实时判断过流动作逻辑和功率方向信息。

步骤 6：如果本终端有保护过流动作信号，将过流动作软遥信、功率方向、开关位置信息按时间间隔（t_1＝1ms）向关联节点组播并进入步骤 7，否则返回。

步骤 7：判断功率方向元件，如果正方向过流保护动作，则进入正方向故障处理步骤 8；如果反方向过流保护动作，则进入反方向故障处理步骤 9；否则进入步骤 10。

步骤 8：判断点所有关联正方向节点是否有正方向保护过流动作信息，如果任意一个正方向节点有正方向保护过流标志，则判断点与所有正向节点的区域为非故障区域并返回；否则本区域为故障区域，执行开关跳闸进行故障隔离，并向正方向关联节点发送开关联跳命令；完成故障区域的隔离，返回。

步骤 9：判断点所有的关联反方向节点是否有反方向过流动作标志，或所有的关联 T 节点是否有正方向动作标志，如果有任意一个反方向节点有反方向保护过流标志或任意一个 T 节点有正方向动作标志，则判断点与所有反向节点和 T 节点区域为非故障区域并返回；否则本区域即为故障区域，执行开关跳闸进行故障隔离，并向反方向关联节点、T 节点发送开关联跳命令；完成故障区域的隔离，返回。

步骤 10：如果关联节点未检测到故障电流，接收到相邻节点的开关联跳命令后执行跳闸命令，完成故障区域的隔离，返回。

故障区域隔离成功后，由于配电网80%以上的故障都是瞬时性故障，采用重合闸进行供电恢复。

1）重合闸充电：判断开关在合后状态，开关合位，无重合闸闭锁条件，以上条件都满足，达到15s，重合闸充电完成。

2）终端故障跳闸后，满足重合闸充电完成条件后进入重合闸逻辑。如果检测到其一侧带电后，经历重合闸延时定值（默认定值为0.5s）后重合闸动作。

3）重合闸动作后，如果是瞬时性故障，重合闸成功，并向关联节点发送重合闸成功命令；如果是永久性故障，重合闸后加速元件动作，开关再次跳开并闭锁于分闸状态。

4）相邻开关接收到重合闸成功命令后，如果检测到上次开关跳开原因为接收到该节点的开关联跳命令，则执行合闸命令，供电恢复；如果是永久性故障，联络开关在检测到一侧失压且无开关联跳及开关闭锁命令后，在延时后（延时时间 $t>t_1+t_2+t_3$，其中 t_1 为重合闸延时，t_2 为后加速延时，t_3 为固定延时），联络开关合闸，恢复故障侧健全区域供电。

上述基于有向节点的配电网故障隔离和恢复实现方法，利用了保护方向元件和智能分布式对等网络的通信特点。当发生短路故障时，根据检测到的功率方向元件所判断的方向信息，仅判断正向节点或反向节点及T节点，而不用判断所有关联节点，最大限度减小了智能分布式FA对通信信道的依赖性。

（3）通道异常后备处理机制。

智能分布式FA具有故障处理速度快、供电恢复时间短以及对线路冲击小的优点，但也存在对通信信道可靠性要求较高的缺点。根据以上特点，对通信信道建立如下四级后备处理机制。

第1级机制：物理双通道备份机制。此级机制针对供电质量要求高的发达地区，在物理上进行通道双冗余备份，即主、从EPON通道互为热备用。当通信正常时，以主EPON数据作为数据源；当主EPON异常时则无缝切换到从EPON。

第2级机制：通道自检机制，即通信通道定时发送GOOSE报文，当接收和发送数据异常时，上报主站通道异常自检报文，及时提醒检修人员检查故障点，处理通道故障。

第3级机制：通道异常时采用延时跳闸隔离后备机制，即在进行故障处理时，当GOOSE通道异常或开关拒动时的处理方案为将智能分布式FA故障处理最大时间延时展宽（默认展宽时间为0.1s）。展宽时间一方面可以躲过信道的短暂干扰，另一方面延时等待故障是否由上下级终端切除。在展宽时间内如果接收到正常的GOOSE报文，则认为是短暂的通道干扰，继续进行故障处理；如果仍未接收到正常的GOOSE报文，延时时间到后如果过流元件复归，则判断点不在故障区，故障已由上、下级切除，不再进行故障处理；如果延时时间到后故障电流仍未复归，则开关跳闸。

第4级机制：变电站出线后备保护跳闸机制。变电站出线配置过流后备保护，保护时限躲过智能分布式 FA 故障处理与延时展宽时间的总时长。如果后备保护时限到故障电流仍存在，变电站出线后备保护动作，切除故障。

（二）含分布式电源配电系统故障恢复

1. 与故障恢复相关的分布式电源分类

根据故障发生后分布式电源能否作为系统的备用电源，分为黑启动分布式电源与非黑启动分布式电源。黑启动分布式电源包括联合发电机组、无源逆变器及他励型发电机组等。此外，带有储能装置的风力发电及光伏发电也可归入黑启动分布式电源，这类分布式电源可以作为系统的备用电源。非黑启动分布式电源包括自励型发电机组以及未配备储能装置的风力发电及光伏发电等，该类分布式电源不能作为系统的备用电源。根据故障发生后，分布式电源与公共电网的连接状况可分为：故障发生后仍与公共电网保持并网运行的分布式电源和故障发生后与公共电网分离的分布式电源。

2. 故障发生后两种分布式电源运行标准

当配电网发生故障时，分布式电源如何操作将直接影响到故障恢复策略的制定，因而在给出恢复策略之前有必要对其进行阐释。故障发生时，当包含分布式电源的电网与公共电网分离后，分布式电源仍继续向所在的独立电网输电，该部分独立运行的电网称为孤岛。对于孤岛的处理，最初制定的标准是 IEEE 929-2000，该标准要求分布式电源系统应尽量避免孤岛的出现，其理由如下：

（1）用户或线路维修人员不一定意识到分布式供电系统的存在。

（2）没有大电网的支持，分布式供电系统难以符合各方面的需求，如电压波动、频率波动及谐波等技术指标。

（3）由于孤岛状态意味着脱离了电力管理部门的监控而独立运行，是不可控和高隐患的操作。

（4）孤岛运行增加了系统保护和控制的难度，系统的安全稳定运行难以保证。

根据此标准，在任何故障情况下，必须跳开故障点所在馈线上的全部分布式电源单元。当由于某些原因分布式电源未能跳开时，将形成孤岛，此时通过孤岛检测装置检测到孤岛后控制分布式电源跳闸。该标准虽然有其自身的优势，但其最大的缺点是供电可靠性较低。

3. 含分布式电源的配电网潮流计算

传统的配电网潮流计算主要有直接法、前推回代法和牛顿拉夫逊法三种。三种方法虽各有优缺点，但却有一个共同缺陷，即不能处理 PV 节点。因而，对于包含分布式电源的多 PV 节点网络的潮流计算，三种方法均不能直接采用。与直接法相比，前推回代法在迭代过程中无需复杂的高阶矩阵运算，计算速度较快。本书选用前推回代法并采用补偿技术对其进行改进，以对含分布式电源的配电网进行潮流计算。

假定风电机组与光伏发电系统通过电容器的自动投切，可使功率因数恒定不变，故可将其作为PQ节点处理；对于用同步电机接入电网的分布式电源，若无励磁调节能力，可看做电压静特性节点；若有励磁调节能力，可根据其励磁控制方式的不同分别看做PV节点（电压控制）或PQ节点（功率因数控制）；燃料电池发电站的并网节点可作为PV节点处理。

包含分布式电源的配电网潮流计算步骤如下：

（1）将网络中所有PV节点设置为断点，并求取戴维南敏感阻抗矩阵。其自阻抗为从网络断点向上搜索到对应馈线根节点所经过的全部干线支路的电抗之和，互阻抗为各回路间公共支路的电抗之和。

（2）设置所有PQ节点和电压静特性节点的电压初值为$U^{(0)}=1.0\angle 0$，PV节点的电压初值为$U^{(0)}=U_s<0$（U_s为PV节点的指定电压幅值），网络断点的无功初始值取$Q^{(0)}=(Q_{max}+Q_{min})/2$，$Q_{max}$和$Q_{min}$是对应$PV$节点的无功上下限。

（3）采用前推回代法对辐射型网络进行潮流计算，得到新的节点电压，并进行更新，进而得到断点电压不匹配量（求得的网络断点电压和已知PV节点电压幅值的差值）。

（4）通过网络断点电压不匹配量和戴维南敏感阻抗矩阵求网络断点注入功率的修正偏移量，如果修正偏移量大于给定误差限，则转步骤5，否则转步骤6。

（5）把求得的修正偏移量和此次迭代计算中的断点注入功率相加，得到更新值，转步骤3。

（6）输出结果，结束。

4．含分布式电源的配电网故障恢复策略的制定

在制定配电网故障恢复策略之前，首先给出如下假定条件：①配电网的自动化水平较高，可实现远程控制，并能自动完成故障检测与隔离操作；②所有分布式电源均可控，且其操作状态可实时监测。

含分布式电源的配电网故障恢复步骤如下：

（1）故障发生后，对故障馈线上的分布式电源，若为非黑启动分布式电源，为保证电能质量，直接跳开其出口断路器；对于黑启动分布式电源，断开并网断路器，采用断路器接口的孤岛运行模式为当地用户供电。当黑启动分布式电源的容量小于当地用户的负荷功率时，需进行甩负荷操作。非故障馈线上的分布式电源可继续保持并网运行。

（2）故障定位、隔离之后，搜索失电区域，采用传统的配电网故障恢复算法进行处理，区别仅在于潮流计算中需考虑分布式电源的影响。

（3）若网络中还有未恢复区，转步骤4，否则转步骤5。

（4）考虑故障馈线上所有的黑启动分布式电源，对未恢复区搜索恢复路径。若找到，进入多用户孤岛运行模式，否则维持当前的运行状态。

（5）对网络中所有的非黑启动分布式电源（包括孤岛运行单元和跳开的分布式电源单元）进行同期操作，再次并网。在此阶段，继续搜索最优开关策略，如果开关状态有变

化，则在并网完成后对开关状态进行调整，否则，保持当前状态。

（6）故障清除后，恢复到故障前的运行方式。

第八节　配电物联网技术

配电物联网是传统工业技术与物联网技术深度融合产生的一种新型电力网络运行形态，通过赋予配电网设备灵敏准确的感知能力及设备间互联、互通、互操作功能，构建基于软件定义的高度灵活和分布式智能协作的配电网络体系，实现对配电网的全面感知、数据融合和智能应用，满足配电网精益化管理需求，支撑能源互联网快速发展，是新一代电力系统中配电网的运行形式和体现。

一、内涵和构想

配电物联网是能源转型要求下配电网融合以互联网为代表的新一代信息通信技术的新型发展形态，其概念的提出融合了当前主要的技术进步和行业发展需求，具体包括：

1. 物联网

物联网是感应通信技术、基于IP技术的智能采集技术、容器技术、第五代移动通信技术（5G）、窄带物联网（NB-IoT）等新一代信息技术的高度集成和综合运用。基于感知、网络、应用三层结构，使更多的设备实现广覆盖的采集、更低成本和低风险的泛在接入，以及更深入的智能控制，促进生产生活和社会管理进一步向智能化、精细化、网络化方向转变。

2. 工业互联网

工业互联网是新一代信息通信技术与现代工业技术深度融合的产物，工业互联网平台是制造业数字化、网络化、智能化的重要载体。在工业互联网平台架构中，数据采集是基础，对多源信息进行高效采集和云端汇聚；工业PaaS是核心，为工业应用软件开发提供一个基础平台；工业App是关键，推动技术、经验、知识和最佳实践的模型化、软件化、再封装，实现对特定制造资源的优化配置。

3. 智能电网分布式智能体系

随着通信和信息技术的进步，电网的管理也由以往的集中式管理向集中式和分布式管理协同的方向发展，把决策能力延伸到电网末端。智能电网分布式智能体系把电网分成许多片（cell），每片中包含许多由片内通信连接起来的智能网络代理（IA），可以对局部进行控制并作出自主决策，也可以经片内的协调作出决策。同时各片之间，以及配电调度中心和输电调度中心之间也通过通信联接，根据整个系统的要求协调决策，实现跨地理边界和组织边界的智能控制，使整个系统具有自愈功能。

4. 基于IP技术的电网设备监管

对电网设备和资产运行状况实时监管，从而保障电网的安全可靠运行以及电网资产的高效健康利用，是各电力公司追求的终极目标。互联网技术的普及为这一目标的实现奠定了基础。基于成熟的IP技术和工具（如IPv6的网络通信技术），电力公司可以部署配电设备和网络元件的监控和管理系统，实现全部配电设备在统一的网络视图下纳入集中统一管理，具备远程状态实时监控和故障事件收集记录、故障点定位和排查、智能设备的身份验证和登录准入等功能，有效降低配电网运行和维护的复杂程度。

5. 软件定义

软件定义是在物理资源虚拟化的基础上，通过管理任务可编程实现灵活、多样和定制的系统功能，从而实现软件对物理硬件设施与系统的赋值、赋能和赋智。目前，软件定义已经延伸出了多种概念和技术，包括软件定义网络、存储、计算、环境、数据中心等，为人、机、物融合下的各种资源全方位互联互通提供了理论和技术基础。

6. 信息物理融合建模

信息物理系统（Cyber Physical System，CPS）是实现计算、通信及控制技术深度融合的下一代工程系统，更强调全面的信息获取和利用，因而融合建模是其研究重点。通过对应用领域信息模型与服务的抽象与规范，以及通信服务的映射，支持端到端的发布与定义机制，以满足不同应用服务需求。

配电物联网将上述技术应用于电力、能源领域，充分吸收物联网的泛在感知和IP通信的特点、工业互联网的泛在计算技术（平台＋App），并融合分布式智能体系把智能代理分布于电网不同层点的设想，引入云计算和边缘计算相结合的分布式智能协同工作理念，借鉴软件定义构想和信息融合建模，实现对配电网络和资产的全面感知和监管。

二、应用特征

在应用层面上，配电物联网具备以下特征：

1. 状态全面感知

在配变、分支箱、户表、充电桩、分布式能源等关键节点应用低成本的智能识别和感知技术，对配电网设备及线路进行数据采集和监控管理；同时建立统一的信息模型和映射机制，促进各类设备与应用在IP网络的无缝对接、即插即用；通过广泛互联，实现端到端及端到云的互联互通互操作，为构建安全、标准、兼容、可靠的支持多种业务融合的新型配电网运营系统提供数据通信基础。

2. 分布式智能部署

在云主站部署基于机器学习和深度学习框架的集中式数据计算，同时赋予终端设备部署快速、算法简便的边缘计算和就地管控能力，促使二者在网络、业务、应用和智能方面深度协同，使配电网具备分布式智能及各级智能自治/协同的能力。通过云—端协同，实现系统的快速决策和响应。

3. 软件定义系统

将软件定义与数据科学、人工智能技术深度融合，形成包括软件定义主站、软件定义网络、软件定义终端在内的产业链，通过软硬解耦，实现业务快速迭代，打破原有封闭、

隔离、固化的管理模式，构建扁平、灵活、高效的新型业务系统形态。

4. 应用模式升级

通过建设包括资源管理、数据建模及分析、应用开发等功能在内的核心和共性技术，实现配电技术的模型化，提高应用服务开发效率，促进现有配电业务的增量型和进化型改进，并创造出更多基于物联网理念的应用，促成新的产品和服务模式，拓展新的发展方向。

5. 业务快速迭代

针对业务需求，基于配电终端硬件平台化的基础，以软件定义的方式，在配电终端及主站实现业务服务的快速灵活部署，满足配电网形态多样和快速变化的业务需求。

6. 资源高效利用

基于云—端协同的分布式智能架构，实现系统计算、网络、存储等资源的统一管控、弹性分配，提高数据、通信、计算各方面资源的整体配置效率。

三、体系架构

按照配电物联网的构想，依据软件定义的原则和可靠性、经济性、扩展性、标准化、智能化等方面的需求，本书提出了配电物联网的整体架构，如图 7-46 所示。区别于传统物联网感知层、网络层和应用层的 3 层架构，配电物联网架构整体上可划分为云、管、边、端 4 个部分。

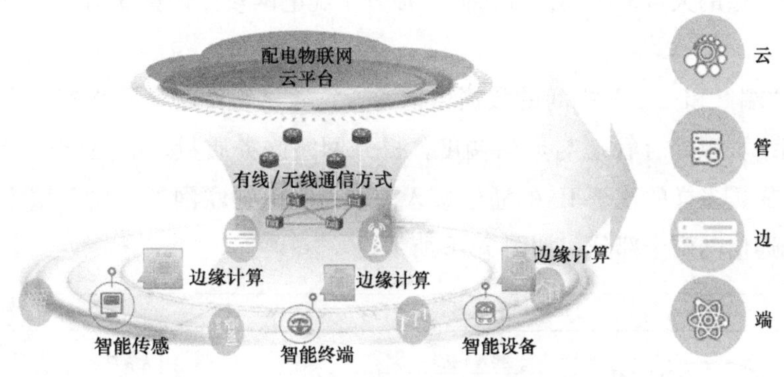

图 7-46　配电物联网架构

1. 端

“端”是配电物联网架构中的状态感知和执行控制主体终端单元，如图 7-47 所示。其利用传感技术、芯片化技术，实现对配电设备运行环境、设备状态、电气量信息等基础数据的监测、采集、感知，突破了低压配电网不可观测的限制，也扩大了中压配电网的量测覆盖范围，是实现配电物联网的基础；同时，“端”也是配电网保护、控制操作的末端执行单元，支撑配电网操作动作的执行。不同于传统终端软硬件绑定的设计思路，“端”层设备采用通用的硬件资源平台，通过 App 以软件定义方式实现业务功能，基于面向对象的设计方法，提高程序开发效率和可扩展性，降低维护难度及各 App 之间的耦合性，便于业务快速部署和扩展。

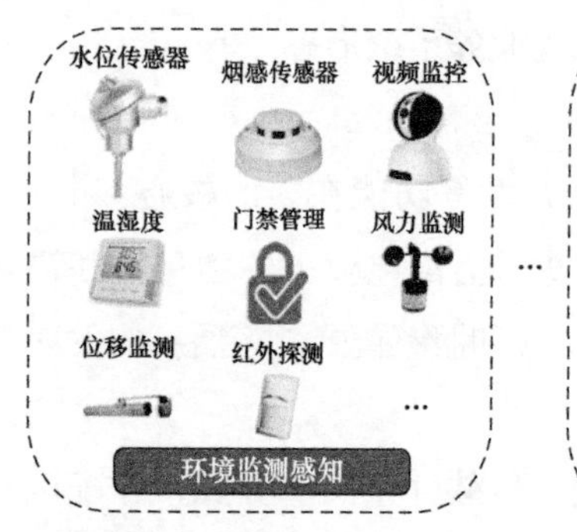

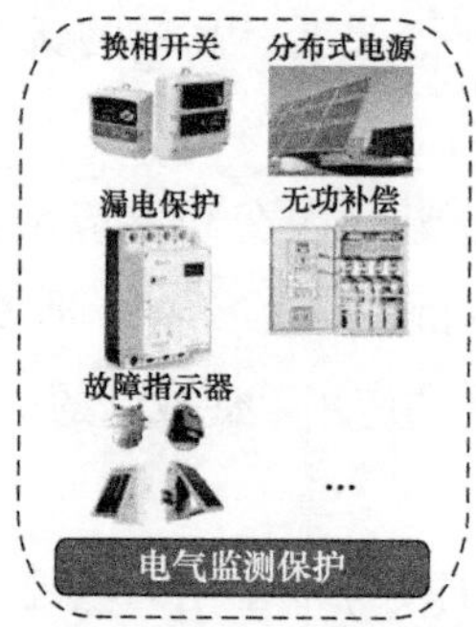

图 7-47 “端”层示意图

2. 边

“边”是一种靠近物或数据源头处于网络边缘的分布式智能代理，就地或就近提供智能决策和服务。“边”和“端”从物理的角度上可以是一体化的，例如正在部署的智能配变终端具备开放式的软件平台，提供互联、业务功能，是“边”和“端”的融合体。但同时，从逻辑架构的角度来看，“边”是独立存在的，通过软件定义的方式，实现终端侧硬件资源与软件应用的深度解耦，在无需硬件变更的情况下满足配电台区不断变化的应用需求，大幅拓展了包括智能配变终端在内的各类终端的功能应用范围，并且从计算资源的角度，在终端侧增加了边缘计算的层级，实现感知数据的本地化处理，促进了“端”层的边缘计算与“云”层的大数据应用高效协同，提升了配电网整体计算能力。

3. 管

“管”是“端”和“云”之间的数据传输通道，通过软件定义网络架构实现多种通信方式融合的网络资源综合管理与灵活调度，提升网络服务质量，满足配电物联网业务灵活、高效、可靠、多样的基于 IP 的通信接入需求。配电物联网的“管”层主要包括远程通信网和本地通信网两个部分，如图 7-48 所示。

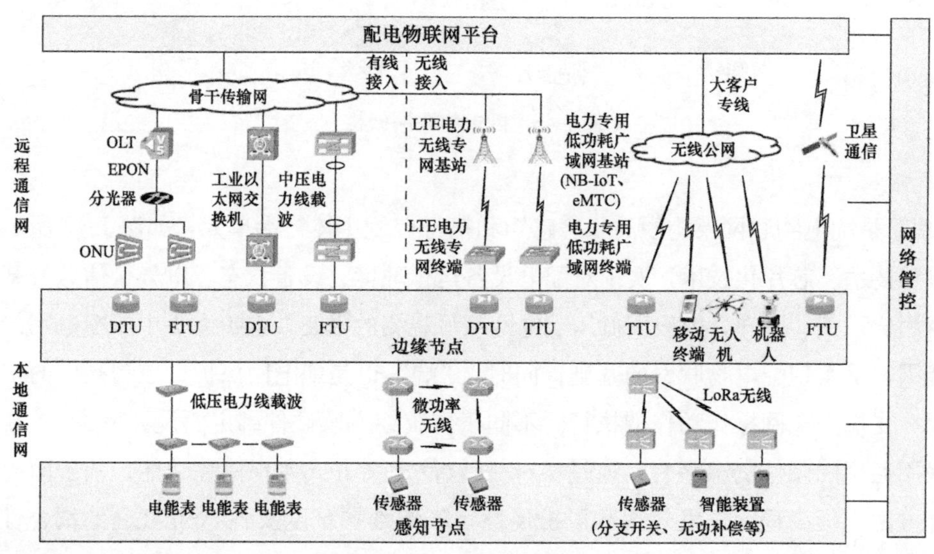

图 7-48 “管”层示意图

（1）远程通信网。主要满足配电物联网平台与边缘节点之间高可靠、低时延、差异化的通信需求，属于广域通信网的范畴。

（2）本地通信网。支持多种通信媒介、具备灵活组网能力，主要满足配电物联网海量感知节点与边缘节点之间灵活、高效、低功耗的就地通信需求，属于局域网范畴。

4. 云

“云”是云化的主站平台。在满足传统配电自动化系统、设备资产管理系统数据贯通、信息融合的基础上，未来的主站平台将采用虚拟化、容器技术、并行计算等技术，以软件定义的方式实现云主站对边缘侧计算、存储、网络资源的统一调度和弹性分配；采用云计算、大数据、人工智能等先进技术，实现物联网架构下的全面云化，最终具备泛在互联、开放应用、协同自治、智能决策的特点。“云”层可以分为以下三部分：

（1）IaaS层。实现云—端资源虚拟化，形成计算资源池，按需分配调度。

（2）PaaS层。实现数据标准化，为应用提供运行环境支撑。PaaS层各环节以服务方式发布，提供各数据源从采集到应用的业务支撑，并支持自上而下的各环节服务接口调用。

（3）SaaS层。实现应用服务化，提供多种面向业务需求的微服务。综上所述，基于“云、管、边、端”架构的配电物联网为配电网运行和管理提供强大的基础设施支撑和对内外部需求变化的灵活的适配能力。为抵御配电网与互联网技术跨界融合带来产生各种潜在安全风险，配电物联网将构建“云”层安全防护为核心、“网”层安全防护为关键，“边”及“端”层加密全覆盖的全方位、轻量化、层次化的安全防护体系，确保配电物联网的安全实施。

第九节 配电通信网新技术

一、5G+智能电网业务分析

随着3GPP 5G非独立（Non-Standalone，NSA）和独立（Standalone，SA）组网标准的正式冻结，我国运营商同步启动规划和设计5G试点和预商用方案，5G迈向商用的步伐逐步加快。相对4G网络，5G在业务特性、接入网、核心网等多个方面将发生显著变化。在业务特性方面，增强型移动宽带（enhanced Mobile Broadband，eMBB）、超可靠低时延通信（Ultra Reliable Low Latency Communications，URLLC）、大规模机器类通信（massive Machine Type Communications，mMTC）等典型业务场景将分阶段逐步引入；在无线接入网方面，将重塑网元功能、互联接口及组网结构；在核心网方面，将趋向采用云化分布式部署架构，核心网信令网元将主要在省干和大区中心机房部署，数据面网元根据不同业务性能差异拟采用分层部署方案。随着物联网（Internet of Things，IOT）等垂直行业的业务发展，5G控制平面也将呈现大区部署趋势。5G与智能电网结合形成了5G+智能电网新的垂直应用研究领域，如表7-19所示。

表 7-19　　5G＋智能电网典型场景和业务需求

业务场景	通信时延	可靠性	带宽	终端规模	业务隔离	对应 5G 场景
智能分布式配电自动化	高	高	低	中	高	URLLC
毫秒级精准负荷控制	高	高	中低	中	高	URLLC
低压用电信息采集	低	中	中	高	低	mMTC
智能配电巡检	高	高	高	中低	中	eMBB
分布式电源	中高	高	低	高	中	mMTC
高清安防视频业务	高	高	高	中低	中	eMBB
无人值守业务	高	高	高	中低	中	URLLC、eMBB

5G＋智能电网典型业务涵盖了电源、电网、用户多个环节。发电包括供需互动、储能设备管理、虚拟电厂、分布式能源接入、智能微网、集中分布协同；输电包括柔性负荷控制、多维信息互联、新能源消纳、电压频率调整、安全运行控制、调控一体化；变电包括继电保护、故障诊断、二次系统智能检测、全景信息集成、视频及环境监控、运维作业；配电包括调控智能化、开关覆盖、配电自动化、智能巡检、电能质量监测、配电网视频监控；用电包括用户双向交互、用电信息采集、需求侧响应、精准负荷控制、电动汽车充电、高级计量。

5G＋智能电网业务按照通信业务需求可划分为控制类、数据采集类业务、移动应用类。控制类业务作为电网控制的一个环节，直接关系到电网安全，此类业务对通信传输时延、通道可靠性要求极高。数据采集类业务主要针对电力生产过程中的数据采集，以支撑电网的调度运营，终端设备对功耗等性能的要求较低；由于采集范围广，对通信方式的覆盖能力有极大的要求。移动应用类业务主要包括无人机巡检等对于生产过程监督的场景，由于大量的视频传输，对于带宽要求比较高。

二、边缘计算

为了应对目前智能电网所面临的分布式生态能源接入、智能配电、混合能源多元集成、信息融合、可再生能源接入等挑战，以集中式的云计算为主要计算与通信模式的智能电网架构设计面临以下问题：①存储传输及计算资源受限；②计算负载及网络传输无法满足实时服务需求；③多源异构数据处理效率低下；④安全和隐私保护相对脆弱。

在此情况下，传统的云计算服务模式已经无法处理网络边缘设备所产生的海量数据。由于云计算模型与万物互联固有特征之间的矛盾，单纯依靠云计算这种集中式的计算处理方式将不足以支持以物联网感知为背景的应用程序的运行和海量数据的处理，而且云计算模型已经无法有效解决云中心负载、传输宽带、数据隐私保护等问题。因此，边缘计算应运而生，与现有的云计算集中式（国网云）处理模型相结合，能有效解决云中心和网络边缘的大数据处理、实时服务及决策的问题。

边缘计算是指数据或任务能够在靠近数据源头的网络边缘侧进行计算和执行计算的一种新型服务模型。而这里所提到的网络边缘侧可以是从数据源到云计算中心之间的任意功

能实体，这些实体搭载着融合网络、计算、存储、应用核心能力的边缘计算平台，为终端用户提供实时、动态和智能的服务计算。同时，数据就近处理的理念也为数据安全和隐私保护提供了更好的结构化支撑。

边缘计算强调的是边缘。如果说云计算意味着要将所有的数据都汇总到后端的数据中心处理，那么边缘计算则是在靠近物或数据源头的网络边缘侧实现边缘智能。正是基于这一特性，边缘计算能够实现数据的高频交互、实时传输，因此边缘计算有望在物联网和人工智能时代大放异彩。边缘计算是智能化云计算的落地部署。

应用在物联网局部的边缘计算实现了信息成环，并能够通过边缘计算实现信息决策、行为反馈、自动组网、负载平衡等全层域的智能化。在脱离云计算的情况下，应用也能够独立地、灵活地运行，从而在应用场景的小范围内形成物联网“生态”，在各种类设备之间，形成信息互助服务的机制。边缘计算的主要功能及特征如图 7-49 所示。

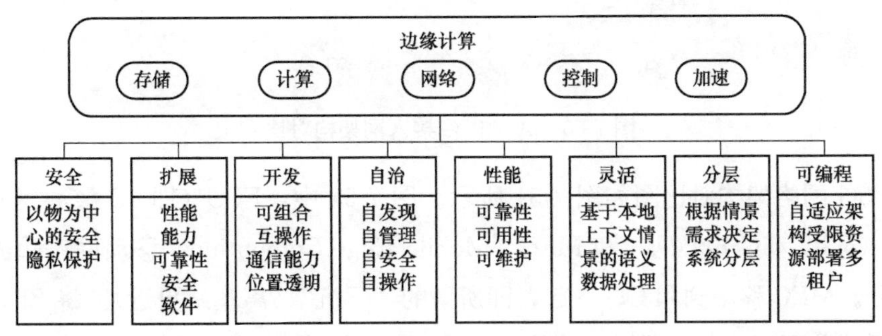

图 7-49　边缘计算的主要功能及特征

同时边缘计算还能够就近提供边缘智能服务，满足智能电网在敏捷联接、实时业务、数据优化、应用智能、安全与隐私保护等方面的关键需求。边缘计算网络属于物联网技术的一种提升和扩展，提升了物联网感知末端的通信性能、网络覆盖能力和计算能力。根据智能电网体系架构，探索基于边缘计算的智能电网信息通信模式，可以实现对智能电网中各种传感器、智能设备、电网及电力用户多重数据的并行处理与分析，从而快速得出运行决策，以满足智能电网中设备及用户的快速响应需求，为智能调度、智能检修、智能用户响应、主动配电等智能电网的高级应用提供支撑。

在 5G 网络中，接入网不再是由 BBU（Building Baseband Unit，室内基带处理单元）、RRU（Remote Radio Unit，远端射频模块）、天线组成，而是被重构为以下 3 个功能实体：

集中单元（Centralized Unit，CU）

分布单元（Distribute Unit，DU）

有源天线单元（Active Antenna Unit，AAU）

4G 与 5G 接入网架构对比图如图 7-50 所示。在图 7-50 中，原 BBU 的非实时部分将分割出来，重新定义为CU，负责处理非实时协议和服务；BBU的部分物理层处理功能与原RRU及无源天线合并为AAU；BBU的剩余功能重新定义为DU，负责处理物理层协议和实时服务。

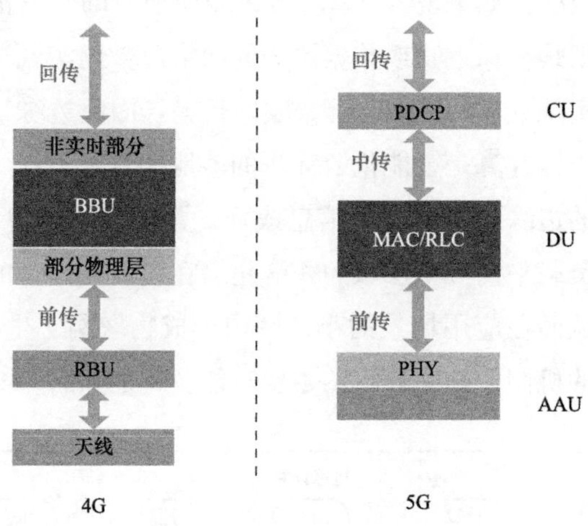

图7-50　4G与5G接入网架构对比

4G与5G网络架构对比图如图7-51所示。图7-51中，EPC（即4G核心网）被分为New Core（5GC，5G核心网）和MEC（Mobile Edge Computing，移动网络边界计算平台）两部分。MEC移动到和CU一起，即所谓的“下沉”（离基站更近）。将BBU功能拆分、核心网部分下沉，可以更好地满足5G+智能电网不同场景的需要。

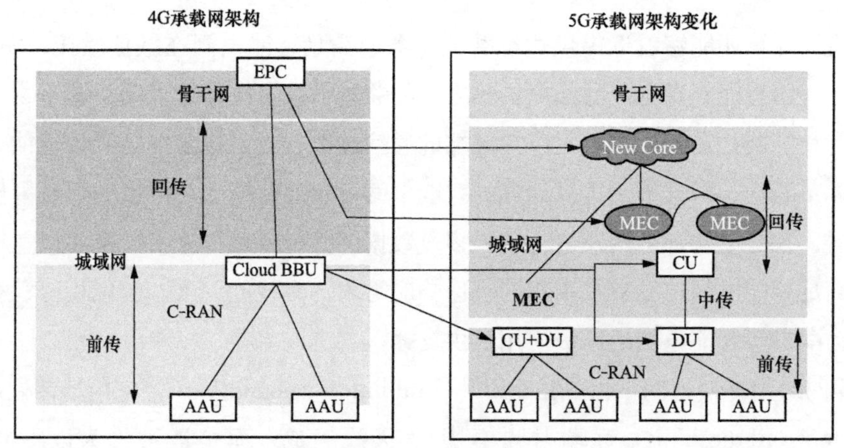

图7-51　4G与5G网络架构对比

第八章　配电自动化建设案例

第一节　配电自动化一次设备改造案例

一、区域配电网概况

以A地区配电网为例，该地区共有10（20）kV配电线路2368条，开关站790座，配电室3457座，柱上开关6221台，环网柜2361座，箱式变电站1088座，柱上变压器22191台。正常情况下，所有线路均采用环网接线、开环运行的方式。负荷转移时，不允许短时间的合环运行，操作方式为先分后合。除变电站出线开关外，所有10kV开关均由现场工作人员手动操作。

二、存在问题

10kV线路的保护主要由变电站出线开关提供，含架空线的线路投入重合闸。当架空分支线内发生故障时，分支线开关与变电站出线开关不能完全配合，有同时跳闸现象。如果线路发生瞬时性故障，当变电站开关跳闸后，由重合闸恢复主干线路的供电。

全电缆线路不投重合闸，一旦线路上发生故障，就会造成全线跳闸。配电网接地方式为消弧线圈接地。

目前主要制约地区供电可靠性的因素在配电自动化方面，需要进一步缩短故障检测与故障停电时间，在馈电线路、配电房、开关站、环网单元上装设带电动操作机构的开关，配置馈线终端设备（FTU）、站所终端（DTU），对一些分支线路还应装设故障指示器，并利用通信系统向主站系统提供馈线、站所运行数据和状态，执行主站系统下达的馈线及站所开关遥控操作命令。同时，加快配电自动化遥控操作与馈线自动化应用水平，提升配电自动化建设效益。

三、配电一次设备建设实施方案

（一）配电一次设备改造原则

A地区配电自动化四期建设将对区域内设备按照配电自动化要求进行改造。对不满足自动化要求的环网柜、开关站、柱上开关加装电动操作机构、电流互感器、电压互感器、辅助接点等进行改造，通过与DTU/FTU配合实现“三遥”或“两遥”功能。

配电自动化终端设备建设应符合以下原则：

(1) 配电自动化系统根据不同建设模式，其终端设备选用不同类型，但同类建设模式中终端应统一设计标准：统一配电自动化终端的结构形式、外形尺寸和标识标准；统一配电自动化终端的功能配置、端子排定义；统一配电自动化终端的安装、接线方式；安装、维护方便，配置灵活，扩展方便。

(2) 配电自动化终端设备运行条件按照 DL/T 721—2013《配电自动化远方终端》的规定执行。

(3) 安装在户外的装置，其结构设计应紧凑、小巧，外壳密封，能防尘、防雨，防护等级不得低于 GB/T 4208《外壳防护等级（IP 等级）》规定的 IP54 的要求。安装在户内的装置按照 DL/T 630《交流采样远动终端技术条件》的规定执行。远方终端装置应有独立的保护接地端子，并与外壳和大地牢固连接。

(4) 配电自动化终端一、二次设备必须考虑雷击过电压、低温和高温、雨淋和潮湿、风沙、振动、电磁干扰等因素的影响，各项指标应达到国外先进水平，能经受住时间和恶劣环境的考验。

(5) 配电自动化终端电流互感器，其二次标称值为 5A，额定容量不小于 2.5VA。一次电流小于 $2I_n$ 时，精度 1 级；一次电流为 $2I_n$～$10I_n$ 时，二次输出保持线性且不饱和。

(6) 配电自动化终端机柜内功能区域界限明显，使用维护简单方便。

(7) 配电自动化终端装置运行所需的电源由如下几种方式提供：

1) 直接接到市电交流 220V 上；

2) 连接到电压互感器上（或电流互感器上）；

3) 在原电源维修或故障情况下，为维持远方终端的正常运行，由后备电源供电。

远方终端的交流电源、直流电源按 GB/T 15153.1《远动设备及系统　第 2 部分：工作条件第 1 篇　电源和电磁兼容性》中 4.2 和 4.3 的规定执行。

(8) 配电自动化终端电池的安装结构设计灵活，不借助工具即可方便安装和拆卸，能够根据需要扩充电池，无需更改箱体结构。

(9) 配电自动化终端二次安全防护满足《关于加强配电网自动化系统安全防护工作的通知》（国家电网调〔2011〕168 号）的要求。

(二) 户外环网柜改造实施方案

本次改造的户外环网单元多为未考虑实施配电自动化的产品，功能及电气性能不满足自动化运行需要，需要进行改造。户外“三遥”环网柜改造实施方案如下：

(1) 所有开关间隔需要增加电动操作机构，根据 Q/GDW 625—2011《配电自动化建设与改造标准化设计技术规定》，操作电源采用 DC48V。

(2) 改造二次小室，改造并提供开关位置、接地刀闸位置、储能状态等相关状态量采集接口（根据开关配置选择）。

(3) 各间隔加装三相电流互感器，实时监视线路运行情况。加装电压互感器，为开关电

动操作机构、配电终端及通信设备等提供电源；并提供电压遥测量，实时监视线路运行情况。

（4）加装电缆终端监测传感器，实现对电缆终端运行状态包括温度等的监测。

（5）加装DTU等配电终端装置，实现状态量采集、模拟量采集和处理、数字量采集和处理等功能。

（6）加装后备电源装置，作为开关直流电动操作机构的电源以及配电终端、通信设备的后备电源。电压等级应满足开关直流电动操作机构的要求，线路停电后至少能保证配电终端和通信设备工作12h，并完成所有开关的3次分合操作。

（三）开关站及配电室改造实施方案

由于早期配电自动化进展较慢，开关站进出线开关仅能进行人工分合，所以需要进行自动化改造。开关站改造实施方案如下：

（1）所有进线、母联以及重要联络出线间隔需要增加电动操作机构，根据《配电自动化建设与改造标准化设计技术规定》，操作电源上采用DC110V或DC48V。

（2）改造二次小室，改造并提供开关位置、接地刀闸位置、储能状态等相关状态量采集接口（根据开关配置选择）。

（3）各间隔加装三相电流互感器，实时监视线路运行情况。

（4）加装DTU等配电终端装置，实现状态量采集、模拟量采集和处理、数字量采集和处理等功能。

（5）加装后备电源装置，作为开关直流电动操作机构的电源以及配电终端、通信设备的后备电源。电压等级满足开关直流电动操作机构要求，线路停电后至少能够保证配电终端和通信设备工作12h，并完成所有开关的3次分合操作。

（6）对于双II型接线而无母联的站所，根据系统需要和现场条件，新增母联开关柜。

（7）无TV柜的站所新增TV柜，为开关电动操作机构、配电终端及通信设备等提供电源；并提供电压遥测量，实时监视线路运行情况。

（四）柱上开关改造实施方案

柱上开关改造采用通过加装FTU、电动操作机构等实现“三遥”功能，实施方案如下：

（1）更换开关本体，内含户外绝缘三相电流互感器，实时监视线路运行情况，根据《配电自动化建设与改造标准化设计技术规定》，操作电源原则上采用DC24V。

（2）改造并提供开关位置、储能状态等相关状态量采集接口。

（3）加装两组单相电源TV，为开关电动操作机构、配电终端及通信设备等提供电源；并提供电压遥测量，实时监视线路运行情况。

（4）加装FTU等配电终端装置，实现状态量采集、模拟量采集和处理等功能。

（5）加装后备电源装置，作为开关直流电动操作机构的电源以及配电终端、通信设备的后备电源。电压等级满足开关直流电动操作机构要求，线路停电后至少能够保证配电终端和通信设备工作 12h，并完成开关的 3 次分合操作。

通过以上实施方案，系统安装实施方便，能够快速见效：辅助线路人员快速判断线路短路故障区段，缩短抢修时间；辅助调度人员在故障发生后快速准确判断故障点，减少盲调情况的发生；通过提高抢修工作效率，减少线路重合闸次数，提高供电可靠性和用电满意度；配电网短路故障检测准确性达到 95%以上。

第二节　配电自动化单业务及配用电多业务接入通信网建设案例

一、配电自动化单业务接入通信网建设案例

配电终端通过光纤专网、电力线载波、无线专网，经地市级骨干通信网与配电主站通信，或通过内置无线公网模块经无线公网与配电主站通信。配电终端采用单向认证方式，采用无线专网和无线公网时，通过安全接入区与配电自动化系统交互。配电自动化系统通信组网结构如图 8-1 所示。

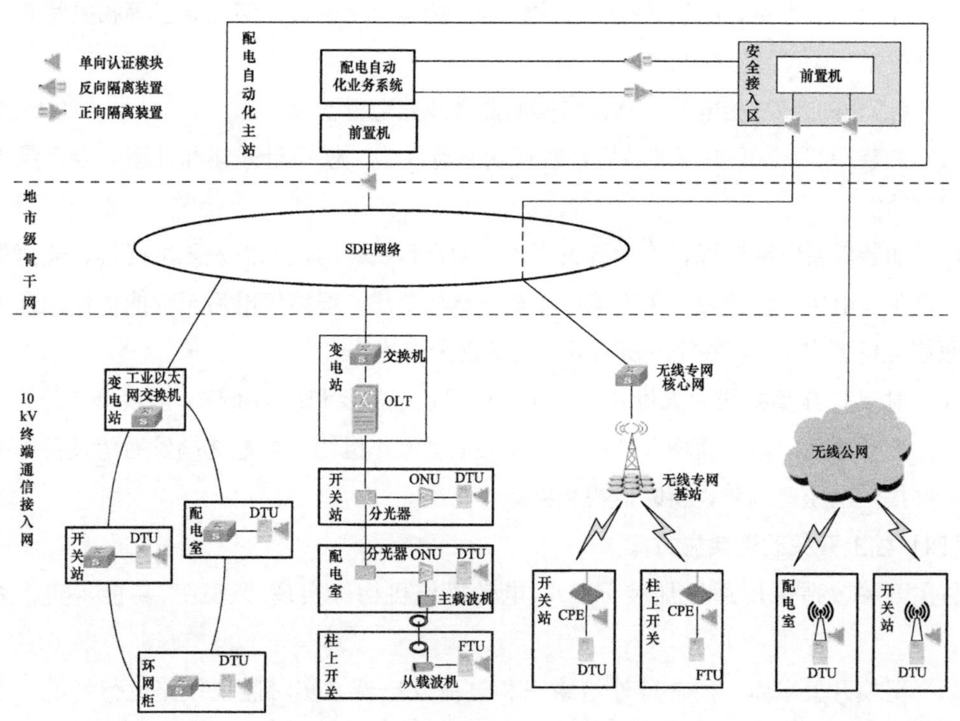

图 8-1　配电自动化通信系统组网结构

根据第五章介绍的业务与技术匹配结果，A＋类区域以配电自动化“三遥”业务为主，优先采用光纤通信或无线专网。A 类区域包括“三遥”“二遥”业务，应灵活选择光纤、无线或载波通信，“三遥”终端优先选择光纤通信和无线专网。B 类区域以“二遥”业务为主，C、D、E 类区域采用“二遥”方式，考虑网络建设的经济成本，宜采用无线公网承载为主、其他通信方式为辅的通信方式。

1. EPON 设备部署方案

EPON 设备部署方式依赖于配电网架构，配电自动化 EPON 通信系统部署方案如图 8-2 所示。

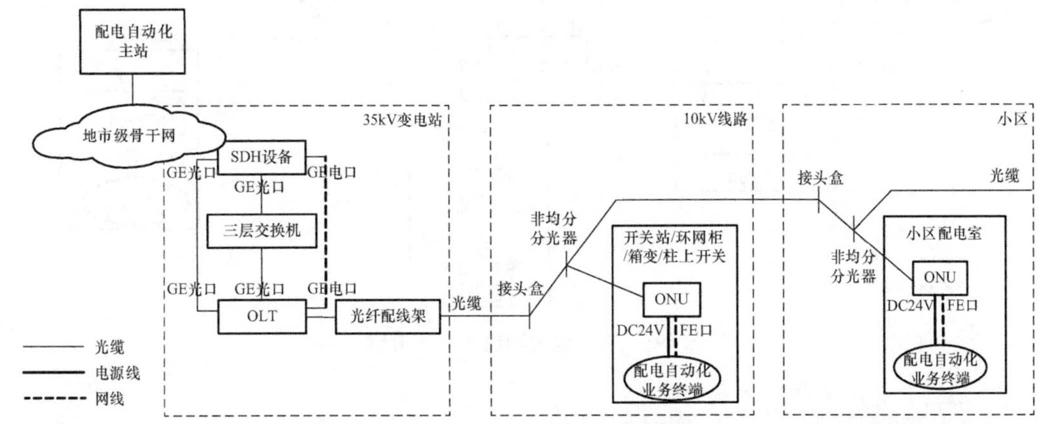

图 8-2　EPON 设备部署方案

OLT 集中安装在变电站、开关站、配电室中，设备采用站用一体化电源，双路供电。为考虑升级扩容，EPON 系统设计时应保留光功率裕量。OLT 设备应预留一定的端口备用。

ONU 安装在 10kV 配电站，与配电终端安装在同一机箱（柜）内，但应保持相对独立，且应采用同一设备电源进行供电；对于架空线路上柱上开关的配电自动化通信设备宜进行独立安装。ONU 设备应具有双 PON 接口，并支持业务的双 PON 口保护。

POS（光分路器）安装在光缆交接箱、光纤配线架、光纤接头盒中，或随 ONU 集中部署。POS 选用星形、链形等接入形式灵活组网，采用星形组网方式时分光级数一般不超过 3 级，采用链形组网方式时分光级数一般不超过 8 级。其中，A＋类/A 类供电区域 EPON 系统采用双 PON 口保护组网方式，满足配电自动化“三遥”业务高可靠性要求，采用手拉手或环形组网。B、C 类供电区域依据应用场景和可靠性重要程度不同采用链形、环形、星形、手拉手拓扑组网。

2. 工业以太网设备部署方案

工业以太网设备部署方式依赖于配电网架构，工业以太网设备部署如图 8-3 所示。

工业以太网交换机布放在开关站、环网柜、箱变等位置，并通过以太网接口和配电终端连接；上联节点的汇聚型工业以太网交换机一般配置在变电站内，负责收集所有通信终端的业务数据，并接入地市级骨干通信网。

工业以太网可采用环型和链型组网结构，环形组网结构可以实现冗余保护，提升配电网业务传输可靠性；链式组网结构适用于难以形成环网的应用场景。环型拓扑结构适用于节点数超过 8 个的应用场景，且同一环内节点数目不宜超过 20 个。

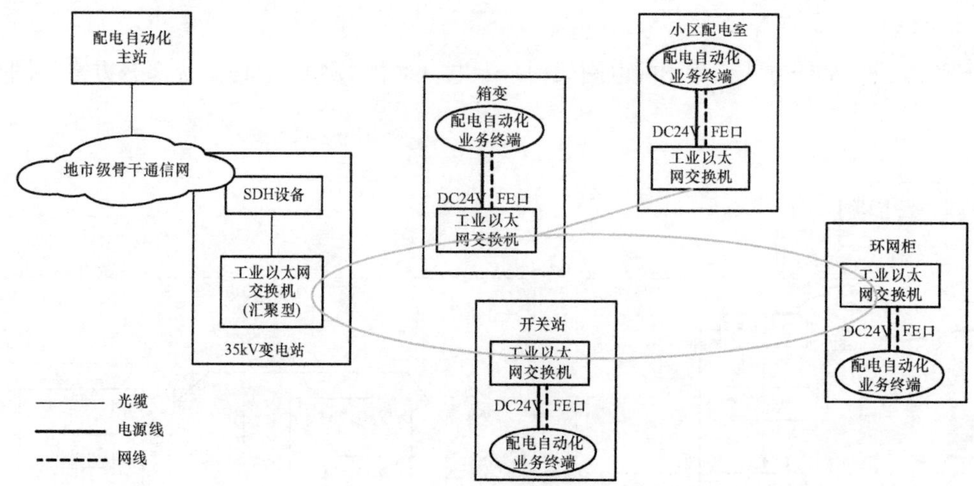

图 8-3 工业以太网设备部署方案

3. 无线专网设备部署方案

无线专网组网方式采用一点对多点的星形组网方式以实现区域性覆盖，具体如图 8-4 所示。

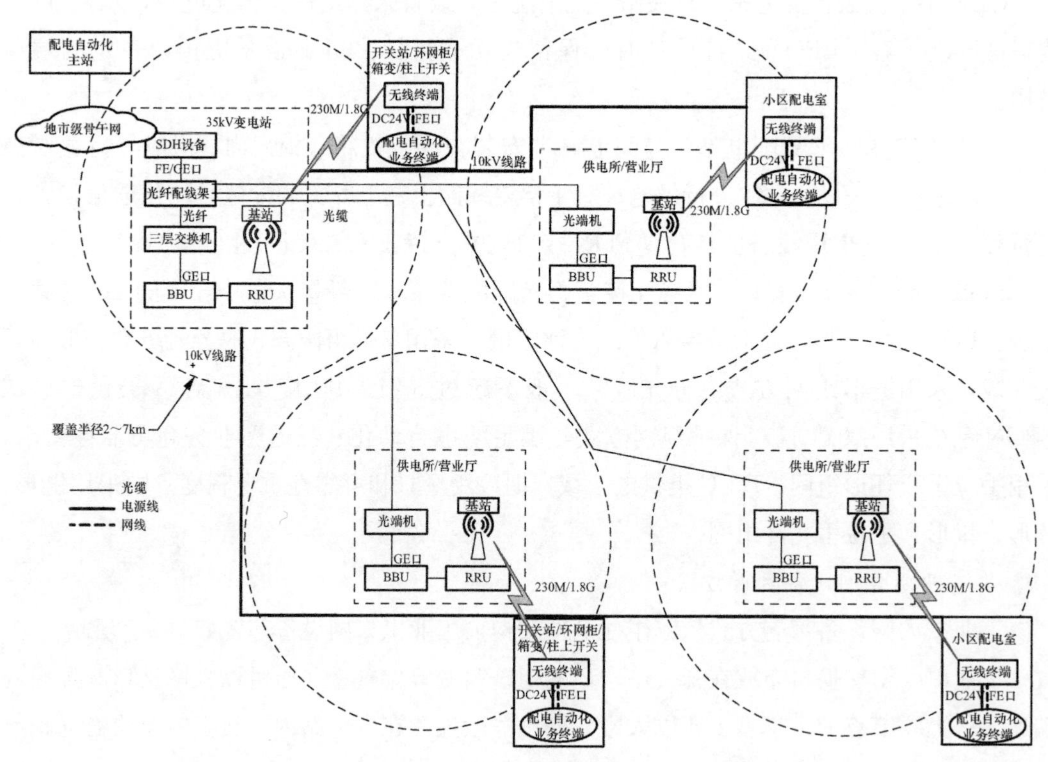

图 8-4 无线专网组网模型

无线专网通信终端通过 FE 口与配电终端相连，与部署于供电所、营业厅等电力自有物业的 RRU 和 BBU 相连，经核心网、地市级骨干传输网与配电自动化主站进行信息交互。

4. 无线公网设备部署方案

无线虚拟网采用一点对多点的星形组网方式以实现区域性覆盖，在地市公司统一接入，通常采用 APN/VPN 专线方式接入，具体如图 8-5 所示。

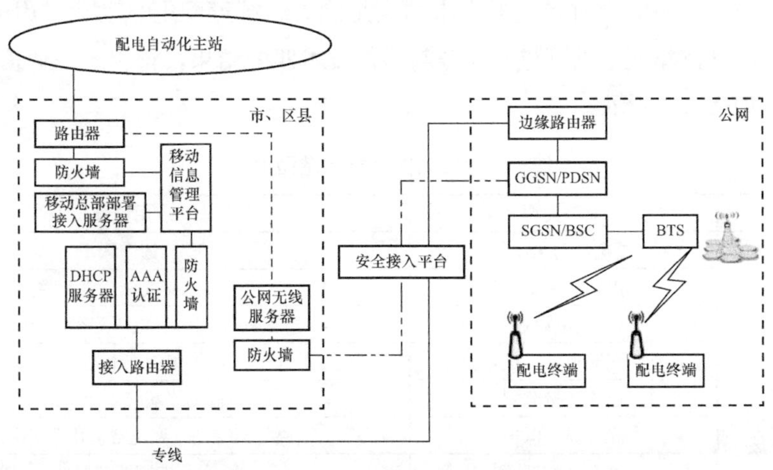

图 8-5 无线公网两级部署方式

5. 光纤和载波混合组网设备部署方案

在光缆难以敷设的区域，采用电力线载波方式作为补充手段，形成光纤和电力线载波混合组网方案，具体如图 8-6 所示。

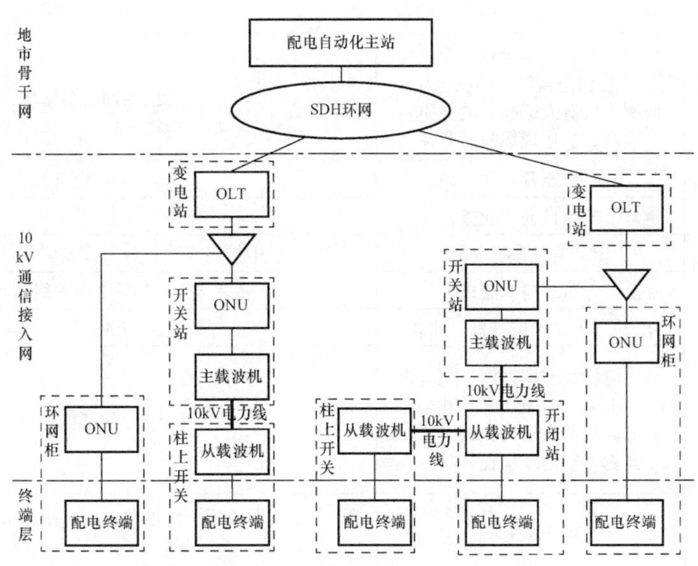

图 8-6 光纤和电力线载波混合组网模式

在光纤和电力线载波混合组网模式中，主载波机与 ONU 部署在同一机房，通过 10kV 电力线与部署在开关站、环网柜、柱上开关的从载波机通信。

二、配用电多业务接入通信网建设案例

在多业务需求和通信技术承载能力分析的基础上，开展多业务统一承载技术选型，基

于通信网络典型架构，采取一系列信息安全防护策略，构建统一通信接入方案，在终端通信接入网层面实现了生产控制大区和管理信息大区业务的统一承载。

统一通信接入方案在一张通信网络中，同时承载生产控制大区和管理信息大区业务，需要考虑通信技术承载能力对多业务需求的满足能力。统筹配电自动化、用电信息采集、分布式电源、电动汽车充电站（桩）业务与通信技术匹配结果，得出统一通信接入方案技术选型原则，如表 8-1 所示。

表 8-1　统一通信接入方案技术选型原则

适宜通信技术	业务类型	应用场景
光纤通信	配电自动化业务	“三遥”区域
	用电信息采集业务	专变采集终端（含负控）
	分布式电源业务	接入 35/10kV 电压等级监控终端
	电动汽车充电站（桩）业务	集中充电站
	电能质量监测	监测终端与监测主站
	光纤纵差保护	终端至主站（配电自动化系统主站）
	输变电状态监测	光纤专网覆盖区域
	智能家居	家庭网关至智能小区主站
	智能营业厅	实体营业厅、互动终端营业厅、独立布置的自助终端等
无线专网	配电自动化业务	“三遥”区域
	用电信息采集业务	专变采集终端（含负控）
	分布式电源业务	接入 10(20)kV 电压等级监控终端
	电动汽车充电站（桩）业务	集中充电站
	移动巡检、配网抢修、配电设备/环境状态监测、输变电状态监测、机器人巡检、电能质量监测、基建现场视频监控	无线专网覆盖区域
	智能营业厅	车载移动营业厅
无线公网	配电自动化业务	“二遥”区域
	用电信息采集业务	集中抄表终端、分布式能源关口计量终端
	分布式电源业务	接入 380/220V 电压等级监控终端
	电动汽车充电站（桩）业务	充电桩
	移动巡检、配网抢修、配电设备/环境状态监测、输变电状态监测、机器人巡检、电能质量监测、基建现场视频监控	无线专网未覆盖区域
	智能营业厅	手机营业厅、短信营业厅、网上营业厅至营销 95598 主站等系统等
电力线载波		作为电力光纤专网的补充方式

在本方案中，接入网用以接入生产和管理大区所有业务终端，配用电业务在变电站通过图 8-7 所示组网方式接入地市业务主站。在地市公司，生产管理业务主站边界设立安全接入区，在管理信息大区业务主站边界配置安全接入平台，所有的业务数据都将由安全边界管控，实现关键业务系统与终端分属不同安全区以保护核心业务系统。

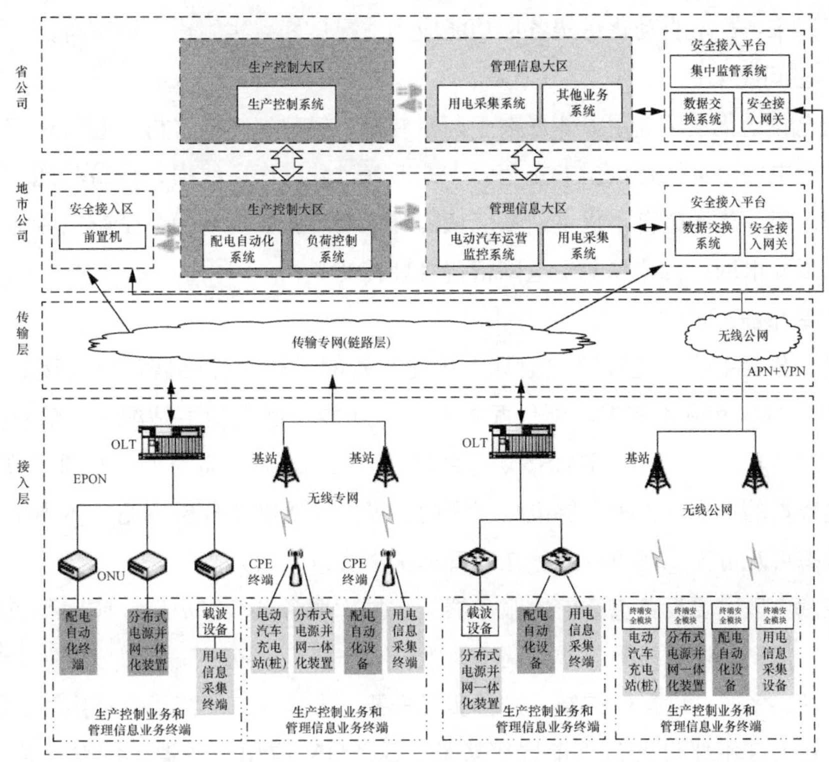

图 8-7 多业务通信接入方案

第三节 配电自动化主站建设案例

一、区域电网概况

1. 区域概况

A 市供电公司辖 1 个县级市和 5 个区，服务营业客户 252.5 万户。2018 年 1～9 月，全社会用电量 368.92 亿 kWh，同比增长 9.31%，地区调度用电最高负荷 794 万 kW。

2. 中压配电网现况

截至 2018 年 10 月，A 市供电公司有 10kV 线路 2740 条，皆为公用线路，线路总长 19442.65km。现有中压公共开关站 916 座，环网室 3021 座，环网箱 3295 座；现有中压配电变压器 58338 台，容量 28627.42MVA，其中，公用配电变压器 33635 台，容量 15244.32MVA；专用配电变压器 24703 台，容量 13383.1MVA。

3. 配电自动化现状

截至 2018 年 10 月，A 市供电公司建设配电自动化线路 2226 条，配电自动化覆盖率 81%，其中启用半自动 FA 线路 1641 条，启用全自动 FA 线路 271 条。配电自动化终端投运 3639 台，平均在线率 93.58%，其中，DTU 投运 2341 台，FTU 投运 881 台，其他终端为故障指示器等。自动化终端中“三遥”终端共计 1635 台，占所有自动化终端比例 44.9%，随着无线专网建设，“三遥”终端比例会进一步提升。A 市供电公司新一代主站自投入运行以来，配电自动化系统各项功能应用情况良好，实用化水平较高。

二、存在问题

传统配电自动化主站应用主体局限于调控专业，仅起到“报警机”和“遥控器”的作用，采集的配电网海量运行数据未能全面支撑低（过）电压、线损、设备状态、配网规划等专业管理。新一代配电自动化主站系统从传统为调度服务提升为整个配电专业服务，应用目标由实现配电网运行监控向配电网精益管理转变。

三、主站系统架构

A 市供电公司主站系统按照“地县一体化”构架进行设计部署，数据接入规模考虑3～5 年配电网规模和应用需求，硬件配置和软件功能按照大型主站配置。信息交互采用信息交换总线，实现与 EMS、PMS2.0 等系统的数据共享，具备对外交互图模数据、实时数据和历史数据的功能，支撑各层级数据纵向、横向贯通以及分层应用，体现了“图模优化统一、状态可观可控、环境智能感知、管理精准决策”四大特点。

生产控制大区主要设备包括前置服务器、数据库服务器、SCADA/应用服务器、图模调试服务器、信息交换总线服务器、调度及维护工作站等，负责完成“三遥”配电终端数据采集与处理、实时调度操作控制，进行实时告警、事故反演及馈线自动化等功能。

管理信息大区主要设备包括前置服务器、SCADA/应用服务器、信息交换总线服务器、数据库服务器、应用服务器、运检及报表工作站等，负责完成“两遥”配电终端及配电状态监测终端数据采集与处理，进行历史数据库缓存并对接云存储平台，实现单相接地故障分析、配电网指标统计分析、配电网主动抢修支撑、配电网经济运行、配电自动化设备缺陷管理、模型/图形管理等配电运行管理功能。

安全接入大区主要设备包括专网采集服务器、公网采集服务器等，负责完成光纤通信和无线通信“三遥”配电终端实时数据采集与控制命令下发。配网地县一体化建设过程中，地县配电终端将采用集中采集或分布式采集方式，并在县公司部署远程应用工作站。

主站系统由“一个支撑平台、两大应用”构成，应用主体为大运行与大检修，信息交换总线贯通生产控制大区与信息管理大区，与各业务系统交互所需数据，为“两个应用”提供数据与业务流程技术支撑，“两个应用”分别服务于调度与运检。

1. 一个支撑平台

平台服务是配电主站开发和运行的基础。构建标准的支撑平台，采用面向服务的体系架构，为系统各类应用的开发、运行和管理提供通用的技术支撑，提供统一的交换服务、模型管理、数据管理、图形管理，满足配电网调度各项实时、准实时和生产管理业务的需求，为整个系统的集成和高效可靠运行提供保障，统一支撑配电网运行监控及运行管理（“两个应用”）。

2. 两大应用

配电运行监控应用部署在生产控制大区，并通过信息交换总线从管理信息大区调取所

需实时数据、历史数据及分析结果；配电运行状态管控应用部署在管理信息大区，并通过信息交换总线接收从生产控制大区推送的实时数据及分析结果。

生产控制大区与管理信息大区基于统一支撑平台，通过协同管控机制实现权限、责任区、告警定义等的分区维护、统一管理，并保证管理信息大区不向生产控制大区发送权限修改、遥控等操作性指令；外部系统通过信息交换总线与配电主站实现信息交互。

四、安全防护

根据配电自动化系统主站安全防护要求，A 市配电主站边界安全防护如图 8-8 所示。

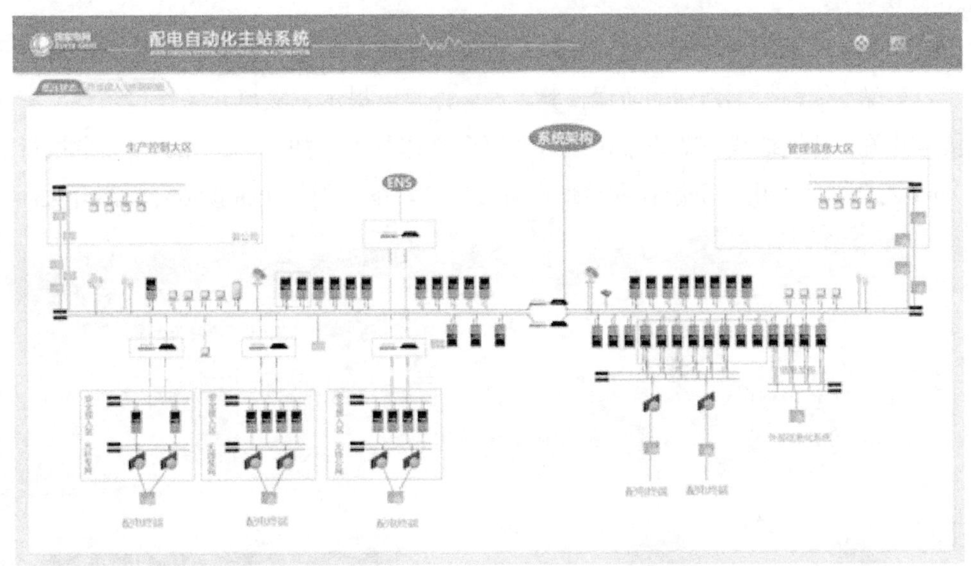

图 8-8　A 市配电主站边界安全防护

五、主站功能

A 市供电公司新一代配电自动化主站按照国家电网公司《配电自动化系统主站功能规范（试行)》（运检三〔2017〕6 号）要求，完成 I、IV 区 23 个大项、457 子项的功能开发。主站功能设计以落地和实用化为基本考虑，以系统标准化和可操作为基本指导思想，充分考虑和预留未来物联网等新技术应用，同时支撑配电自动化向低压发展延伸，体现信息化和自动化融合趋势。

（一）一区功能

一区以基本 SCADA 功能和配网拓扑为基础，融合主网调度系统信息，实现故障的快速定位隔离和恢复供电。新一代配电自动化主站在原有主站一区功能的基础上，做了以下完善：①FA 策略完善。通过各类故障信息优化组合，实现单相接地定位、分布式电源线路故障处理、就地式馈线自动化综合分析。②三工位开关建模。新增三工位开关设备图模，根据调度业务需要，细分标识牌种类，并加入防误识别逻辑。③红黑图功能完善。修正红图未来态下也可开展设备调试，实现了红图多态多应用，支撑调控业务多线开展。此外，相继完成了 FA 全自动仿真功能、主配网模型自动拼接、图形列表的责任区完善等 53 项功能。A 市供电公司新一代配电自动化主站除了实现国家电网公司主站功能规范所列要求外，还根据业务需求开发了下功能：

1. 自动成图

原配电自动化单线图字体小、遮挡、布局乱、难以支撑调度及运检业务。通过 PMS 系统实现源端自动成图，解决了图纸布局问题。既实现了后端系统免维护，又实现了两系统图模一致性。

2. 防误功能

传统配电主站无防误功能，防误校验依赖外部系统或人工判定。新一代主站开发了防误功能，实现不依赖人工判别的防误校验，如：停复电提示、隔离开关操作防误、禁止带电合接地开关、挂接地线、禁止带接地送电等误操作行为。如图 8-9 所示，如果执行隔离开关 b9-1 闭合操作，由于下游存在接地设备 b9-jd1，系统则禁止带接地合隔离开关。

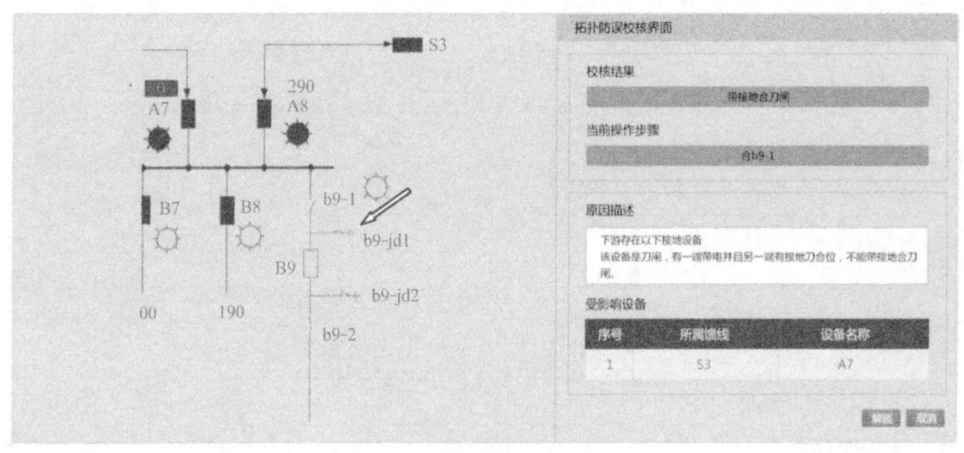

图 8-9　带接地合隔离开关闭锁

3. 综合智能告警

原配电主站告警信息只能以时标记录，告警窗口显示内容有限，极易丢失重要告警。新一代主站以“事件化、智能化”的告警归类原则设计，将无序、重复的告警信息归类及事件化描述，有利于从海量的告警信息中及时发现设备缺陷。如图 8-10 所示，24h 内某一设备频繁遥信抖动，该设备 24h 内遥信抖动近 700 次，可精简为一条事件化描述的告警。

（二）四区功能

四区系统以基本 SCADA 功能为基础，以智能分析告警为业务发起源头，实现用户角色化、功能定制化、辐射多级化、辖区网格化、运维差异化，做精了配网自动化管理业务。在专业覆盖领域实现面向四个业务对象：面向应急抢修管控业务、面向中压配网运检业务、面向低压配电网运检业务、面向配电网自动化设备运检业务，体现了监测全景化、告警智能化、信息定制化、应用移动化四大特点。

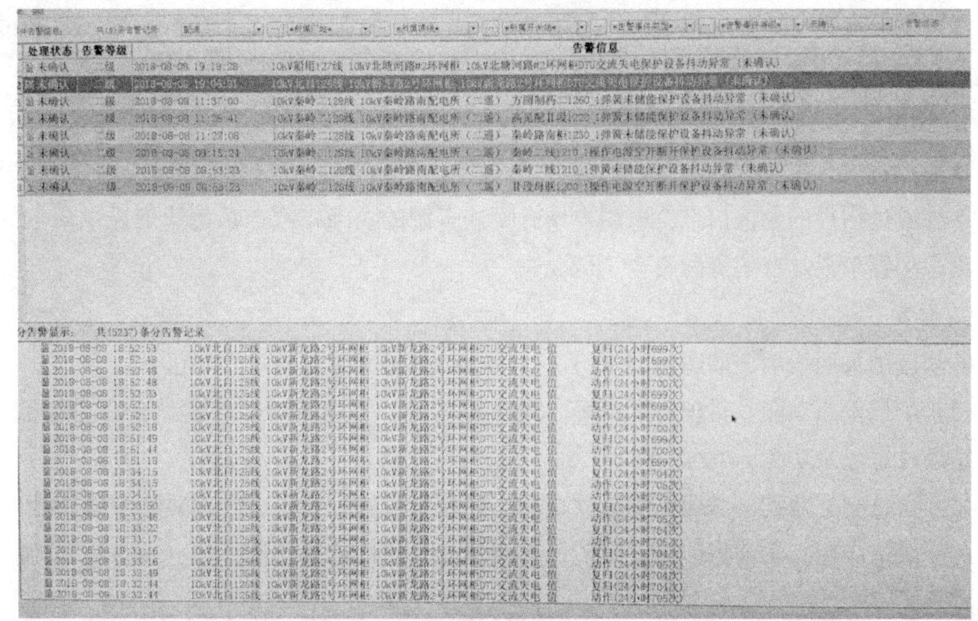

图 8-10　综合智能告警

1. 全景监测功能

（1）中、低压配电网数据处理。该功能实现对中、低压配电设备的全状态感知，可以在设备树中选中低压线路及低压台区一次接线图，实现线路查看。

（2）配电终端管理。实现配电终端参数远程调阅及设定、历史数据查询、终端软件管理、蓄电池远程管理、运行状态监视及统计分析、通信流量监视及告警等功能。

（3）设备环境状态监测。实现对设备本体环境状态量的实时监测，在中压一次接线图中，可视化展示设备本体环境状态量的实时监测值。

2. 智能告警功能

（1）就地馈线自动化分析。自动研判就地馈线自动化动作故障，高亮显示跳闸开关、故障区域或隔离停电区域，以特定颜色显示供电正常区域。

（2）接地故障分析。对单相接地进行选线分析，对故障区段进行定位分析判断，高亮红色显示故障区域，通过信息框展示采集到的三相电场、三相电流、零序电压、零序电流等电气量波形和相角分析计算结果。

（3）综合故障研判。自动研判跳闸故障，高亮显示故障区域或隔离停电区域，以特定颜色显示供电正常区域。

（4）设备状态异常分析。实现配电负荷分析、当日负荷预测、重要用户风险预警、智能告警等功能。

（5）配电自动化系统缺陷分析。通过主站分析，及时发现相关缺陷，并提供系统相关日志以快速定位缺陷；针对关键缺陷及时产生告警。

（6）配电自动化运行统计分析。分析抽取配电自动化系统的多个运行指标，并通过可视化的方式直观展现。

3. 信息定制功能

增加设备主人权责管理功能。通过角色管理，使角色在用户和系统资源之间充当桥梁，系统通过用户的角色信息获取用户具有哪些资源的访问权限；角色管理提供角色的定义页面，配置角色具有的资源集合。

4. 移动应用功能

移动应用页面展示图如图 8-11 所示，具体包括以下功能：

（1）信息发布功能。实现中压故障、配电网停运、设备异常、终端缺陷等信息发布、发布结果日志记录功能。

（2）信息交互功能。实现终端信息查询、终端参数查询设置、终端缺陷管理功能。

（3）短信应用。实现短信信息订阅、发布功能、短信信息查询、自定义短信等功能。

图 8-11　移动应用页面展示图

第四节　主动配电网建设案例

主动配电网的概念由国际大电网会议（CIGRE）和国际供电会议（CIRED）于 2008 年提出之后，已有 11 个国家和地区开展了主动配电网的项目。2012 年，我国开展了 863 项目“主动配电网的间歇式能源消纳及优化技术研究与应用”的研究，并在广东电网进行示范。“多源协同的主动配电网运行关键技术研究及示范”获得 2014 年度的 863 项目立项，分别在北京、贵阳、厦门进行示范。本节对某地主动配电网协调控制系统进行详细介绍。

一、系统架构

某地主动配电网协调控制系统拓扑结构图如图 8-12 所示，集成了调度 EMS、配电自

动化 DMS、用电信息采集、分布式电源运行监控、电动汽车充电设施运行监控等各类系统的网源荷信息，并对网源荷各系统进行协同管理和控制。如图 8-13 中主动配电网协调控制系统功能所示，主动配电网从就地主动响应、线路空间均衡、区域分时综合协调三个层面进行优化，达到优质供电、削峰填谷、储充优化运行、保障新能源消纳、规划指引的目标。

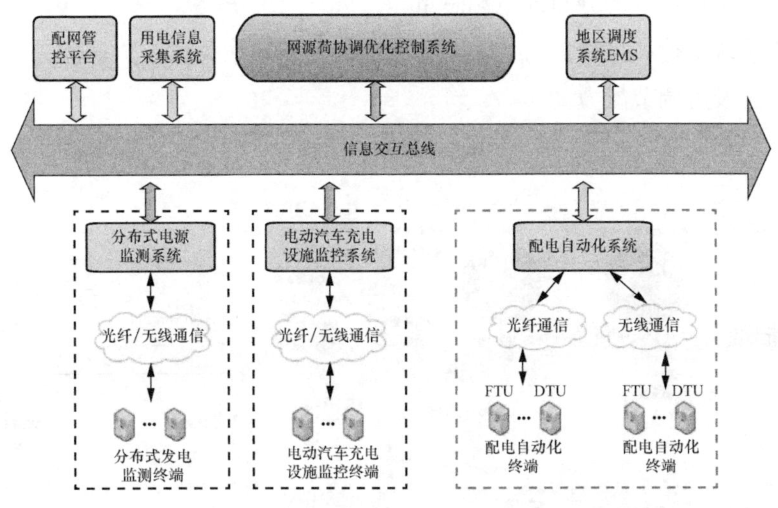

图 8-12　主动配电网协调控制系统拓扑结构图

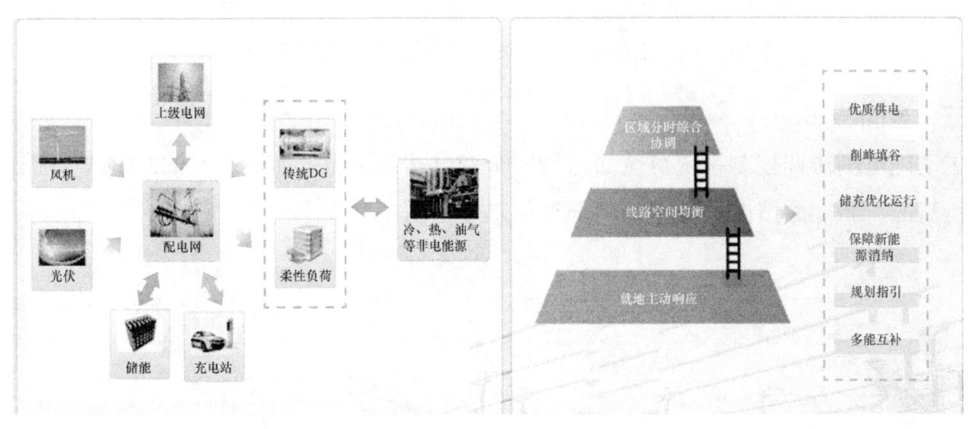

图 8-13　主动配电网协调控制系统功能图

为有效解决新型能源及负荷发展带来的问题，支撑新型配电网的安全经济高效运行，网源荷协调优化控制系统应用网源荷协调优化控制技术，通过对主动配电网可调控资源的协调控制，实现对分布式发电、分布式储能、电动汽车、柔性负荷的互动协调控制，提升配电网对分布式能源消纳水平，提升配电网运行可靠性与经济性，提升优质服务水平。

二、网源荷整体运行分析

主动配电网协调控制系统的网源荷监控功能如图 8-14 所示，从网、源、荷三方面反映分布式电源接入对电网的影响和当前的运行情况。

网：分布式电源的接入给电网带来电压、损耗、运行可靠性、负荷等方面的影响，电网侧的指标数据主要反映这几方面的情况。

源：光伏、风机等新能源具有环保及可再生等优点，发展新能源是未来电网的方向。从分布式电源的角度，重点关注消纳率、渗透率、发电的波动性等，并根据分布式电源特性及电网现状分析可接入的分布式电源总量。

荷：分为传统负荷、可调负荷、储能、充电桩等多样性负荷。负荷侧关注各类负荷的容量、当前状态及可调节能力。

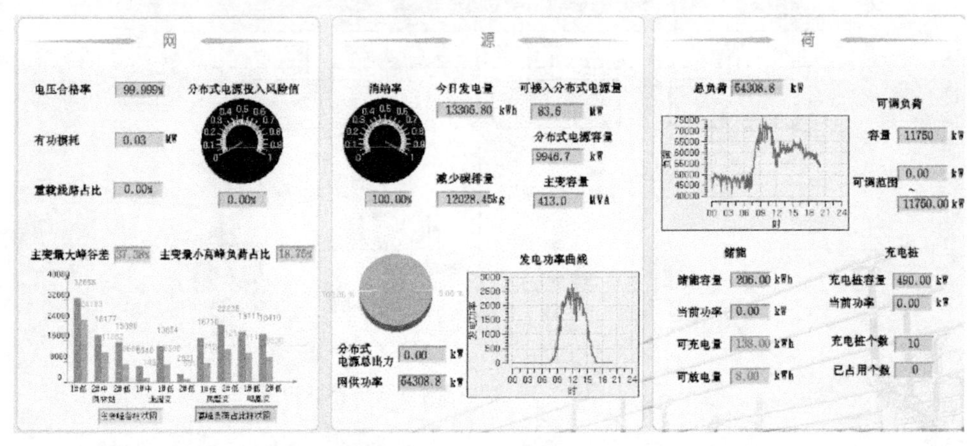

图 8-14　主动配电网协调控制系统网源荷监控功能

三、全面感知

主动配电网协调控制系统可全面监测四个变电站及供电的 47 回 10（20）kV 线路的电网运行情况、新能源情况及充电站内部等信息，如图 8-15 所示。

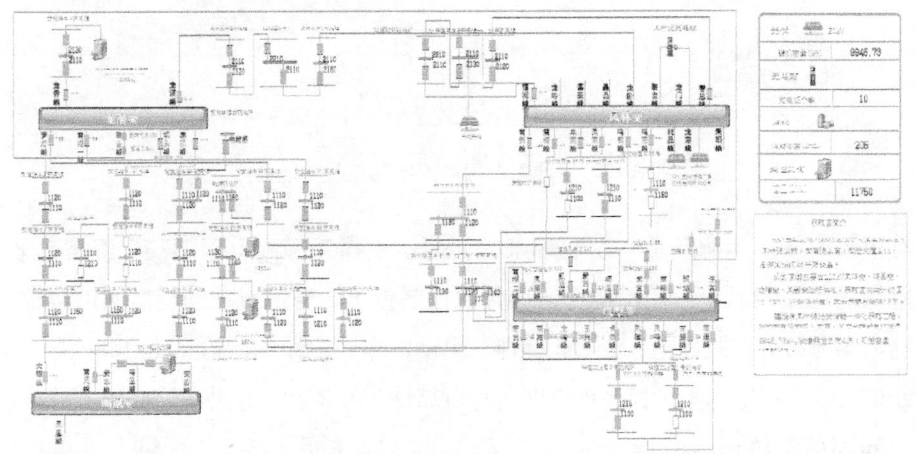

图 8-15　主动配电网示范区网架图

四、协调控制

（一）经济运行分析

从设备层、线路层、区域层三个层面对经济运行进行分析。

1. 设备层

储能：按照储能的容量、充电功率和放电功率，根据线路端口负荷预测曲线的高峰时间和低谷时间，制定储能第二天合理的充放电时间。同时给出策略执行后线路峰谷差率、高峰负荷占比、线损影响因子、峰值、谷值的指标变化情况。

柔性负荷：按照柔性负荷的容量，根据线路端口负荷预测曲线的高峰时间和低谷时间，制定可调负荷第二天合理的用电策略（高峰减少用电、低谷增加用电）。

2. 线路层

按照馈线表中的记录，获取线路负荷预测数据，计算各线路的峰谷差率、高峰负荷占比、线损影响因子、峰值、谷值。对线路中有多个储能和可调负荷的，分析多个储能和可调负荷互相协同的联合策略，并给出策略执行后线路峰谷差率、高峰负荷占比、线损影响因子、峰值、谷值的指标变化情况。

3. 区域层

按照变压器绕组表中的中、低压绕组记录，获取绕组有功负荷预测数据，计算各绕组的峰谷差率、高峰负荷占比、峰值、谷值。对有限电要求的变压器绕组，分析其供电范围内的所有储能和可调负荷，给出限电响应建议，减少实际切负荷数。

（二）光伏消纳能力分析

按照馈线表中的记录，获取线路负荷预测数据，计算线路高峰负荷与光伏发电重合度、线路可接入光伏容量，对有光伏的线路计算光伏最大盈余发用比。对线路中有储能或可调负荷的，分析储能或可调负荷充分参与后的线路可接入光伏容量。

（三）安全分析

从线路层和区域层两个层面对安全分析进行分析。

1. 线路层

对配电网中配电变压器和线路负载情况进行统计和分析。以降低重载线路的最大支路负载率为出发点，分析储能当前的充放电建议及柔性负荷的用电建议（减少用电），并给出策略执行后线路负载率、有功损耗的指标变化情况。

2. 区域层

分析线路与其他线路的联络情况、对端线路的负荷可转供能力。重载线路通过改变运行方式，将本线路负荷转移到其他线路，并给出策略执行后线路负载率、有功损耗的指标变化情况。

第五节　配电物联网建设案例

一、总体目标与思路

针对配电网现场的配电站房、环网柜和电力电缆部署分散，设备和环境信息一般采用人工定期检测，导致信息采集实时性差、故障不能快速定位等现状，该项目充分利用低功耗广域传感通信网络覆盖广、连接多、成本低、低功耗等特点，通过部署多种用途传感器构建配电网监测网络，实现配电网现场设备和环境信息的实时监测。配电网信息管理平台对多种传感器的数据进行协同感知和数据融合分析，可实时发布告警信息及快速故障定位，及时指导消缺工作，实现全天候配电网设施状态的在线监测、故障定位和报警，为智能电网设备的状态检修和安全运行提供技术支撑。

二、总体构架

配电物联网基于功能层次独立的构架设计思路，按层次划分出感知层、网络层、应用层三个层次。系统在感知层部署多类传感器构建配电物联网监测网络，实现配电网主要设备状态和运行环境信息的实时监测；在网络层引入边缘计算节点和应用 IPSec 加密通信手段，降低网络开销，提升管理时效和安全性；在应用层引入负载均衡、冗余配置、应用微服务化等设计方式及配置方法，保障系统持续运行，提升运行效率。配电物联网总体架构图如图 8-16 所示。

三、感知层硬件体系建设方案

传感器部署在七大系统中，包含开关站监测子系统、配电站房监测子系统、户外环网箱监测子系统、箱式变电站监测子系统、电缆及通道监测子系统、杆上变台监测子系统、柱上开关监测子系统，传感器的要求如下：

1. 无线温湿度传感器

配电网电气设备对环境的温湿度一般都有相应的要求，一些精密的设备更是如此。因此，为了保障配电网设备在正常运行，监控中心需要了解现场的温度和湿度情况。

无线温湿度传感器采用 MCU 微型控制单元、无线通信模块、温湿度传感器、电池及 ASA 外壳等组成，可以实时、准确地测量环境温度和环境相对湿度。它能使用户对现场环境实现远程的数据采集和监测，突出便利性、准确性和实时性，并能为现场的温湿度环境控制提供参数依据。

2. 无线测温传感器

无线测温传感器是无线测温系统的前端测温设备，可以实时监测高压设备的工作温度。该无线测温终端部署简单，施工维护方便，无线测温终端防水、防电、防尘、防震，可适应恶劣环境工作。测量的设备温度数据可在温度管控平台进行综合比较分析，如：当前数据与历史数据比较、当前设备温度数据与环境、同类设备和相间温度数据的实时比较。通过多数据的融合分析，可有效提高数据的准确性和可靠性。

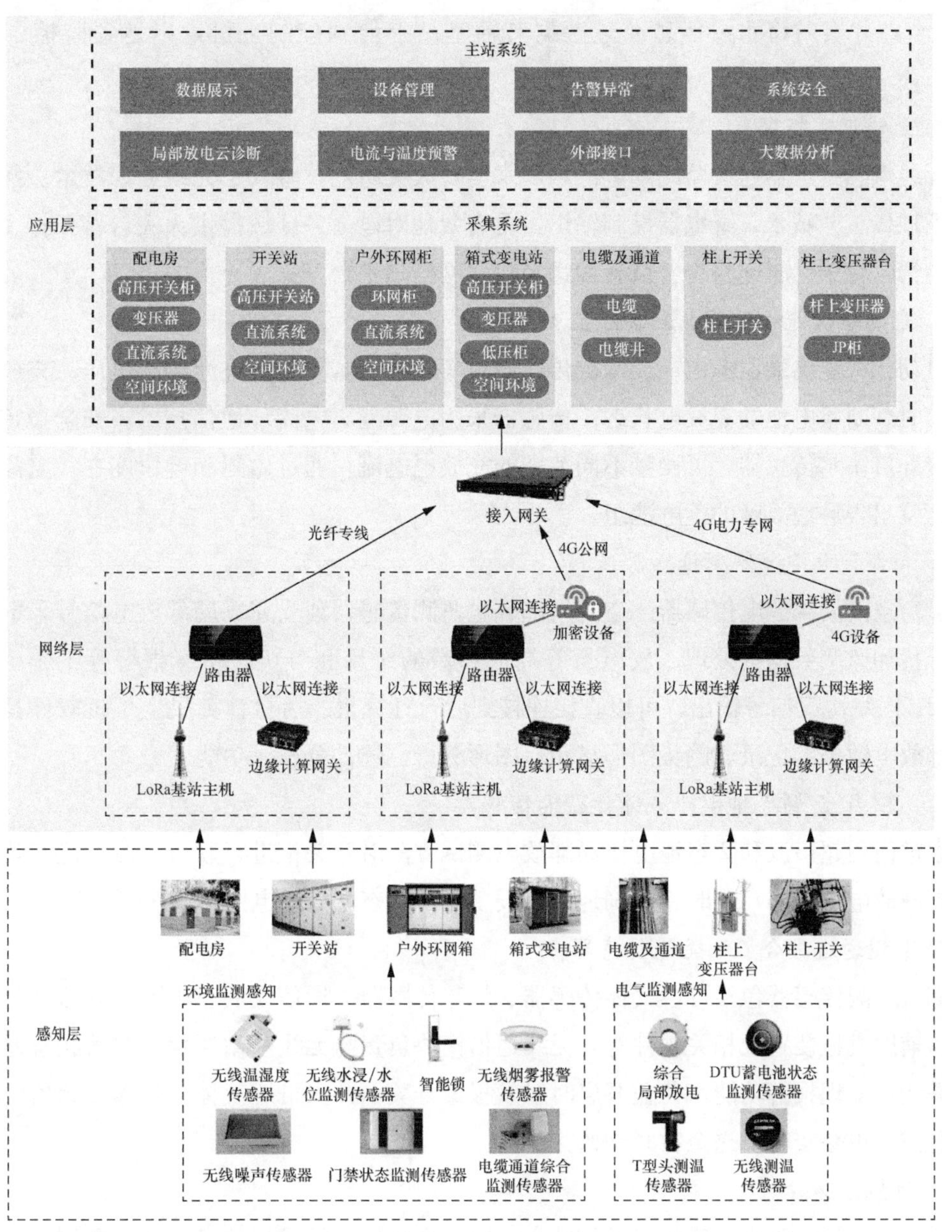

图 8-16　总体构架

3．无线噪声传感器

无线噪声传感器适用于电机、变压器等设备的运行噪声等级分级和分贝测量。无线噪声传感器具备 20Hz～20kHz 范围的平均声级测量和 50Hz 中心频率的工频噪声声级测量。环境适应性好，满足高电压、强磁场、露天等特殊环境下的使用要求。

4．无线水浸/水位监测传感器

在配电站房、开关站等场所会经常出现因下雨而导致水浸的情况，从而给设备的安全运行带来了隐患。无线水浸传感器能够实时在线监测传感器安装位置（场所）是否浸

（积）水，并实时将水浸信息通过数据传输基站上传到控制主机，以达到监控告警的目的。

5. 无线烟雾报警器

无线烟感报警器通过监测烟雾的浓度来实现火灾防范，融入了无线通信技术。探测器采用了现代工艺技术，继电器控制输出，可有效地对电力各区域提供火灾告警保护。一旦发生险情，将第一时间将告警信息发送至物联网信息平台。

6. 自动化智能终端蓄电池在线监测传感器

自动化智能终端蓄电池在线监测传感器可实时在线监测整组电池的组电压、充放电电流，实时判断蓄电池的充放电状态。传感器采用电源隔离电流环通信技术，安全稳定。通过外接开口霍尔传感器，可测量不同范围的充放电电流，通过内阻和健康度在线监测，可快速定位出告警或故障的蓄电池组。

7. 局部放电综合监测传感器

（1）空间局部放电传感器。空间局部放电监测传感器独立完成局部放电信号采集和调理、干扰和监测数据的处理、放电量等局放参数的统计和分析、超标报警等工作。采用UDP/IP网络协议信号输出，可以直接连接到后台计算机。后台计算机上位机软件具有在线局部放电数据的记录、趋势图形显示、图形分析、统计分析等功能。

（2）超声波/暂态地电压一体化智能传感器

通过使用超声波和暂态地电压局部放电测试方法对开关柜进行联合检测，能有效发现开关柜内放电的缺陷，及时、准确地掌握设备运行状态，保证电网的安全可靠运行。

8. 电缆通道综合监测无线传感器

综合监测传感器包括可燃气体传感器、烟雾传感器、通信模块、电池、井盖开启触发开关、辅助机械装置及相关软件等，无线通信模块负责与无线基站通信。井盖状态通过辅助机械装置实现报警功能，井盖开启时触发报警开关；井内可燃气体、烟雾传感器的状态和报警信息也会实时发送至物联网监控平台。

9. 门禁传感器

采用低功耗长距离传感网络通信技术，实现配电站房门状态信息的在线监测。系统具有开门、关门状态信息的实时数据上传，定时监测门状态信息等功能。采用单门两个监控点，提高系统的可靠性。

四、网络层通信建设方案

1. 通信设备组成

系统的通信设备由无线通信基站、无线加密通信设备、边缘计算节点、数据路由器组成。

（1）无线通信基站。无线通信基站负责实现终端设备和网络服务器之间的数据转发，包括终端上行发送的采集数据、应答信号和网络心跳等信息，以及LPWAN系统的网络服

务器、应用服务器和用户服务器等下发的控制命令、广播信息和应答信息等功能。

（2）无线加密通信设备。通过建立 IPSec VPN 安全隧道实现通信加密，密钥协商与加密通信协议遵循国家密码管理办公室颁布的 GM/T 0022—2014《IPSec VPN 技术规范》，采用 SM1/SM2/SM3/SM4 加密算法。密钥及算法仅存于系统密码处理单元的安全存储区中，与应用系统完全隔离，不能通过任何手段进行访问，以保证密钥和密码算法的安全性，极大提高了数据交换的安全性。

（3）边缘计算节点。边缘计算节点具体以下功能：

1）低延时计算。对于感知节点上报的紧急异常或报警，边缘计算节点根据预设的策略，直接执行，并把结果上报到平台，减少系统处理时间。

2）对终端设备的数据进行筛选，不必每条原始数据都传送到云，充分利用设备的空闲资源，在边缘节点处过滤和分析，节能省时。

3）减缓数据爆炸、网络流量的压力。在进行云端传输时通过边缘节点进行一部分简单数据处理，进而能够设备响应时间，减少从设备到云端的数据流量。

4）智能化。边缘计算节点有成熟的智能框架，可以通过远程更新策略和数据模型，实现对感知节点的数据采集、上报和控制。

2. 通信连接方式

（1）通信方式一。通信方式一的总体架构如图 8-17 所示，传感器数据传输到无线基站，无线基站和边缘计算节点使用 RJ45 连接并组成局域网。数据由边缘计算节点处理后通过路由器，使用电力光纤专线经自动化终端发送到主站系统。

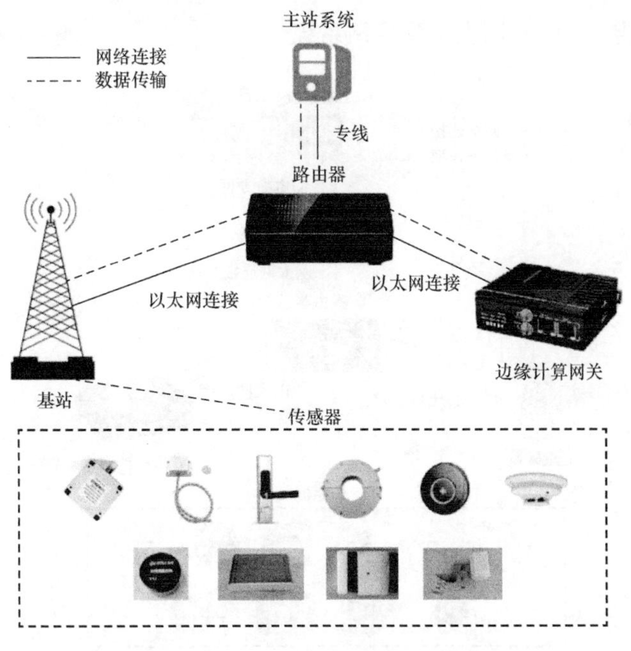

图 8-17 通信方式一的总体架构

（2）通信方式二。通信方式二的总体架构如图 8-18 所示，传感器数据传输到无线基站，无线基站和边缘计算节点使用 RJ45 连接并组成局域网。数据由边缘计算节点处理后通过路由器和加密设备，使用运营商 4G 网络发送到主站系统。

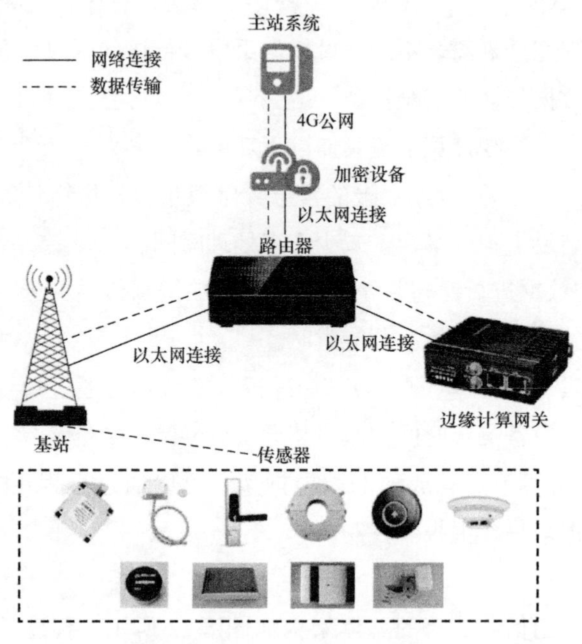

图 8-18　通信方式二的总体架构

（3）通信方式三。通信方式三的总体架构如图 8-19 所示，传感器数据传输到无线基站，无线基站和边缘计算节点使用 RJ45 连接并组成局域网。数据由边缘计算节点处理后通过路由器，使用电力 4G 专网发送到主站系统。

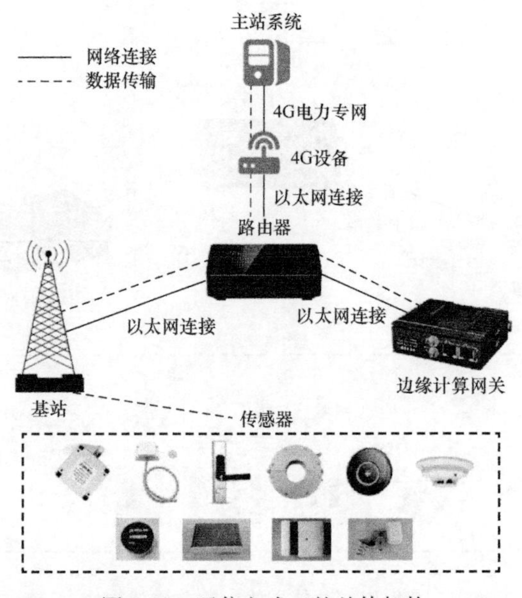

图 8-19　通信方式三的总体架构

五、应用层系统平台建设方案

1. 平台功能

配电物联网平台功能如图 8-20 所示。

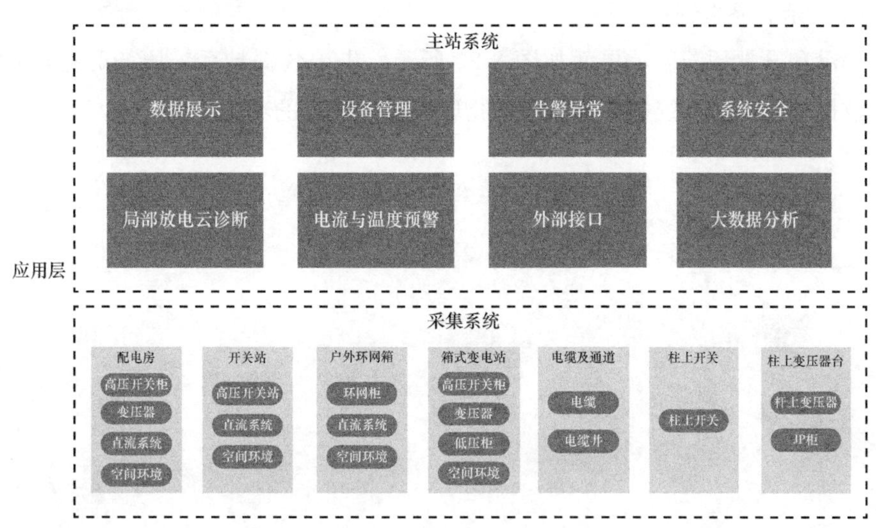

图 8-20　应用层系统平台功能

2. 监测数据展示

监测数据展示界面如图 8-21 所示，展示功能实现以特定数据粒度为单位的数据切面视图，和复合条件下的数据静态及动态视图。

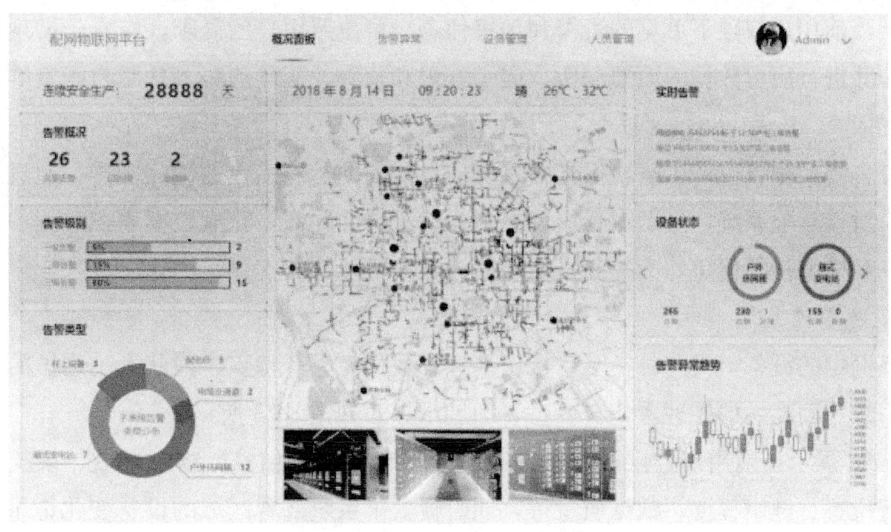

图 8-21　监测数据展示

数据粒度覆盖地理区域特征，如行政区划、所属系统、数据类型、关联数据类型等。数据筛选维度还包含时间维度、数据特征维度等。

展示当前用户权限下的采集数据、采集系统的当前数据状态、告警数据、预警数据。通过用户操作和指令，可切换数据视图来反应采集数据的变化记录、系统异常预警和告警数据的状态和分布情况。

3. 告警提示和异常预警

告警提示和异常预警展示界面如图 8-22 所示，告警数据是系统原始数据经过初级处理产生的数据单元，是系统中最直观展示物联网技术优势的功能界面。

图 8-22　告警提示和异常预警展示

展示当前用户权限下可见的告警和预警信息，可按照用户的需求，查看告警现场的数据状态，并进行历史数据的简要分析，展示告警和预警的变化趋势，从用户指定维度来组织数据视图。

通过告警数据可以产生运检操作的参考信息，辅助运检工作的优化安排。通过系统的外部接口对接运检系统，可形成系统预警和运检维护的闭环，完成数据累积过程中的数据模型建立和模型持续优化，为提高系统的实施效率构建数据支撑。

4. 设备管理

物联网中的设备，具有种类多、接口多样、数量庞大等特点，因此人工维护的难度极高，亟需统一而高效的管理入口。设备管理展示界面如图 8-23 所示。

图 8-23 展示当前用户权限可见的设备信息，包含状态信息、物理参数、系统任务信息、部署位置、健康程度、数据质量等，同时覆盖了系统部署区域的设备变化记录，并提供设备管理评估，系统数据采集规划和管理的操作界面。

设备管理模块覆盖设备的配置、日常运维、故障处置等管理环节。通过设备管理模块的界面单元，面向用户提供可视化的设备状态视图和设备运行动态视图。

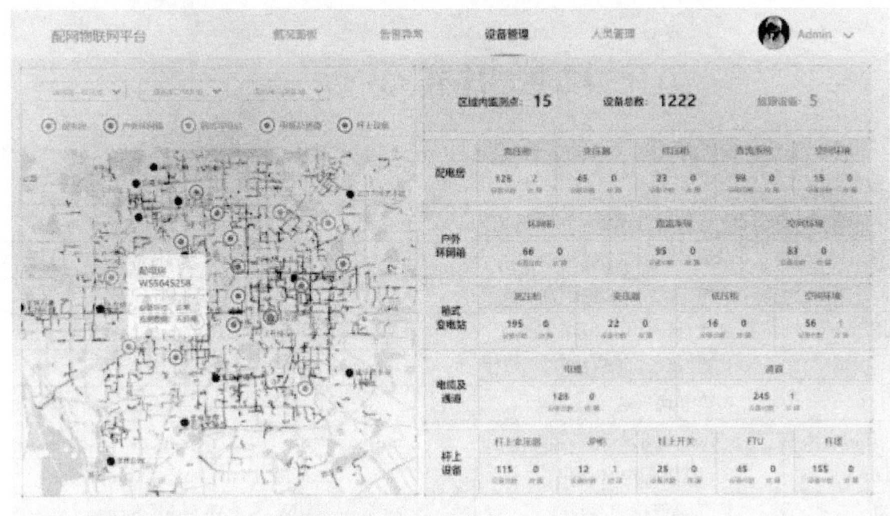

图 8-23　设备管理展示

5. 与外部数据交互

留有外部拓展接口，分为输入和输出两大类。无论是输入类还是输出类，都要基于安全可控的方式，与安全可信的目标系统实现交互。

基于应用安全层的实现，面向外部的接口可实现的功能包括：设备管理、数据接入、告警输出、数据分析。

6. 大数据分析

将采集到的经验与现象实现数据化与规律化，在继承传统的统计学、计算数学、人工智能、数据挖掘等方法的基础上，从单一维度转向多维度统筹融合，开发知识处理的新方法。从更深刻的视角，以更高的时效发掘多源异构数据，从而全面掌控设备状态。

7. 局部放电云诊断

基于采集到的局部放电图谱数据，应用深度学习的方法来深化对局部放电产生源头的识别，丰富局部放电的处理预案。通过人工智能经典模型，完成训练样本采集、方法训练、结果判定和方法矫正的训练循环，提炼并不断优化诊断方法，从而得到一个或多个可实际应用的方法或方法集合，并应用对局部放电的实际处理工作中去。

8. 温度与负荷电流关联预警

基于温度和负荷电流的采集数据，运用数据分析的方法来归纳温度和负荷电流的关联关系，基于关联关系来对过负荷进行预警。

缩略语对照表

英文简称	中文全称	英文全称
2G	第二代（通信技术）	2nd Generation
3G	第三代（通信技术）	3rd Generation
3GPP	第三代合作计划（通信技术）	3rd Generation Partnership Project
4G	第四代（通信技术）	4rd Generation
5G	第五代（通信技术）	5th Generation
AM&FM	自动绘图及设备管理	Automated Mapping & Facilities Management
ADA	高级配电自动化	Advanced Distribution Automation
AMS	高级读表系统	Advanced Metering System
ADN	主动配电网	Active Distribution Networks
ANM	主动网络管理	Active Network Management
ADSS	全介质自承式光缆	All-Dielectric Self-Supporting Optical Cable
APN	接入点名称	Access Point Name
AS	接入层	Access Stratum
ACL	访问控制列表	Access Control List
AAU	有源天线单元	Active Antenna Unit
BPSK	二进制相移键控	Binary Phase Shift Keying
BBU	室内基带处理单元	Building Baseband Unit
BSS	基站子系统	Base Station Subsystem
CI	用户的平均停电次数	Customer Interruptions
CML	用户平均停电时间	Customer Minute Lost
CDMA2000	码分多址 2000	Code Division Multiple Access 2000
CLI	命令行界面	Command-Line Interface
CU	集中单元	Centralized Unit
CPE	客户终端设备	Customer Premise Equipment
CSS	线性调制扩频	Chirp Spread Spectrum
DMS	配电管理系统	Distribution Management System
DAS	配电自动化系统	Distribution Automation System
DTU	站所终端	Distribution Terminal Unit
DA	配电自动化	Distribution Automation
DG	分布式电源	Distributed Generator
DSO	配电调度中心	Distribution System Operator
DER	分布式能源系统	Distributed Energy System
DU	分布单元	Distributed Unit
D2D	设备对设备	Device-to-device
DDN	数字数据网	Digital Data Network
EPRI	美国电力科学研究院	Electric Power Research Institute
EPON	以太网无源光网络	Ethernet Passive Optical Network
EPC	核心分组网演进	Evolved Packet Core

续表

英文简称	中文全称	英文全称
eMBB	增强移动宽带	enhanced Mobile Broadband
eNodeB	演进型基站	Evolved Node B
FA	馈线自动化	Feeder Automation
FTU	馈线终端	Feeder Terminal Unit
FSK	频移键控	Frequency-shift keying
FDD	频分双工	Frequency Division Duplexing
FEC	前向纠错	Forward Error Correction
GIS	地理信息系统	Geographic Information System
GPRS	通用分组无线服务技术	General Packet Radio Service
GUI	图形用户界面	Graphical User Interface
GSM	全球移动通信系统	Global System for Mobile Communications
HSS	归属签约用户服务器	Home Subscriber Server
HLR	归属位置寄存器	Home Location Register
IMSI	国际移动用户识别码	International Mobile Subscriber Identification Number
IOT	物联网	Internet of Things
ISM	工业、科学和医学	Industrial Scientific Medical
IEEE	电气和电子工程师学会	Institute of Electrical and Electronics Engineers
ITU	国际电信同盟	International Telecommunications Union
LCM	负荷监控与管理	Load Control & Management
LoRa	长距离无线电	Long Range Radio
LTE	长期演进	Long Term Evolution
MSTP	多业务传送平台	Multi-Service Transfer Platform
mMTC	海量机器类通信	massive Machine Type Communications
MEC	移动边缘计算	Mobile Edge Computing
MIMO	多输入多输出	Multiple-Input Multiple-Output
McWiLL	多载波无线信息本地环路	Multi-Carrier Wireless Information Local Loop
MSC	移动业务交换中心	Mobile Switching Center
NAS	非接入层	Non-Access Stratum
NSA	非独立组网	Non-Standalone
OTN	光传送网	Optical Transport Network
OLT	光线路终端	Optical Line Terminal
ONU	光网络单元	Optical Network Unit
ODN	光分配网络	Optical Distribution Network
OPPC	光纤复合相线	Optical Phase Conductor
OPGW	光纤复合架空地线	Optical Fiber Composite Overhead Ground Wire
OFDM	正交频分复用技术	Orthogonal Frequency Division Multiplexing
ONU	光网络单元	Optical Network Unit
PMS	生产管理系统	Power Production Management System
PLC	电力线载波	Power Line Communication
P-GW	PDN 网关	PDN GateWay
P2P	点对点通信	Peer to Peer

续表

英文简称	中文全称	英文全称
PTN	分组传送网	Packet Transport Network
PFTTH	电力光纤到户	Power Fiber to The Home
QoS	服务质量	Quality of Service
RTU	远程终端单元	Remote Terminal Unit
RRU	远端射频模块	Remote Radio Unit
RS	里所码	Reed-Solomon Codes
SCADA	数据采集与监控	Supervisory Control and Data Acquisition
SSH	安全外壳协议	Secure Shell
SSL	安全套接层	Secure Sockets Layer
S-GW	服务网关	Serving GateWay
SGSN	服务 GPRS 支持节点	Serving GPRS Support Node
SFTP	安全文件传送协议	Secure File Transfer Protocol
SA	独立组网	Standalone
SDH	同步数字体系	Synchronous Digital Hierarchy
SIM	客户识别模块	Subscriber Identification Module
TTU	配变终端	Distribution Transformer Supervisory Terminal Unit
TMS	通信管理系统	Tencent Metering System
TD-SCDMA	时分-同步码分多址	Time Division-Synchronous Code Division Multiple Access
TDD	时分双工	Time Division Duplexing
TMSI	临时移动用户识别号	Temporary Mobile Subscriber Identity
uRLLC	超可靠、低时延通信	Ultra Reliable Low Latency Communications
USIM	全球用户识别卡	Universal Subscriber Identity Module
VLAN	虚拟局域网	Virtual Local Area Network
VLR	拜访位置寄存器	Visitor Location Register
V2V	车对车	Vehicle-to-Vehicle
VPN	虚拟专用网络	Virtual Private Network
VLR	访问位置寄存器	Visiting Location Register
WiMAX	全球微波互联接入	Worldwide Interoperability for Microwave Access
WCDMA	宽带码分多址	Wideband Code Division Multiple Access
WSN	无线传感器网络	Wireless Sensor Networks
WLAN	无线局域网	Wireless Local Area Network

参 考 文 献

[1] 秦立军，马其燕. 智能配电网关键技术 [M]. 北京：中国电力出版社，2010.

[2] 徐丙银，李天友，薛永端，金文龙. 智能配电网讲座 [J]. 供用电，2009，26 (3)：81-84.

[3] 刘东. 智能配电网的特征及实施基础分析 [J]. 电力科学与技术学报，2011，26 (1)：82-85.

[4] 徐丙银，李天友，薛永端. 智能配电网与配电自动化 [J]. 电力系统自动化，2009，33 (17)：38-41.

[5] 任雁铭，操丰梅. IEC61850新动向和新应用 [J].，2013，37 (2)：1-6.

[6] 赵江河. IEC61968与智能电网-电力企业应用集成标准的应用 [J]. 北京：中国电力出版社. 2013.

[7] 王良. 智能配电网自动化应用实践的几点探讨 [J]. 电力系统保护与控制，2016，V44 (20)：12-16.

[8] 刘健. 配电网继电保护与故障处理 [M]. 北京：中国电力出版社，2014.

[9] 郭谋发. 配电自动化技术 [M]. 北京：机械工业出版社，2017.

[10] 刘健，等. 现代配电自动化系统 [M]. 北京：中国水利电力出版社，2013.

[11] 刘健，等. 简单配电网 [M]. 北京：中国电力出版社，2017.

[12] 陈彬，张功林，黄建业. 配电自动化系统实用技术 [M]. 北京：机械工业出版社，2015.

[13] 徐丙银，等. 配电网继电保护与自动化 [M]. 北京：中国电力出版社，2017.

[14] Yu T，Zhou B，Chan K W，et al. Stochastic Optimal Relaxed Automatic Generation Control in Non-Markov Environment Based on Multi-Step Q (λ) Learning [J]. IEEE Transactions on Power Systems，2011，26 (3)：1272-1282.

[15] Yu T，Wang H Z，Zhou B，et al. Multi-agent correlated equilibrium Q (λ) learning for coordinated smart generation control of interconnected power grids [J]. IEEE Transactions on Power Systems，2015，30 (4)：1669-1679.

[16] 葛乐，陆文涛，袁晓冬，等. 背靠背柔性直流互联的有源配电网合环优化运行 [J]. 电力系统自动化，2017，6：020.

[17] 凌毓畅，曾江，刘洋，等. 具有低次谐波抑制功能的虚拟电阻型光伏逆变器 [J]. 电力系统自动化，2018，42 (9)：114-119.

[18] 徐海明，周艾兵. 变电站直流设备使用与维护培训教材：阀控密封铅酸蓄电池 [M]. 北京：中国电力出版社，2010.

[19] 刘健，董新洲，陈星莺，等. 配电网故障定位与供电恢复 [M] 北京：中国电力出版社，2012.

[20] 赵波，王财胜，周金辉，等. 主动配电网现状与未来发展 [J]. 电力系统自动化，2014，38 (18)：125-135.

[21] 尤毅，刘东，于文鹏，等. 主动配电网技术及其进展 [J]. 电力系统自动化，2012，36 (18)：10-16.

[22] 邢海军，程浩忠，张沈习，张逸. 主动配电网规划研究综述 [J]. 电网技术，2015，39 (10)：

2705-2711.

[23] 马丛淦．面向运行与规划的主动配电网分析建模研究 [D]．天津大学，2012.

[24] 国家电网有限公司运维检修部．配电自动化运维技术 [M]．北京：中国电力出版社，2018.

[25] 刘健，赵树仁，张小庆．中国配电自动化的进展及若干建议 [J]．电力系统自动化，2012，36 (19)：6-10.

[26] 刘健，张志华，张小庆，等．基于配电自动化系统的单相接地定位 [J]．电力系统自动化，2012，41 (1)：145-149.

[27] 王守相，王成山．现代配电系统分析 [M]．北京：高等教育出版社，2007：196-204.

[28] 周建华，朱卫平，孙健，嵇文路，等．基于灵活组网的智能配电自动化检测系统 [J]．电力系统自动化，2017，41 (17)：163-167.

[29] 赵江河，陈新，林涛，等．基于智能电网的配电自动化建设 [J]．电力系统自动化，2012，36 (18)：33-36.

[30] 沈兵兵，吴琳，王鹏．配电自动化试点工程技术特点及应用成效分析 [J]．电力系统自动化，2012，36 (18)：27-32.

[31] 刘艳茹，刘海波，杨卫红，等．配电自动化试点工程效益评估 [J]．电力建设，2014，35 (4)：116-121.

[32] 张红斌，吴志力，葛斐，等．基于 SMART 准则的配电自动化建设效果评价体系研究．电网技术 [J]．2016，40 (7)：2192-2198.

[33] 孟庆海，朱金猛，程林，等．基于可靠性及经济性的配电自动化差异性规划．电力系统保护与控制 [J]．2016，44 (16)：156-162.

[34] 张磐，凌万水，郑悦，等．基于模糊层次分析法的配电自动化运行评估方法研究．电测与仪表 [J]．2016，53 (22)：72-77.

[35] 宋伊宁，李天友，薛永端，徐丙垠，等．基于配电自动化系统的分布式小电流接地故障定位方法．电力自动化设备 [J]．2018，38 (4)：102-109.

[36] 徐丙垠．国际配电自动化发展综述．供用电 [J]．2014，5：16-20.

[37] 黄秀丽，马媛媛，费稼轩，等．配电自动化系统信息安全防护设计 [J]．供用电，2018，35 (3)：47-51.

[38] 郭强．工控系统信息安全案例 [J]．信息安全与通信保密，2012 (12)：68-70.

[39] 苏毅方，顾建炜，王凯．杭州配电自动化实践与应用 [J]．供用电，2014，31 (9)：26-28.

[40] 李万岭，夏丽静，李江华，等．新型配电自动化系统研究 [J]．智慧电力，2017，45 (11)：96-102.

[41] 陈涛，王旭．智能电网信息安全风险分析与思考 [J]．电力信息化．2012 (12)：97-100.

[42] 张帅．工业控制系统安全风险分析 [J]．信息安全与通信保密，2012 (3)：15-19.

[43] 李琪．配网信息安全风险评价及控制研究 [D]．北京：华北电力大学，2015.

[44] 林永峰，陈亮，张国强．配电自动化终端信息安全风险测评方法研究 [J]．自动化与仪表，2015 (12)：11-14.

[45] 赵婷，高昆仑，郑晓崑，等．智能电网物联网技术架构及信息安全防护体系研究 [J]．中国电力，

2012 (5)：87-90.

［46］ 陈璐. 配电自动化系统安全防护技术［J］. 电力安全技术，2016 (2)：12-15.

［47］ 郑铁军，胡强晖. 配电自动化主站系统二次安防的设计应用［J］. 宁夏电力，2015 (3)：19-26.

［48］ 赵银春. 配电网安全防护系统［D］. 成都：电子科技大学，2013.

［49］ 朱剑锋. 非对称加密算法在配电自动化系统的应用［J］. 自动化与信息工程，2014，35 (5)：35-38.